新时代政治思维方式
研究丛书
XINSHIDAI ZHENGZHI SIWEI FANGSHI
YANJIU CONGSHU

陈晏清◎主 编
王新生 阎孟伟◎副主编

中国特色社会主义
生态文明建设研究

ZHONGGUO TESE SHEHUI ZHUYI
SHENGTAI WENMING JIANSHE YANJIU

叶冬娜◎著

人民出版社

合作单位

南开大学—中国社会科学院大学 21 世纪马克思主义研究院

南开大学当代中国问题研究院

南开大学马克思主义学院

南开大学哲学院

丛书编委会

主　任:邢元敏　杨庆山　陈晏清

委　员(按姓氏拼音排序):

　　　　陈晏清　付　洪　李淑梅　刘凤义　王新生　史瑞杰

　　　　邢元敏　阎孟伟　杨庆山　翟锦程

本书作者

叶冬娜　南开大学马克思主义学院副教授

目　录

"新时代政治思维方式研究丛书"总序

陈晏清

党的十八届三中全会决议提出:"把完善和发展中国特色社会主义制度,推进国家治理体系和治理能力的现代化作为全面深化改革的总目标。"这是党中央在新时期推进中国社会改革和建设的伟大战略部署,是习近平新时代中国特色社会主义思想的重要组成部分。

国家治理就是国家秩序、社会秩序的建构,在广义上就是政治建设。实现这个目标,依赖于高超的政治智慧,特别是正确的政治思维方式。国家治理现代化问题的提出,表明我们国家的社会治理已经逐渐由传统的自上而下的国家统治向更加复杂的现代社会治理转变。与此相适应,一些重要的政治观念及建立于其上的政治思维方式也应随之变更。基于这些考虑,我们选择了"新时代政治思维方式"的研究课题,并获准列入天津市社科规划重大委托项目。这套丛书就是这个课题研究的最终成果。

政治思维方式的研究是一种政治哲学的研究。马克思创立的政治哲学可以理解为一种基于事实与价值相统一的理想性政治哲学,它主要是对资本主义社会政治的批判,没有也不可能有关于社会主义制度下政治活动的系统性哲学阐释。在现时代,我们无疑应在承续这种理想性政治哲学批判性传统的同时,着力建设一种适应现实生活的现实性政治哲学,即基于事实与价值相统一的建构性的马克思主义政治哲学。这套丛书的写作和出版,就是朝着这个学术目标所做的一种努力。因此,在这里,我想结合这套丛书的设计、研究和写作过程中的一些问题及其解决之道,就研究和建构现实性马克思主义政治哲学中的几个重要问题,谈谈我的一些初步认识,以作为丛书的序言。

一、"政治"概念的澄明

古往今来,特别是近代以来,出现了各种"政治"定义,但相互之间没有公度性,几乎不可通用。究其原因,主要在于两个方面:一是各种政治学说的学术旨趣不同,或理论视角不同,因而对于"政治"的本质的理解和阐释也就不同;二是现实社会政治生活的变化较快,"政治"概念的外延不确定,相应地,它的内涵也难以确定,现代社会尤其如此。这使得政治思想的研究和对话、交流都不可避免地存在着逻辑上的障碍。我们过去使用的"政治"概念,是列宁的"政治"定义(政治就是各阶级之间的斗争),这在阶级社会是正确的、适用的,即使在现时代,对于某些重要的政治现象的思考仍然必须运用阶级的观点,但从总体上说,这样的概念显然是不够用了。

现在对于政治的关注和研究成为哲学社会科学的热点,政治哲学和政治科学的研究都十分活跃,却极少有人试图根据变化了的社会政治生活重新定义"政治"。有些学者对原来使用的"政治"概念作了必要的修正和补充,这当然是非常有益的,而且目前来说也只能如此。在我看来,出于上面所说的原因,要做出一个可公度、可通用的"政治"定义仍是很困难的。但若没有对于"政治"的基本规定,研究工作便无所依循。这套丛书是一套政治哲学的研究著作。我想超出政治科学的视野,先从哲学上作些思考,将来如有可能的话再回到政治科学上来,这样或许可以提供一些新的研究线索。这里说的从哲学上思考,也不是企图作一个关于"政治"的哲学定义,而只是从哲学角度把握政治的一般规定,提供一个研究政治生活的观念框架。

按照马克思主义的人类活动论(或实践论)的哲学范式,哲学是对于人类自身活动的反思。人类是以自己能动地改变世界的活动来满足自己的需要的。人类生活有三大基本的需要:一是作为有生命的存在物,首先有生存的需要或物质生活资料的需要;二是作为社会性的存在物,有秩序的需要;三是作为有意识有思想的存在物,有意义的需要。满足物质生活资料需要的活动是物质生产活动或广义的经济活动,满足秩序需要的活动是广义的政治活动,而满足生活意义的需要的活动便是广义的文化活动,它们构成人类活动的三大基本领域,即经济、政治、文化的领域。哲学反思人类自身的活动,当然包括对于这三大基本活动及其相互关系的思考。而政治哲学作为哲学的一个重要分支,作为一种专门的哲学形式,它的主要任务正应当是对于现存秩序及其构成方式的合理性(主要是正义性)的批判性思考。这个看法,就是我作出国家治理是广义上的政治建设以及对于国家治理问题的哲学研究是一种政治哲学的研究这一论断的观念依据。这样的观念,同列宁的"政治"定义是可以相容的。在阶级社会,阶级斗争无疑是改变旧秩序、建设新秩序的根本途径。只是在我国国内剥削阶级作为一个阶级已不复存在,阶级矛盾已不是社会的主要矛盾,社会主义建设包括政治建设即社会秩序的建构和维护的活动,不再以阶级斗争为纲,因此,就国内政治来说,对于原来作为指导思想的"政治"概念需要有所澄清。

当然,说广义的政治活动是满足人类的秩序需要的活动,这是对于"政治"的最为一般即最为抽象的规定,还必须有一系列的补充说明,即作出一系列的限定。秩序普遍存在于自然界和人类社会中,进入"政治"范畴的只能是社会秩序。进一步说,即使在社会生活中,也不是任何一种秩序都与政治相关。人的一切活动都是需要有一定秩序的,这种"秩序"或"秩序性"同人的理性的运作直接相关,但有的只是同科学理性相关,只是一种技术上的要求,而同价值理性无涉,不关乎人们的利益关系的调整。例如,在经济活动中,任何一个具体的生产过程都是按照一定的操作规程有序地进行的,这种"秩序"与政治不相干,而宏观的经济运行秩序如市场秩序,则会涉及人们的利益关系,不仅影响经济活动,而且会影响整个社会生活。这样的秩序合理与否就具有政治的性质了,这是经济中的政治。政治视野里的秩序,主要是社会成员共同生活的公共秩序,它的最重要的内容或标志,就是形成能够组织、协调和控制社会共同生活的社会权力,并建立起社会个体对社会权力的服从关系。

公共秩序实际上就是调控和维护个体与共同体即个人与社会的关系的秩

序。它的存在样态是由社会和人本身的发展状态决定的,是历史关系的产物。马克思指出:"人的依赖关系(起初完全是自然发生的),是最初的社会形态,在这种形态下,人的生产能力只是在狭窄的范围内和孤立的地点上发展着。以物的依赖性为基础的人的独立性,是第二大形态,在这种形态下,才形成普遍的社会物质变换,全面的关系,多方面的需求以及全面的能力的体系。建立在个人全面发展和他们共同的社会生产能力成为他们的社会财富这一基础上的自由个性,是第三个阶段。第二个阶段为第三个阶段创造条件。"①马克思的这个论述,为我们研究社会秩序建构的历史类型提供了基本的指导线索。

就文明社会以来的历史考察而论,这第一个阶段即人的依赖性的阶段,是指的前市场经济社会。在这个阶段上,个体依附于共同体,没有个体的独立性;生产规模狭小,生产力水平低下,人们相互之间的经济交往和社会交往极不发达,因而社会关系十分狭隘和简单,基本上是一种以人身依附关系为基础的自上而下的统治和服从的线性关系;经济活动本身不可能起到对于社会个体活动的整合作用,公共秩序只能依靠超经济的力量特别是政治的强制性力量来建立和维持。这就是专制政治得以产生的社会基础。在这种社会形态下,人只是"一定的狭隘人群的附属物"。这种"狭隘人群"就是古代的共同体,如家族、公社、行会等。社会与国家一体,国家就是社会的共同体。皇帝、国王就是国家,皇权、王权就是秩序。所有的人包括那些小的共同体的首领和成员都是国家的臣民,都依附于国家,即依附于皇帝或国王。

第二个阶段是指市场经济社会。这个阶段上传统的共同体解体,人们解除了人身依附关系,成为独立的自主活动的主体;社会生产有了巨大的发展,生产规模不断扩大,日益成为社会化的大生产;随着商品经济的发展,人们相互之间的经济交往和社会交往也逐步发展起来,使整个社会关系越来越丰富和复杂,使从前的以人身依附关系为基础的线性的关系,逐步为以纯粹的经济利益关系为基础的、由错综复杂的横向交往所织成的非线性的网络式的关系

---

① 《马克思恩格斯全集》第46卷上册,人民出版社1979年版,第104页。

所代替;社会化的生产和市场化的经济本身也对个体的活动具有整合的功能,社会秩序的建立和维护对于政治的强制性力量的依赖程度显然不如上述第一个阶段那么高,而主要依靠强力支撑的专制政治在客观上也已不适合于管理一个社会关系日益复杂的商品社会。这就是近代资产阶级民主政治兴起的社会基础。这里需要特别注意的是,马克思讲的第二个阶段的人的独立性是"以物的依赖性为基础的人的独立性"。这种"独立性",只是说的个人已解脱了人身依附,由人的依赖性变成了物的依赖性。这个"物"不是指的自然物,而是社会关系的物化,或物化的社会关系。"物的依赖关系无非是与外表上独立的个人相对立的独立的社会关系,也就是与这些个人本身相对立而独立化的、他们互相间的生产关系"①。由人的依赖性转变到物的依赖性,不过是由"人的限制即个人受他人限制"转变为"物的限制即个人受不以他为转移并独立存在的关系的限制"②。本来是人在自己的活动中创造的并作为自己活动的社会形式的社会关系,又反过来限制人的活动,并成为支配人的力量,这也是一种异化,即社会关系的异化。在以交换价值为基础的市场经济社会,"个人的产品或活动必须先转化为交换价值的形式,转化为货币,才能通过这种物的形式取得和表明自己的社会权力"③。所以马克思说,这种个人是"在衣袋里装着自己的社会权力"④,谁的腰包越鼓,谁的社会权力就越大。而且,按照市场经济自身的逻辑,它的自发发展的逻辑,必定是一部分人即少数人的腰包越来越鼓,另一部分人即大多数人的腰包越来越相对缩小的两极分化的趋势。所以,资本主义的市场社会,就是一个信奉货币万能、金钱万能的社会。这个社会中人的独立性,如马克思所说是"外表上"的,即形式上的,这个社会中表现人的独立性的一些基本的社会价值如平等、自由、民主等等,也就都只能是形式上的,而不能是事实上的或实质上的。我们只有按照马克思主义的

---

① 《马克思恩格斯全集》第46卷上册,人民出版社1979年版,第111页。
② 《马克思恩格斯全集》第46卷上册,人民出版社1979年版,第110。
③ 《马克思恩格斯全集》第46卷上册,人民出版社1979年版,第105页。
④ 《马克思恩格斯全集》第46卷上册,人民出版社1979年版,第103页。

观点,这样去理解所谓"以物的依赖性为基础的人的独立性",理解这个社会的社会关系的性质,理解以此为基础和依据的社会秩序的构成方式,才能真正理解资本主义市场经济社会的政治。

第三个阶段就是指共产主义社会(社会主义是它的低级阶段)。在这个阶段,既消除了人的依赖性,也消除了物的依赖性,而是在个人全面发展基础上的自由个性;人们的社会结合方式是在共同占有和共同控制生产资料基础上的自由人联合体。这第三阶段同第二阶段的根本性的区别就在于人不再受物化的社会关系的支配,而是能够支配自己的社会关系,因而能够支配和控制自己的生存条件,成为自己的社会结合的主人。正是在这个意义上,恩格斯把从第二个阶段向第三个阶段的转变,称为"人类从必然王国进入自由王国的飞跃"[①]。

中国已经建立了社会主义制度,就表明中国已经进入了马克思说的人类社会发展的第三阶段,尽管现在仍处在这个阶段的初始时期。决不可因为中国现在仍在发展市场经济,就认为中国同其他没有建立社会主义制度的市场经济国家处在相同的发展阶段上。如果这样认为,那就是一种明显的错误认识,而且是一种政治思考的前提性错误。马克思说"第二个阶段为第三个阶段创造条件",但由于历史的原因,中国社会的第二个阶段即市场经济社会的阶段没有获得充分的发展,即没有为中国社会进入第三个阶段准备好充分的条件。这正是中国的社会主义社会必须经历一个漫长的初级阶段的原因。中国需要在社会主义的初级阶段,运用社会主义制度的优势,发展市场经济,为自己在第三个阶段内的发展创造条件。市场经济是人类社会的发展不可超脱的历史阶段。"全面发展的个人……不是自然的产物,而是历史的产物。要使这种个性成为可能,能力的发展就要达到一定的程度和全面性,这正是以建立在交换价值基础上的生产为前提的,这种生产才在产生出个人同自己和同别人的普遍异化的同时,也产生出个人关系和个人能力的普遍性和全面

---

① 《马克思恩格斯选集》第3卷,人民出版社1995年版,第634页。

性。"①没有以交换价值为基础的市场经济的发展,就不会有普遍的社会物质变换和社会交往活动,不会有丰富的社会关系,当然也就不会产生出个人关系和个人能力的普遍性和全面性,不会产生出马克思说的"自由个性",不会具备人类社会在第三阶段运行的前提和条件。因此,我国在现阶段,在整个社会主义初级阶段,政治建设的基本任务,就其主要之点来说,就是建立和完善同社会主义市场经济的发展相适应的社会秩序,保证社会主义市场经济的健康发展。一方面,坚持社会主义方向,依靠市场经济的发展,建立起社会主义的强大物质基础,积累社会文明进步的种种积极成果;另一方面,发挥社会主义政治上层建筑干预、引导和规范市场经济的作用,矫正和克服市场经济的自发性,最大限度地防止市场经济的消极后果。这种思考,也正是丛书各卷立论的依据和基础。

上述关于政治的理解,是笼统了一些,但可公度性、可通用性增强了。各种政治学说的理论立场、理论观点可能不同,甚至互相对立,但可以是讨论同一个问题,而不至于各吹各的调。这样理解的"政治"是可以持续研究的,不用担心什么时候会停滞乃至消失。将来,阶级在全球范围内消灭了,国家消亡了,政治会不会也随之消失?议论这样的问题还为时尚早,但有一点可以肯定,即人类生活对于秩序的需要永远不会消失。人总是社会中的个人,总要结成一定的社会关系才能活动,也就总会有社会关系的维护和调整,社会总会要有规范,总会有权威和服从,等等。人类将来会在一种什么性质的秩序下生活?这倒是可以引用马克思在谈论"自由王国"问题时说的话来表达:社会化的人,将"在最无愧于和最适合于他们的人类本性"②的秩序下生产和生活。这同马克思关于人类解放的思想在精神实质上是完全一致的。毫无疑问,这个伟大目标的最终实现,还需要经过一个漫长的、艰巨的社会改造过程。但这是我们不可动摇的信念和理想。我们现在所做的一切都是朝向这个目标的努

---

① 《马克思恩格斯全集》第 46 卷上册,人民出版社 1979 年版,第 108—109 页。
② 《马克思恩格斯全集》第 25 卷,人民出版社 1974 年版,第 927 页。

力。所谓现实性政治哲学的研究，就是要把握这一价值目标在现阶段实现的可能程度，探讨将这一理想现实化的条件和途径。可以坚信，国家治理现代化的实现将是向这个伟大目标前进的一大步。

二、哲学的进步和政治思维方式的更新

政治思维方式变更的根本原因和动力固然是现实社会生活特别是政治生活的变化，但哲学进步的影响也不可低估。关于现实社会生活的变化推动政治思维方式的变更，我将会在后面的论述中有较多的涉及，而且整个这套丛书讲的就是社会改革和政治思维方式变革的关系。所以，在这里，我先专门讲讲哲学对政治思维方式的影响。

哲学是普照的光。哲学思维的重大变化必定会影响社会生活和科学的各个领域，政治生活当然也不例外，甚至可以说，政治生活领域的反应会比其他领域更加敏感。从世界范围来说，当代哲学实现了一种可以称作后形而上学的转向，即在理论旨趣和哲学思维方式上由传统形而上学向后形而上学的全面转换。马克思主义哲学在实际上就是引领这种历史转向的潮流的。它首先是一种哲学的实践转向。针对传统形而上学理论至上、热衷于构造理论体系的哲学活动方式，不少哲学家纷纷提出哲学回归生活世界，主张实践活动优先于理论活动，社会生活世界成为哲学家们理论探索的第一视域。这种转向的直接表现就是领域哲学的纷纷兴起。哲学的研究不再是对世界总体的笼统的直接性追问并在此基础上建构起无所不包的哲学体系，而是从社会生活世界的各个领域切入，在不同的维度上把握总体世界，即从不同的哲学视界去把握同一个总体世界。这是20世纪下半叶以来政治哲学复兴的学术背景。而且由于政治哲学特殊的问题域、切入生活世界的独特视角，使得它成为思考和把握人类生存困境的最佳方式之一，因而迅速成为各种领域哲学中的显学。在后形而上学转向中表现的一些哲学倾向和提出的一些新的哲学观点，也对政治思维方式的更新产生了重要的影响。例如，批判绝对理性主义、遏制技术理性的单一性膨胀、要求重建理性的思潮，促使价值理性、道德实践理性得以凸

显,这是直接为以规范性研究为特征的政治哲学的复兴开道。传统形而上学遵从理性至上、理论优先,满足于抽象的理论思辨,因而关注的是城邦、国家等宏大叙事;而在后形而上学的实践优先的思想语境下,有关人的日常生活的话题如权利、自由、社会公平、民主等则不断凸显。改变传统形而上学对于"一"和"多"关系的抽象理解,肯定和强调异质性存在的合法性,便提倡多元性思维方式,要求人们在处理价值观念、生活方式和文化问题时持多样性共存的宽容态度。主体间性哲学的提出,促进了西方协商民主理论的兴起。至于对传统形而上学的主体性及与之密切相关的个体性思想的反思而导致的对公共性的追寻,更是引导人们进入当代政治思考的核心,即个人权利与公共善的关系问题,亦即个人和社会的关系问题。

就国内情况而论,除上述世界共同的学术背景外,中国还有其更为特殊的背景,哲学对政治思维的影响也更为明显和深刻。中国共产党在对于"文化大革命"的反思中,以纠正自己错误的巨大理论勇气,果断地否定了所谓"无产阶级专政下继续革命"的理论。这是政治观念和政治思维方式的根本性转变。这种反思是伴随着一系列的理论争论的,其中,最重要的正是哲学上的争论。首先是关于真理标准问题的哲学大讨论。经过这场讨论,重新确立了实践的权威,恢复了马克思主义的思想路线,这是敢于纠正自己错误的理论勇气的来源和保证。同"无产阶级专政下继续革命"的理论内容直接相关的最重要的哲学争论,主要是这样相互密切关联的三个方面:一是批判上层建筑决定论包括唯心主义的阶级斗争观和唯心的阶级估量,以及建立于其上并作为其集中体现的"全面专政"论,果断地停止了"以阶级斗争为纲"的口号,这是我国政治生活的最重要的历史性转折;二是对于批判所谓"唯生产力论"的反思,通过这种反思,重新认定并强调了生产力是社会发展的最终决定力量的观点,重新认定并强调了社会化的大生产是社会主义所绝对必需的物质基础,小生产必然向社会化大生产发展,而生产的社会化必须经过生产的商品化才能实现,进而从历史发展的普遍规律上认识到市场经济是社会发展必经的、不可超脱的历史阶段;三是对于批判所谓"折中主义"的反思,有人把政治和经济的统一、政治和业务的统一等等斥之为"折中主义"，以致"宁要社会主义的草，不要资本主义的苗"一类极端化的言论满天飞舞，这在哲学上体现的是一种极端主义的思维方式。这种以哲学的名义又完全不顾哲学常识的"大批判"，歪曲了社会主义的本质，把整个社会的政治思维也引向了极端的混乱和荒谬，在这一类问题上澄清理论是非，其影响更为广泛和深远。这些哲学上的反思，同其他学科或领域的理论思考相结合，其直接的作用就是促成了社会主义初级阶段理论和社会主义市场经济理论的产生（社会主义市场经济理论也属于社会主义初级阶段理论，是其支柱性的核心内容）。这是彪炳史册的伟大理论成果，它为我们的政治思维确立了前提和方向。

可见，政治思维方式是密切相关于哲学思维方式的，政治哲学并不是游离于整个哲学发展状况的一个哲学领域。德国当代政治哲学家奥特弗利德·赫费也说过："从概念上廓清政治的正义性观念，尽可能使它成为可应用的标准，成为正义原则，一直是哲学的最高任务……政治讨论亦主要是从哲学角度进行的，而且成了道德的统治批判的决定性部分，并以这种形式建立了哲学的法和国家伦理学。"①赫费的话是对的。只要是哲学，就都是概念思维，政治哲学当然也是如此。政治哲学作为有着悠久学术传统的特殊的领域哲学，有其独特的概念系统，这是由它独特的问题域和切入问题的独特的理论视角所决定的。但我们不能局限于既有的这个政治哲学的概念系统。近代以来的西方政治哲学是以自由主义为理论基点的，在此基点上建立的是以个人权利为核心的概念系统，它的理论内容是以政治解放为限度的，而我们要建构的现实性政治哲学，是超越政治解放、走向人类解放的政治哲学。中国处在社会主义的初级阶段。一方面，还要大力发展市场经济，作为市场经济存在条件的个人权利、个人自由还需要维护和规范，民主制度还需要完善等等。总之，还有一些属于政治解放范畴的历史任务需要继续完成，因而属于政治解放范畴的概念系统作为问题构架仍会保持，但要补充和更新概念的内涵，因为这些任务对于

---

① ［德］奥特弗利德·赫费:《政治的正义性——法和国家的批判哲学之基础》，庞学铨、李张林译，上海译文出版社1998年版，第3页。

我们来说是已经走上人类解放之路、同人类解放的目标直接关联的任务了。另一方面,则是要着力探讨人类解放的目标在我国现阶段现实化的途径和条件。这是包含着全新内容的理论探索。对于我国国家治理现代化的研究就多属于这种研究,它涉及许多原来的概念系统难以容纳的新问题新内容,必须由马克思主义的基础哲学为其提供理论基础和方法论的指导,才能使这种研究达到政治哲学的层面,并在研究中逐步形成和完善新的政治哲学的概念系统,也才能真正把握和阐明政治思维方式的更新。正是出于这样的考虑,这套丛书特别注重对于相关问题的哲学阐释,构成这套丛书的理论支点的是若干哲学命题或蕴含丰富哲学内容的命题。例如"以人民为中心"就既是无比重大的政治命题,也是无比重大的哲学命题。中国共产党根基在人民、血脉在人民、力量在人民。因此,必须坚守党在一切事业中的人民立场,一切依靠人民,一切为了人民。它的哲学基础就是人民创造历史的历史观、人民利益至上的价值观。为了更好、更准确地理解"以人民为中心"的思想,在正面阐述马克思主义的历史观、价值观的同时,对于与此相悖的思想和理论如精英主义、民粹主义、无政府主义等,也做了适当的分析和批判。丛书对于其他重要问题的叙述方式都大体如此。

有一个问题需要顺便说明一下。这套丛书的名目是"新时代政治思维方式研究丛书",却并没有处处都刻意说明某种理论何以称作"政治思维方式",而似乎多是讲的"政治观念"。其实,"政治观念"和"政治思维方式"在实际的思维过程中是不可分割的,是一种一而二、二而一的存在形态,只是在对于这个思维过程进行研究和述说的时候,需要运用思维的抽象把它们分割开来,即抽象出它们各自的规定性。毛泽东在《矛盾论》里说:"这个辩证法的宇宙观,主要地就是教导人们要善于去观察和分析各种事物的矛盾的运动,并根据这种分析,指出解决矛盾的方法。"①事物的矛盾法则即对立统一学说,是一种宇宙观,但又是方法论。这就是说的马克思主义哲学的世界观与方法论的统

---

① 《毛泽东选集》第1卷,人民出版社1991年版,第304页。

一。马克思主义的政治哲学也是如此,也是观念和方法的统一。任何一种思维方式都有它的观念基础,而在观念向实践转化时,第一步就是将观念化为方法。政治哲学是一种地道的实践哲学,现实性政治哲学更是如此,它的现实基础是我们正在做的事情,它所形成的观念随时都会运用于政治实践。当它运用于政治实践时,就是作为政治思维方式在起作用了。因此,将它称之为"政治思维方式研究"只有一个用意,那就是突出现实性政治哲学的实践性。现实总是时代的现实,实践总是时代的实践。我们研究的现实和实践是我们身处其中的这个时代的现实和实践。它与马克思时代的现实和实践相接续,但又有差异。这就是我们将丛书命名为"新时代政治思维方式研究"的基本考虑。

三、建构中国化马克思主义政治哲学的话语体系

话语体系当然包括话语风格、话语方式等等,但其实质或内核则是观念框架、理论框架,说到底也就是思维方式。政治哲学是关注政治事物的内在本性、价值指向和政治活动的应然规范,是一种有别于经验性研究的规范性研究,是要对人类应当怎样生活即人类生活的伦理价值目标进行哲学的追问。但在我们过去的哲学研究中,极少有这种规范性研究。我们长时期里只会在流行的历史唯物主义教科书的框架内说话,而没有政治哲学的独立的话语。改革前流行的历史唯物主义教科书体系是排除了价值论的维度的。它把历史唯物主义规定为"关于人类社会发展一般规律的科学",这就只剩下认知的维度了。所以,虽然也曾有人用"马克思主义政治哲学"的名义写书写文章,但讲的基本上还是历史唯物主义教科书里关于阶级、国家、革命的内容,一涉及基本的社会价值如自由、平等、人权等等,就难以与国际学术界对话了,因为这些内容恰恰是作为规范性理论的政治哲学的话语范围内所讨论的问题。这就是话语体系上的障碍。

曾经流行的历史唯物主义教科书和政治哲学两种话语体系的差异,主要是表现在认知和规范(即事实性与价值性)这两个维度的关系上。虽然任何

一种政治哲学都要求在理论上达成规范和认知的统一,但就其知识形式来说,无疑是属于规范理论。所谓进入政治哲学的话语体系,首先就是遵照政治哲学的学术传统,认定政治哲学是一种规范理论,接受规范理论的话语体系。当然,历史唯物主义的政治哲学比任何一种政治哲学都更加重视事实性对价值性的制约,这是维护政治哲学的唯物主义基础,但这并不排斥政治哲学话语的独立性。这两个维度在任何时候、任何情况下都不能互相排斥、互相割裂,而应当互相结合、互相统一。只有从认知与规范、科学与价值的统一中,才能把握和阐明政治哲学之作为哲学的本质。

用价值与事实之统一的观念框架解读马克思,肯定马克思创立了自己的政治哲学是毫无疑义的。马克思是不是创立了自己的政治哲学,是不是从政治思考的特殊角度把握了时代的精神,首先就看他是否把握了为历史的事实性所规定的具有客观可能性的价值目标。19世纪中叶,即在工业革命之后,马克思从这种社会化大生产看出它在促进生产力高度发展的基础上,开放了一种人类解放的可能性,因而创立了以人类解放为价值目标的政治哲学。马克思把握到的事实性是一种表现历史发展趋势的事实性,因而其价值目标也就是一种表现人类历史进步的新的可能性的价值目标。马克思的政治哲学所达成的事实性与价值性的统一,是一种基于理想的事实性的统一,所以叫作理想性的政治哲学。这种理想性政治哲学既有批判性,也有建设性,但首先和主要的是它的批判性。以"人类解放"即人的全面自由发展的价值理想观照资本主义社会的现实,看到资本主义社会是人的全面异化,是资本主义剥削制度下的种种不正义、不道德。因此,实现"人类解放"这一理想目标的决定性条件就是消灭资本主义私有制,消灭剥削,消灭阶级。"全部问题都在于使现存世界革命化,实际地反对并改变现存的事物。"①马克思主义哲学的革命的批判的本质在马克思的政治哲学的批判性之维得到了最充分的表现。这种政治哲学也是建设性的,它也包含了对于新的能够保证人的自由全面发展的社会

---

① 《马克思恩格斯选集》第1卷,人民出版社1995年版,第75页。

制度的建设性构想,是有关于未来社会的理论模型的。

俄国十月革命使社会主义由理论变为实践,第二次世界大战后,社会主义又由一国的实践变为多国的实践。按说,应当建立一种现实性的政治哲学,以利于更具体更切实地指导社会主义的政治实践。但是,几十年来,建构系统性的现实性政治哲学的理论任务一直未能提到日程上来。究其原因,无非是两个方面:一方面,是在学科观念上,不理解政治哲学的学科性质,普遍认为历史唯物论就包括了政治哲学,没有必要在历史唯物论之外再建立一种政治哲学;另一方面,对于社会主义实践所处的历史方位把握得不清楚,甚至不正确。政治哲学中事实性与价值性的统一,是以事实性为基础的,价值性是受事实性制约的,在现实性政治哲学中这种制约更加明显。对于社会主义实践所处的历史方位不清楚,也就是它的历史任务不清楚,当然也就不能清楚地规定它在当下的价值目标。这种情况,突出地表现在对于所谓"过渡时期"的认识上。

马克思在《哥达纲领批判》里有一个非常重要的著名论断:"在资本主义社会和共产主义社会之间,有一个从前者变为后者的革命转变时期。同这个时期相适应的也有一个政治上的过渡时期,这个时期的国家只能是无产阶级的革命专政。"①在马克思的概念里,"共产主义"和"社会主义"是在同一意义上使用的,在《哥达纲领批判》里就有"共产主义社会第一阶段"和"共产主义社会高级阶段"的区分。后来列宁明确把马克思说的共产主义社会第一阶段称为社会主义社会,有"在共产主义社会的第一阶段(通常称为社会主义)"②的说法。后人都是按马克思和列宁的说法,把社会主义社会理解为"共产主义社会的第一阶段"的。所以,马克思在这里说的"革命转变"时期是指的由资本主义社会向社会主义社会的转变,而不是指的向共产主义社会高级阶段的转变。这个"革命转变时期"的主要任务就是剥夺剥夺者,即"利用自己的政治统治,一步一步地夺取资产阶级的全部资本,把一切生产工具集中在国家

---

① 《马克思恩格斯选集》第3卷,人民出版社1995年版,第314页。
② 《列宁选集》第3卷,人民出版社1995年版,第196页。

即组织成为统治阶级的无产阶级手里,并且尽可能快地增加生产力的总量"①。可见,马克思说的这个过渡时期是很短暂的,是社会生活急剧变化的"革命转变"时期,非常规时期。②

但是,这个"过渡时期"被后人不断拉长了。列宁时期还是比较清楚的,至少"过渡时期"和"共产主义社会第一阶级"即社会主义社会的区别是清楚的。我们在开始的时候也是十分清楚的,后来有一个时期就不清楚了。我们曾提出过两个"过渡时期",学界俗称"小过渡"和"大过渡"。20世纪50年代初提出的过渡时期,即是"小过渡"。这个"过渡时期"是指从中华人民共和国成立到社会主义改造基本完成这一时期。党在这个过渡时期的总路线和总任务,是要在一个相当长的时期内,基本上完成国家工业化和对农业、手工业、资本主义工商业的社会主义改造。1956年,社会主义改造基本完成,这个"过渡时期"也就宣告结束。所以,1957年2月毛泽东在最高国务会议上做关于正确处理人民内部矛盾问题的报告时郑重宣布:"革命时期的大规模的急风暴雨式的群众阶级斗争基本结束"③。这个"小过渡"的理论是符合《哥达纲领批判》的基本思想的,也是符合中国国情的,无疑是正确的。但几年之后,即1962年,在党的八届十中全会上又提出了一个"过渡时期"。提出"在由资本主义过渡到共产主义的整个历史时期……存在着无产阶级和资产阶级之间的阶级斗争,存在着社会主义和资本主义两条道路的斗争"。1963年,在《关于国际共产主义运动总路线的建议》中更明确地提出:"在进入共产主义的高级阶段以前,都是属于从资本主义到共产主义的过渡时期,都是无产阶级专政时期。"此即所谓"大过渡"。显然,这个"大过渡"理论是所谓"无产阶级专政下继续革命理论"的一部分,是它的理论前提。这个理论的社会实践后果,也已

---

① 《马克思恩格斯选集》第1卷,人民出版社1995年版,第293页。

② 参见王南湜、王新生:《从理想性到现实性——当代中国马克思主义政治哲学建构之路》,载《中国社会科学》2007年第1期;《政治哲学的当代复兴》,中国社会科学出版社2011年版,第10—16页。

③ 《毛泽东文集》第7卷,人民出版社1999年版,第216页。

经有许多文章阐述过了。这里只是就现实性的马克思主义政治哲学的建构何以可能或不可能的问题谈点看法。

按照这种"大过渡"的理论,不仅把阶级斗争严重地扩大化了,而且把整个社会主义阶段归入"过渡时期",社会主义社会就成了一个没有质的稳定性的过渡性社会,而不是一个具有自身稳定结构的独立的社会发展阶段。过渡性社会是一个社会生活变动不居的社会,人们难以说明这个社会的政治结构,没有也不须有阶段性的即现实性的价值目标,因此,难以为这种"大过渡"提供一种事实性与价值性相统一的政治哲学的支持,恐怕事实上也没有人想过要去做这种政治哲学的研究。

"文革"结束,中国社会主义事业的发展,显然是处在一个极其重要的历史转折关头,亟须有理论上的重大创新,社会主义初级阶段理论便应运而生了。放弃了"大过渡"的观点,把社会主义社会看成不同于"过渡时期"也不同于共产主义社会的独立的社会发展阶段,而且这个阶段时间会很漫长,这就会合乎逻辑地肯定社会主义社会的发展也是分阶段的,也就合乎逻辑地将我们身处其中的社会看作是一种需要从政治哲学上加以把握的稳态社会。但是,对于中国社会主义初级阶段的概念,还不能仅仅从一般社会主义发展过程去理解,它不是泛指任何国家进入社会主义都会经历的初始阶段,而是特指中国在生产力落后、市场经济不发达的条件下建设社会主义必然要经历的特定阶段,在这个阶段,已经建立了社会主义的基本制度、法律制度和初步的社会权利规范,但还不完善;已经具有了稳定的社会结构包括政治结构,但还不成熟;因为还需要进行系统的改革,所以可以说也是一个社会大变动的阶段,但这个改革是在共产党的领导下有序进行的,是有明确的目标和步骤的,各种制度、规范正是在改革中,即通过改革逐步完善的。因此立足于社会主义初级阶段的理论和实践,建构一种事实性和价值性相统一的现实性政治哲学就不仅是可能的,而且是非常必要的。习近平同志在主持十八届中央政治局第一次集体学习时指出,要深刻领会中国特色社会主义的总依据、总布局、总任务,总依据就是社会主义初级阶段,"不仅在经济建设中要始终立足初级阶段,而且在政治建设、文化建设、社会建设、生态文明建设中也要始终牢记初级阶段"。社会主义初级阶段是现在中国最基本、最重大、最确凿的事实性。所以,我们现在建构的现实性政治哲学毋宁说是社会主义初级阶段的政治哲学。

国家治理现代化就是针对中国特色社会主义制度尚不完善、国家治理体系尚不完善的状况提出的,是我们在社会主义初级阶段必须实现的一项重大的基本任务。在党的领导下,在推进深化改革的过程中,建立了并逐步完善着包括制度、法律、权利规范等在内的各种社会规范。这是我们建构现实性政治哲学的极为重要的基础和条件。从科学与价值的统一中,对这些社会规范的正当性(主要是正义性)进行哲学的追问就是一种政治哲学的研究,而且是最地道的政治哲学研究。政治哲学是典型的实践哲学,不能按照某种理论哲学的模式,从逻辑上推导出一种"政治哲学"来,而只能在建设、改革的实践中创造出来。可见,现在是政治哲学研究的最好时机。错过这个时机,我们将愧对这个伟大的时代。

关于政治哲学的话语建构,还需要作一点必要的补充说明。事实性与价值性的统一或认知与规范的统一,只是对于政治哲学学科性质的最基本的说明,还远不是完全的或充分的说明。说白了,那只是说的进入政治哲学领域的门槛。至于进入这个门槛以后,能做出什么样的政治哲学来,那就取决于对于这个统一的理解和实现这个统一的方式了。马克思主义和自由主义活跃于同一个时代,但它们对于这个时代的事实性的把握和价值目标的选定就完全不一样。马克思主义从资本主义的生产方式,从社会化的大生产,看出了它推动人类社会向更高的阶段发展的趋势,从而提出了人类解放的价值目标。而自由主义所把握到的事实性则只是一种局限于资产阶级狭隘眼界的事实性,它从资本主义生产方式取得的成就,从资本主义取代封建主义所显示出来的优越性,认定资本主义是人类历史的最完备的社会形式。受这种认知上的局限,它提出的价值目标也就是适应于资本主义生产方式的政治解放的目标,即或者是继续完成政治解放的任务,或者是巩固和扩大政治解放的成果。这说明,如何把握事实,如何确定价值目标,如何达成事实与价值的统一,都是受着人们的理论立场、理论视角等等制约的,是由基本的世界观和方法论支配的。

可见,建构马克思主义政治哲学的话语体系,并不是要放弃历史唯物主义的话语,用一种与其不同的话语去取代它,而只是要把它置于政治哲学的思想语境即事实性与价值性相统一的思想语境下。前面说的曾经流行的历史唯物主义教科书的缺陷(排除价值论的维度),不是历史唯物主义本身的缺陷。历史唯物主义是有鲜明的价值维度的,人类解放就是整个马克思主义哲学的价值旨归。排除价值论的维度只是传统教科书的缺陷,即人们对历史唯物主义的解释上的缺陷。这是决不容许混淆的两回事。建构马克思主义政治哲学的话语体系,丝毫也不意味着失去历史唯物主义的话语,而是保持并强化历史唯物主义所固有的话语优势。

四、把握政治哲学研究的社会维度

政治哲学的研究必须有社会的维度。所谓社会的维度,就是社会结构分析的维度,即政治与经济、文化、社会、生态诸方面的关系考察的维度。这实际上是马克思教给我们的基本方法。他说:"法的关系正像国家的形式一样,既不能从它们本身来理解,也不能从所谓人类精神的一般发展来理解,相反,它们根源于物质的生活关系,这种物质的生活关系的总和,黑格尔按照 18 世纪的英国人和法国人的先例,概括为'市民社会',而对市民社会的解剖应该到政治经济学中去寻求。"①我们现在研究的问题,同当时马克思面对的问题不大一样了,但马克思的方法论的精髓对我们的研究仍有极重要的启示意义和指导作用。国家治理体系的现代化是通过全面深化改革实现的,党中央把全面改革的部署称之为"五位一体"总体布局,这套丛书也就设置了五卷,从国家治理体系的变革这个角度,分别对经济、政治、文化、社会、生态等五个领域的改革、建设和治理及其体现的政治思维方式进行专门的研究和阐述,单设一卷"以人民为中心",是超越上述各个领域的总体性叙述。还有两卷("国家治

---

① 《马克思恩格斯选集》第 2 卷,人民出版社 1995 年版,第 32 页。

理中的道德建设"和"建构人类命运共同体")是不能完全归属于国家治理,但同国家治理关系密切且内容十分重要的两卷,一共八卷。下面我对各卷的核心内容和基本的研究意图作一简要的介绍。

第一卷 "以人民为中心"及其践行路径

"以人民为中心"是新时代政治思维方式的总规定、总特征。它为共产党人的政治思维确立了一个坐标,是共产党人一切政治思考的基点。

中国共产党自诞生之日起,一个世纪来在实际上是一贯坚守以人民为中心的思想的,而在新的历史条件下又有很强的现实针对性。一方面,中国特色社会主义进入新时代,改革开放和现代化建设的任务更加艰巨复杂,更加需要发扬人民群众的历史首创精神;另一方面,与此相悖的消极因素也在滋生,例如,党取得执政地位后脱离人民的危险在增加,在利益关系日趋复杂的情况下,"人民主体"的意识在淡化、模糊和动摇,在价值多元化的情况下人民共同意识在缺失,等等。历史的经验和教训都证明,是否坚守"以人民为中心",是关乎党和社会主义国家前途命运的根本问题。

从国家治理的角度说,以人民为中心就是要全面确立人民在国家治理中的主体地位;坚守党在一切事业中的人民立场;用"以人民为中心"的思维方式理解社会主要矛盾的变化,全面贯彻"以人民为中心"的发展思想,推动社会全面进步和人的全面发展;推进人民共同富裕,让发展成果更多更公平惠及全体人民;坚持人民共建、共治、共享的统一,等等。它体现在国家治理的方方面面,在理论构架上,"以人民为中心"的思想也就贯通于丛书的各卷,所以,"以人民为中心"作为丛书中具有总论性质的一卷,列为第一卷。

第二卷 民主和法治

这一卷的主题是中国特色社会主义政治建设的基本逻辑,主要是运用"以人民为中心"的思维方式,从理论上阐明人民和党的关系、人民和国家的关系,从而阐明"坚持党的领导,人民当家作主,依法治国的有机统一"。这是直接意义上的政治建设。

中国共产党的领导是中国特色社会主义的最本质特征,也是中国特色社会主义事业取得成功的根本保证。"以人民为中心"的观念就是一个中国共产党的观念,是其他任何政党都不可能真正具备的观念。人民的根本利益就是党的利益,共产党除了代表和维护人民的利益,没有自己的私利。因此,只有加强和改进党的领导,"以人民为中心"的原则才能真正得到贯彻。

民主化和法治化是国家治理现代化的基本标志。社会主义民主就是人民当家作主。中国社会主义民主化有自己特殊的条件,必须走自己特殊的道路,决不照搬外国的民主模式。在坚持中国基本的民主制度即人民代表大会制的前提下,要大力推进作为中国民主政治发展新路向的协商民主。

民主必然走向法治。人民当家作主就是按人民的意志治理国家。但必须通过立法把人民意志提升为国家意志。如马克思所说,国家法律才使国家意志获得一般表现形式,而不是表现为任何个人的任性。

法治根本区别于人治。法治是同民主相伴随的现代政治文明形态,人治则是同专制相伴随的陈旧的政治文明形态。

坚持党的领导、人民当家作主、依法治国,三者是彼此互相依赖、互相制约的有机整体。实现三者的统一,是国家治理体系现代化的一个基本目标。

第三卷　效率与公平

按照丛书的总体设计,这一卷的主题是讲政治和经济的关系,从政治与经济的关系中思考政治。但政治和经济的关系问题太大,只能从其中的一个问题即公平与效率的关系问题切入。实际上,公平与效率的关系问题仍是很大的。公平与效率是人类社会生活中两种基本的价值。公平不只是讲分配公平,即使讲分配也不只是经济收入的分配,还包括各种社会资源的分配。效率也不只是讲生产效率、经济效率,而是整个社会活动的效率。而且不论公平还是效率,各种相关社会因素之间是相互关联、相互影响的。本卷作者着力于效率与公平的关系问题的综合研究,在取得对此问题的总体性认识以后,再回到经济领域,对经济领域的效率与公平问题的认识也就会更加清晰和深入。因此,看来是论域扩大了,但主要内容还是讲经济领域,讲关于经济领域的效率与公平问题,而且是从一种综合的即更加开阔的视角去讲的。

就经济领域而论,公平与效率的关系是典型地集中地体现政治和经济的关系的。市场经济本身只解决效率问题,不解决公平问题。按市场经济自身的逻辑即按其自发性来说,只能是越来越不公平(贫富悬殊、两极分化),必须由政治(政府)从市场经济外部干预,矫正其自发性。社会主义市场经济更需要政府干预。因此,效率与公平的关系问题在市场经济发展的实践形态上即表现为市场和政府的关系问题。

在我们国家,不论效率还是公平,价值主体都是人民,价值旨归都是人民需要的满足。效率与公平两种价值都要保证,不能只顾一种不顾另一种。价值基点就是让发展成果更多更公平地惠及全体人民。

反思关于效率与公平的抽象提法,关键是找到二者的合理的结合点。这个结合点是历史的,变动的。探寻这个合理的结合点的过程,是一个实现效率与公平的动态平衡的过程。本卷在阐明上述基本理论的基础上,较大的力气用在探寻确立这个结合点的基本因素,以及实现这种动态平衡的条件和途径,例如市场、政府和社会各起何种作用,以及这种作用如何按照一个正确的方向配合而形成一种良好的合力,等等。

第四卷　论中华民族的文化自信

这一卷讲政治和文化的关系,即从政治和文化的关系中思考政治。过去较多地强调政治对文化的支配作用,实际上文化对政治的影响和制约作用也是十分强大的。在"四个自信"里,道路自信、制度自信是政治自信,它必须有文化自信的保证和支持(在这种关系中,理论自信和文化自信的作用是一致的)。制度、道路是历史主体的自觉选择。"选择"就说明有观念引导、观念支持,这观念就是广义上的文化观念。

"文化自信"当然包括了对于民族优秀传统文化的自信。文化自信本质上是一种民族自信,这是我们的底气所在。因此,本卷用较大的篇幅系统地梳理了中国传统文化的精粹,它和中国共产党领导的革命和建设中产生的革命文化、社会主义先进文化都是当今文化建设的极其珍贵的资源。

但传统文化再优秀,也只是有助于我们理解现在的问题,而不足以解决现在的问题。因此,从根本上说,所谓"文化自信"应当定义为对中华民族文化创造力的自信。党的十九大报告说:"当代中国共产党人和中国人民应当而且一定能够担负起新的文化使命,在实践创造中进行文化创造,在历史进步中实现文化进步!"这是文化自信的真谛所在。

本卷旨在从理论上回答现实的文化生活中的重大问题,例如如何对待传统文化和外来文化,现代社会中的文化整合及社会主义核心价值观现实化的问题等等,在对这些问题的理论回应中,阐明了马克思主义的文化观点和党的文化建设方针。

本卷着重阐述文化的变革和创新,阐述了文化变革对于社会变革的意义,文化创新的社会基础,文化创新的价值目标和价值尺度,文化创新和马克思主义中国化,以及文化的变革和继承,批判文化保守主义和文化虚无主义。

第五卷 创造社会治理的新格局

这一卷是从政治与社会治理的关系中思考政治。可以说,这一卷是体现政治思维方式的变更最为明显的一卷。在党的十九大报告讲社会治理这一部分的开头就说:"全党必须牢记,为什么人的问题,是检验一个政党、一个政权性质的试金石。"这样的话,在什么地方讲都是合适的,为什么选在这里讲?这很值得深思。社会治理、社会建设的问题,看起来比较零散,不似其他领域那么集中,那么宏大,可事事关乎人民切身利益,都是为人民造福,都要把人民利益至上作为最高的价值准则。

创建社会治理新格局的前提,是我国社会结构的新变化。市场经济具有越来越强的社会整合功能。社会的整合不再需要完全依靠政治的力量,因而逐渐由以往政治统摄一切的领域合一状态转变到各领域相对分离的状态。领域分离的最重要的结果和表现是国家和社会的结构状态的改变,即由国家与社会一体向国家与社会相对分离的转变,也就是独立于政治国家的自主社会生活领域的形成。国家的一部分社会管理职能需要让渡给社会。在"党委领导、政府负责、社会协同、公众参与、法制保障"的新格局中,新就新在增添了社会协同、公众参与的环节。

坚守"以人民为中心"的社会治理理念。人民是国家的主人，也是社会的主人。所谓"多元主体共治"也只是从多种维度体现人民的主体地位。国家是社会治理主体的一个重要层次，但国家也是代表人民的意志治理社会。社会治理的目标是把社会治理得符合人民的需要，社会治理的成效由人民说了算。人民也需要管理，但本质上是人民的自我管理。

社会治理和社会建设不可分割。社会建设是社会治理的基础，是在建设中治理。坚持人民共建、共治和共享的统一，让发展成果更多更公平惠及全体人民。

第六卷　中国特色社会主义生态文明建设研究

这一卷是从政治与生态文明的关系中思考政治。党的十六大增添了社会建设，使原来的经济、政治、文化"三位一体"改为"四位一体"。党的十八大又增添了"生态文明建设"，进一步改为"五位一体"。这种摆位本身就是中国社会改革和建设在实践和理论上的重大创新。生态问题关乎人民的幸福，关乎中华民族的永续发展，生态环境质量已成为评判政治合法性的重要依据，生态问题的解决在很大程度上依靠社会的政治的方式。将生态问题的思考纳入政治思维的范畴，这本身就是政治思维方式的重大革新。

"人与自然是生命共同体"，这是马克思主义生态理论的核心命题，也是本卷全部立论的基础。人作为一种生命存在，是自然界的一部分。自然界也是人的一部分，是人的"无机的身体"。人与自然是一种一体性的存在，是性命相关的整体，所以，人与自然只能互相依赖，互相滋养，而不能互相伤害。

正确看待人与自然关系中的"以人为本"。人是主体、自然是客体的价值关系是不能改变的，但对传统的"人类中心主义"应有反思。人类是主体、是"中心"，主要不意味着人的权利，而是意味着人的责任。人作为主体，是能动地对待自然界的。人应当以人的方式对待自然。

人对待自然有两种尺度，一是物的尺度，即科学的尺度，这就是认识和尊重自然规律。所谓人的方式，就是以认识和尊重自然规律为前提的自觉活动的方式，而不似动物的盲目活动的方式。二是人的内在尺度即价值的尺度。

人是通过自己的活动改变自然物的存在形式,在对人有用的形式上占有自然物以满足自己的需要。这个价值尺度就表现为人在对待自然上的伦理态度,所谓人的方式又是有伦理态度的方式。人改造和利用自然的实践活动的合理性,就在于实践中运用于对象的尺度及其运用过程的合理性。

人与自然的关系受人与人的社会关系的制约,社会关系的基础是利益关系。所谓环境伦理就是调整在处理人与自然关系中发生的人与人的利益关系的行为规范。中国共产党人的伦理立场是立足于人类的全面幸福和长远发展,或叫作人类社会的可持续发展。

基于上述理念,要大力提倡、培育公民节制、公平、友善的生态美德,要批判资本逻辑,批判消费主义。

第七卷　国家治理中的道德建设

这一卷的一个重点问题也是讲法治和德治,但与第二卷在侧重点上不同。第二卷是侧重于讲德治要以法治为基础,离开法治基础的德治还是人治。这一卷侧重于讲法治要有德治的配合才能顺利推进。法治,或一般地说法律、制度和社会权利规范等等的建立和完善,是外在的社会秩序的建构,而德治或道德建设则是人的内在的心灵秩序的建构。内外两种秩序一致,相互适应,相互协调,就可以相互为用,相互促进。一个社会的良法善治,总是同道德的普遍进步相伴随的。

本卷较为系统地分析了当前中国社会道德建设的困境。这个困境主要是由于市场经济的兴起引起的人的精神生活物欲化倾向的加剧,传统共同体的解体和传统道德文化的断裂,以及由于道德转型的艰难而引发的道德相对主义的盛行等等构成的,是一种现代性的困境,具有世界的普遍性。作为一种现代性困境,是社会现代化过程中不可避免的困境,当然也是国家治理现代化过程中随时会遇到的困境。

对于走出这种困境的途径和措施,本卷也作了初步的探讨。其中,关于区分道德建设的层次,从回归道德常识,培养人之为人的基本道德品质,到崇尚美德,再到追求崇高,有底线,有高端,道德建设和道德教育都视不同对象、不同情况而有所侧重。这是一个有价值的意见,因为它适应于社会转型时期整个社会的道德状况。另外,本卷特别关注对社会道德生活影响越来越大的互联网,对网络空间中的道德建设也作了专门的系统性的研究。

第八卷　构建人类命运共同体

经济全球化进程的加速,世界市场的形成和扩大,在全球范围内构成了一个"需要的体系";又由于经济全球化对世界政治、文化的影响,历史已真正成为"世界历史"。人类已经成为命运相关的整体。任何一个国家,不论富国还是穷国,都不可能关起门来搞"现代化"。

习近平同志说,"经济全球化是社会生产力发展的客观要求和科技进步的必然结果"①。以市场经济为基础的社会化大生产发展到一定阶段,要求继续提升生产的社会化程度,突破国家或地域的限制,让生产要素在全球范围内流动,资源在全球范围内优化组合,这是在现代科技革命推动下生产发展的必然趋势。事实上,经济全球化也确实带动了世界经济的发展,并促进了世界各国各民族的文化的交流和文明的互鉴,为新的合理公正的国际秩序的建立准备了条件、提供了动力。

然而,经济全球化犹如"双刃剑"。在一个长时期里,是由美国等少数发达国家主导全球的现代性事业,由其主导建立的国际经济秩序及相应的国际规则越来越不适应世界的深刻变化,市场经济的自发性未能得到应有的限制,市场经济发展的负面效应同它的正面效应同时在全球范围内放大,从而产生了一系列全球性的问题,例如贫富分化加剧,不论在各个国家还是在世界范围内(例如南北差距)都越来越严重;以利润最大化为唯一目的的无序竞争造成的发展失衡;环境污染加大了治理难度;以及恐怖主义、难民问题等等。这就是所谓全球问题,即需要全世界共同面对、共同治理的问题。

全球治理和人类命运共同体是互构共生的。也就是说,对于全球治理要放在人类命运共同体的背景下思考,要摒弃旧的治理理念和模式,例如摒弃西

---

① 《习近平谈治国理政》第2卷,外文出版社2017年版,第477页。

方中心主义的理念和模式，建立以《联合国宪章》的宗旨和原则为核心的平等合理的新型国际政治秩序，以合作共赢为核心的新型国际经济秩序等。正是在这样重大的时代背景下，习近平同志反复阐明了建构人类命运共同体和新型国际经济政治关系的理念，并一再表示中国愿意积极参与全球治理体系的改革。我们在全球经济治理、安全治理、环境治理、网络治理诸方面，都提出了"中国方案"或参与途径。我们不仅在理论上提倡，而且在实践上身体力行。倡议"一带一路"并推动各种相关项目落实，同国际社会通力合作，共同抗击新冠疫情，就是践行"人类命运共同体"理念的突出事例，表现了中国在全球治理中的大国担当，获得了国际社会的认同和赞扬。

以上就是丛书各卷的主要内容或主要思路。它的研究内容涉及哲学、经济学、政治学、法学、社会学、伦理学、生态学以及历史、文化等多个领域，是一种以哲学为基础的多学科的综合研究。现实问题的研究多属这类研究，因为现实生活中的问题都不是按学科发生的，只是在谋求对于这些问题的理论解决时常常会涉及多个学科。所以，从研究方法说，这套丛书不仅对于推进现实性政治哲学的研究，而且对于推进马克思主义理论的整体性研究，都会有借鉴意义。

绪论　生态问题何以进入政治思维的视野

"生态兴则文明兴,生态衰则文明衰。"①生态环境是人类生存和发展的基础,生态环境的变化直接影响着文明的兴衰,这在古代和现代都有很多的例子。例如,古代埃及、古代巴比伦、古代印度、古代中国都起源于森林茂密、水量丰沛、田野肥沃的地区。而生态环境的衰退,尤其是严重的土地荒漠化则导致了古代埃及和古代巴比伦的衰落。古代中国的一些地区也曾有过惨痛的教训。河西走廊和黄土高原水草丰富,但由于滥伐森林,生态环境受到了严重的破坏,经济社会衰退加速。历史教训说明,在人类的整个发展进程中,我们不能只注重索取不注重投入,不能只注重发展不注重保护,不能只注重利用不注重修复。只有遵循自然界的发展规律,人类才能有效防止在开发和利用自然的活动中走弯路,人类对自然的过度索取最终将会伤害到人类自身,这是不可抗拒的规律。全球的生态危机表明,生态文明必将成为人类新的文明追求。

生态环境是关系到党的使命和宗旨的重大政治问题,也是关系到民生的重大社会问题。改革开放以来,我国经济发展取得了巨大成就,也积累了大量的生态问题。环境污染呈现高发态势,一段时间内已成为民生之患、民心之痛。随着我国社会主要矛盾的变化,人民群众对良好生态环境的诉求已成为这一矛盾的重要方面,人民群众渴望加快生态环境质量的改善。要将生态文明建设摆在全局工作的突出位置,积极响应人民群众的所想、所盼、所急,大力

---

① 《习近平谈治国理政》第3卷,外文出版社2020年版,第374页。

推进生态文明建设。① 生态问题是重大政治问题,推进生态文明建设是我们党的重要政治任务,生态文明是我们关于未来社会的美好的政治愿景,需要政治的高度和视角。

我们生活的时代是中国特色社会主义生态文明新时代。党的十八大以来,我们党围绕生态文明建设提出了一系列新理念新思想新战略,开展了一系列根本性、开创性、长期性的工作,生态文明理念日益深入人心。中国共产党实施这一伟大战略,领导中国人民建设生态文明,这是中国的道路,是建设中国特色社会主义的道路,是中华民族伟大复兴的道路。在中国共产党的领导下,中国人民率先在世界上建设生态文明,这是中华民族对人类的又一重大贡献。

一、生态问题关乎人民的幸福

中国特色社会主义生态文明建设的主体是中国人民。坚持以人民为中心的发展、实现人民对美好生活的向往是习近平新时代中国特色社会主义思想的核心内容,也是中国特色社会主义生态文明建设的核心内容,这一思想深刻体现了历史唯物主义的基本原理和共产党执政规律的真谛。肩负起新时代中国特色社会主义执政为民和执政兴国的历史责任,是我们党的行动指南和奋斗目标。坚持以人民为中心的发展和实现人民对美好生活的向往,实际上就是实现好、维护好、发展好人民群众的整体性权益。这种整体性的权益,既体现了人民群众的政治权益、经济权益、文化权益、社会权益的维度,也体现了生态权益的维度,是把人民群众的经济权益、政治权益、文化权益、社会权益和生态权益紧密结合的综合性权益。生态权益是在人与自然和谐共生进程中形成的一项新的人权,是人们对生态环境的基本权利和行使这些权利所获得的各种利益,例如,合理占有、配置、利用、保护、享有自然环境资源的权利和所获得

---

① 参见《习近平新时代中国特色社会主义思想学习纲要》,学习出版社、人民出版社2019年版,第135页。

的各项利益,保障人民群众充分享有与生态环境密切相关的人的尊严和享有优质生态产品和服务的权利,从而得以在优良的生态环境中生存和发展。习近平指出:"快速发展积累下来的环境问题进入了高强度频发阶段。这既是重大经济问题,也是重大社会和政治问题。"①人民群众对环境污染问题的态度直接关系到政治发展,环境污染将会产生强烈的社会反响,这不仅是一个生态问题,也是一个重大的民生问题,由此也会成为一个重大的政治问题。

党的十八大报告指出:"建设生态文明,是关系人民福祉、关乎民族未来的长远大计……努力建设美丽中国,实现中华民族永续发展。"②"坚持绿色发展,着力改善生态环境,坚持绿色富国、绿色惠民,为人民提供更多优质生态产品,推动形成绿色发展方式和生活方式,协同推进人民富裕、国家富强、中国美丽。"③实现代内公平和代际公平,有助于减少不同阶层、不同民族、不同地区之间的矛盾,促进社会和谐。所以,生态层面的国民幸福无法得到解决,就不仅会损害当代人的利益,而且会侵犯后代人的生存权益。人类对幸福的追求是无止境的,由此引发了古今中外的专家学者对什么是幸福的讨论,国民幸福已成为衡量一个国家人民幸福尺度的标准,即便幸福是主观的,但构成幸福的元素是客观的和可衡量的。然而,目前我国在个人层面和社会层面的国民幸福度较高,而生态层面的国民幸福度仍有所欠缺。

在当代中国,民生就是最大的政治。关注生态对民生的影响及其引发的政治问题是生态政治的重要内容。任何政治和社会问题都不是脱离社会现实的问题,也不是脱离人民权益和人民客观需要的抽象和神秘的问题,而是一个始终与社会发展,尤其是政治发展密切相关,并且关系到人民群众的切身利益、直接利益和长远利益的具体而真实的问题。坚持以人民为中心的发展,既是反映执政党的使命和宗旨的政治口号,也是执政党向人民群众庄严承诺的政治信念。习近平强调:"生态环境是关系党的使命宗旨的重大政治问题,也

---

① 《习近平关于社会主义生态文明建设论述摘编》,中央文献出版社 2017 年版,第 4 页。
② 《胡锦涛文选》第 3 卷,人民出版社 2016 年版,第 644 页。
③ 《十八大以来重要文献选编》中,中央文献出版社 2016 年版,第 804 页。

是关系民生的重大社会问题。"①这一科学论断表明,当人与自然的紧张关系引起的生态矛盾越来越尖锐时,人民群众对生态权益和生态安全的要求就会越来越强烈。以实现人民幸福为价值指向的中国特色社会主义生态文明建设,无疑有助于消除生态矛盾和缓解社会矛盾,充分体现出执政党的重大政治责任和政治使命。

二、生态问题关乎中华民族的永续发展,关乎全人类的永续发展

生态问题是关乎中华民族未来的长远大计,是关乎全球千年发展目标的千年大计。永续发展是全人类发展的最高境界。党的十八大报告提出了大力推进生态文明建设,努力建设美丽中国,实现中华民族永续发展的重大战略部署。我们必须深刻认识推进生态文明建设对实现中华民族的永续发展,对实现全人类的永续发展的重大意义,将生态文明建设摆在更加突出的位置,以生态文明建设的丰硕成果,建设美丽中国,确保子孙后代受益,实现中华民族的永续发展。

推进生态文明建设是实现中华民族永续发展的重要保障。生态文明与永续发展密切相关,这是因为生态文明建设关系到永续发展的两个核心元素:人与自然。实现中华民族的永续发展,首要的问题是发展,但永续发展要以劳动为中介,要在人与自然永恒的物质变换的前提条件下;倘若物质变换出现了不可弥补的"裂缝",发展必然受阻或者断裂。生态环境的恶化轻则影响生活和工作,重则危及人的生命。倘若生态环境受到破坏、人类受到伤害,就无法实现永续发展。改革开放以来,我国经济在世界上取得了巨大成就,但也付出了资源和环境的代价。面对自然资源短缺、生态环境持续恶化的现状,党的十八大以来,以习近平同志为核心的党中央以高度的历史使命感和责任感,面对生态环境的严峻形势,高度重视社会主义生态文明建设。把绿色发展作为今后乃至更长时期中国经济社会发展的基本理念,不仅符合中国特色社会主义事

---

① 《习近平谈治国理政》第3卷,外文出版社2020年版,第359页。

业"五位一体"的总体布局,也为我国生态文明建设提供了新的科学指南。党的十九大报告强调,"生态文明建设功在当代、利在千秋"①。生态文明建设上升为国家战略,一方面,充分体现了生态文明建设对中华民族永续发展的极端重要性。另一方面,也充分体现了以习近平同志为核心的党中央站在历史和战略高度上审视生态文明建设。我们看到,近些年来生态文明建设成效显著,生态环境状况得到明显改善,然而,有效缓解经济快速发展所造成的生态资源和环境压力并非易事。生态文明建设需要代代相传,常抓不懈,久久为功。

推动全球生态合作、共建美丽世界是实现联合国千年发展目标的千年大计。2015 年 9 月 26 日,习近平在联合国发展峰会上发表题为《谋共同永续发展,做合作共赢伙伴》的演讲,明确阐述了全世界永续发展的重大历史性课题。鉴于生态问题是最典型的全球性、公共性问题,习近平积极倡导构建人类命运共同体,这就要求世界各国都要突出"类意识",必须坚持"类生存""类发展""类合作""类行动""类共赢"的理念,通过各国携手通力合作,共同应对和解决生态环境这个世界性的"类危机"。就中国而言,习近平提出:建设绿色家园是人类的共同梦想。我们要大力推进国土绿化,建设美丽中国。还应通过"一带一路"建设等多边合作机制,共同开展植树造林和绿化工作,共同改善生态环境,积极应对气候变化等全球性的生态挑战,为维护全球性的生态安全做出应有的贡献。就国际合作而言,习近平指出:"我们要坚持同舟共济、权责共担,携手应对气候变化、能源资源安全、网络安全、重大自然灾害等日益增多的全球性问题,共同呵护人类赖以生存的地球家园。"②习近平把中国和世界紧密联系起来,充分展现了把中华民族永续发展与世界永续发展紧密结合的战略思维和整体性谋划的生态智慧。

① 习近平:《决胜全面建成小康社会　夺取新时代中国特色社会主义伟大胜利——在中国共产党第十九次全国代表大会上的报告》,人民出版社 2017 年版,第 52 页。
② 《习近平关于社会主义生态文明建设论述摘编》,中央文献出版社 2017 年版,第 128 页。

三、良好的生态环境是人民群众拥护党和政策的重要动力

政治学以及政治理论研究表明,国家治理不能缺乏强制性的公共权力,但人民的拥护不取决于人们对政治权力的被动接受和服从。人心向背是政治合法性的试金石。执政者必须提高其获得公众认可的能力,以巩固执政的群众基础。这种身份认同是观念认同、价值认同、制度认同和政治成就认同等诸多元素的结合,任何元素的流失或者受损都将导致合法性的弱化甚至执政的群众基础。中国共产党是中国革命和建设事业的领导核心,全心全意为人民服务是中国共产党的根本宗旨。近一百年来,中国共产党领导人民不断从胜利走向胜利。科学思想、先进制度、突出功绩等,为我们党执政奠定了坚实的群众基础。但我们也必须清醒地意识到,任何政党和政权的群众基础都不可能一劳永逸,必须在前进的过程中不断积累、更新和重塑,沉浸于历史功绩中自满只能耗尽、消解执政群众基础,而生态文明建设则是我们党和国家巩固执政群众基础的重要领域。

生态问题处理不当必将威胁党的执政安全。良好的生态环境是人类最基本的生活需要,这关系到人民群众的生存权和发展权的核心利益。生态民生是当前的重大民生问题。但生态民生的改善和生态环境治理的实施具有显著的正外部性,生态利益补偿不到位将难以调动相关主体的积极性,并承担相应的治理责任,而破坏生态环境对生态民生的损害行为具有明显的负外部性。如果损害不能得到有效的预防、制止,损害赔偿就难以实施或者根本无法实施,摩擦和冲突是不可避免的,甚至有些群众还会采取对抗的形式来维护自己的权益。综观各类由于生态问题引发的群体性事件,虽然存在群众法治意识淡薄、索赔方式不当等缘由,但环境损害的既定事实或者可能造成损害的预期以及相关部门处理不当,是造成冲突的直接甚至根本原因。但在一些常见的环境污染群体性事件里,人们往往把对抗的矛头对准相关职能部门、地方政府,而不是环境污染事件的直接责任方,这不仅表明民众对事件的直接责任主体治理环境的态度、决心、作为与能力的不认可,也反映了民众对党和政府加

强环境监督治理的强烈要求。倘若生态环境保护体系建设不完善，政府将因类似事件的频繁发生而陷入困境；倘若环境污染事件的有关污染责任方得不到有效的惩罚，相关民众的合法权益就得不到有效的保护，这些人的不满情绪很可能会通过传媒迅速传播和积累，有些人甚至会怀疑党的根本宗旨和执政能力，从而削弱党的号召力、凝聚力和感染力，动摇党执政的群众基础。

推进生态文明建设是夯实党执政的群众基础的重要途径。建设生态文明，是民意，也是民生。民之所望，政之所向。改革开放以来，中国经济快速发展，物质财富不断积累，人民获得感和幸福感日益增强，对中国共产党和中国特色社会主义制度的认可度也稳步提升。近年来，我们党以前所未有的决心、勇气来治理生态环境。就科学顶层设计而言，逐步合理的生态政策，日益完善的生态体系、生态法治、生态环境保护措施，一系列抑尘、源头治理、禁燃、增绿铁腕行动，一项项生态环境治理、生态修复重点工程不断推出并实施。目前，生态环境部重点开展打赢蓝天保卫战等七大标志性重大战役，实施《禁止洋垃圾入境推进固体废物进口管理制度改革实施方案》等，一系列有力措施得到了很好的回应。虽然仍有许多生态问题亟待解决，但民众对党和国家治理生态环境的措施持积极肯定的态度。就国内而言，生态环境恶化将危及人民生存，也将威胁党的执政安全。推进生态文明建设，不仅有效改善了生态民生，并且夯实了党执政的群众基础。推进生态文明建设，绘制"美丽中国"新愿景，能够有效促进经济转型升级，在新时代人与自然和谐共生中奠定中华民族永续发展的基石。推动"美丽中国"愿景变为现实，既要加强顶层设计，又要明确责任，层层落实，尤其要突破"最后一公里"的瓶颈。就国际而言，生态环境治理是当前国际政治的重要议题，国际合作在政治博弈中难以推进。多年来，我国坚持合作共赢反对西方霸权，展现出了负责任的大国形象。

四、生态问题的解决在很大程度上依靠社会的政治方式

生态问题是重大的政治问题。生态环境资源具有受益上的非排他性和消费上的非竞争性特征，正如习近平所言，"良好生态环境是最公平的公共产

品,是最普惠的民生福祉"①。最公平、最普惠高度概括了生态环境的公益性特征,也由此说明保护和改善生态环境远非市场机制所能全面企及。仅凭市场规律,生态资源的供求机制必然会发生严重扭曲,供给不足、使用过度、免费搭车等"公地悲剧"将不断上演。为防止生态环境保护与治理中的市场"失灵",执政党、政府应通过制定科学合理的政策、完善相关制度积极"补位"。然而,在一些资本主义国家经常有意无视市场的失灵而不愿"作为",甚至故意利用市场的失序,放纵资本恶意掠夺资源转嫁生态环境的治理成本以实现增殖。"资本主义制度内在地倾向于破坏和贬低物质环境所提供的资源和服务,而这种环境也是它最终所依赖的。从全球的角度看,自由放任的资本主义政治产生诸如全球变暖、生物多样性减少、水资源短缺和造成严重污染的大量废弃物等不利后果。"②资本的扩张将祸水引向全球,资本主义制度是全球生态危机的根源。对此也许有人不以为然,认为一些资本主义国家已经重视生态问题并积极"作为",而且治理成效明显。不可否认,在一些资本主义国家某些制度与政策的改良为改善其国内生态环境提供了机遇,然而,发达资本主义国家在改善国内生态环境的同时,却千方百计向发展中国家转移生态环境治理的成本。所以,解决生态问题,协调人和自然的生态关系,就需要从根本上彻底变革社会制度。而资本主义国家在生态环境治理中的"不为"与"作为"也充分体现出,缘于其偏颇的政治意识形态、政治制度或者制度缺陷和政治决策错误所造成的生态问题,导致了干预和控制自然的不当后果。生态问题不仅是经济问题、技术问题,而且是重大的政治问题。社会主义社会作为一种从根本上批判和超越资本主义的高级的社会形态,其政治合法性除了人民民主的民意合法性和社会宪政规则的程序合法性这一现代性的政治合法性之外,主要基于马克思主义历史唯物主义所揭示的人类社会发展的必然趋势的历史合法性。如果将社会主义社会定位于"生态文明",那么现实的社会

---

① 《习近平关于全面深化改革论述摘编》,中央文献出版社 2014 年版,第 107 页。
② [英]戴维·佩珀:《生态社会主义:从深生态学到社会正义》,刘颖译,山东大学出版社 2005 年版,第 2 页。

主义国家才得以获取双重合法性:一方面,从肯定意义而言,社会主义制度在历史合法性上获得了从人类文明演化意义上的论证:社会主义制度是一种适合新的生态文明的崭新的社会形态;另一方面,从批判意义而言,将社会主义定位于生态文明,基于生态文明的立场阐明了资本主义制度生态危机的制度根源和资本主义制度与生态系统的不可调和性,批判了资本主义制度的合法性,这就必然从反面进一步论证了作为资本主义对立面的社会主义制度的合法性。

推进生态文明建设,实现美丽中国新愿景,需要强有力的社会的政治支撑。强化生态文明建设,仅依靠宣传和号召远远不够,最终还要凭借刚性、可操作性强的制度来实施。简言之,必须将资源消耗、环境破坏、生态效益等纳入经济社会发展的评价体系,严格执行环境标准,形成符合生态文明要求的目标体系、决策参与、奖惩机制等,严格规范可能影响生态环境的各类违法行为。加强生态环境教育,落实生态环境保护,协调经济社会发展和资源环境可持续发展。强化顶层设计,致力于建立和健全科学的评价指标体系和评价机制,为贯彻落实我国的基本国策、优化生产布局、转变发展方式和全面建成小康社会提供不竭动力。习近平指出:"推动形成绿色发展方式和生活方式,是发展观的一场深刻革命。"①中国共产党在这场深刻的革命中起着领导核心作用。党的十七大明确了"生态文明"的目标;党的十八大提出,"大力推进生态文明建设"的"五位一体"的国家发展战略。新一届党中央被美国学者誉为指引中国崛起的"梦之队"。一个大国的执政党,将生态文明建设作为国家发展战略已列入党纲,作为最高执政理念和历史使命,引领建设生态省、生态市、生态县;这是前所未有的,世界上没有任何一个国家、任何一个地方能够完全做到。

中国人民正在把握新时代世界历史性变革的重大战略机遇,以生态文明建设为新的历史起点,创造新的社会发展模式。中华民族的伟大智慧和强大

①　《习近平谈治国理政》第2卷,外文出版社2017年版,第395页。

生命力,有能力点燃生态文明之光和人类新文明之光。中国人民建设生态文明的"中国道路"光明前景正在显现。以生态文明点燃人类新文明之光,以生态文明引领世界的未来,这是中华民族伟大复兴的历史使命,也将是中华民族对人类新的伟大贡献!

第一章　21 世纪:走向生态文明

　　人类文明史本质上就是一部人与自然的关系史。在人类文明进步和演变的漫长过程中,人与自然的关系普遍是和谐的。随着工业文明的到来,虽然只经历了近三百年的三次工业大发展,但生产力从"蒸汽、电气、原子"时代,逐步向"信息化、智能化、数字化"一体化发展,新兴资本主义国家创造了人类几千年来无法创造的物质财富,然而,一系列生态问题也逐渐暴露出来。自20世纪60年代以来,全球生态和能源危机使人类陷入了前所未有的生存困境,越来越严重地威胁着人类的生存和发展。人类社会不可避免地需要探索出一种更高级的文明形态,以此摆脱人与自然失衡所造成的生存危机。这是全世界在现代化进程中必须面对的一个难题,同时,它也被视为继贫穷和战争等危机之后人类所面临的新的挑战。

　　当代频繁发生的生态危机说明,曾经辉煌灿烂的文明模式,即工业文明模式,存在着其固有的缺陷,已经完全无法满足人类的实践需要,不能正确地协调人与自然的关系。任何试图在资本主义工业文明的基本框架内修改和完善经济运行模式、政治制度和价值观念的尝试,只能暂时缓解人类生存的压力,而不能彻底解决人类共同面临的生态危机。生态问题已经超越了生态学的范围,超越了文化、宗教和意识形态范畴,跨越了民族和国家的界限,成为具有普遍意义的全球问题。它深刻影响着世界政治经济的走向,并且事关人类的生死存亡。面对世界性的生态危机,各国纷纷开始探索紧密结合当代人和后代人利益、局部利益和全局利益、经济效益和环境效益的可持续发展道路。生态文明正在产生并发展成为一种更为理性的文明形态。倘若我们将农业文明称为"黄色文明",把工业文明称为"黑色文明",那么,生态文明就是"绿色文明"。绿色文明是人类文明的高级阶段,也是人类文明形态和文明发展理念、道路和模式的一次重大发展和进步。在新时代背景下,中国顺应全球绿色发展潮流,坚定不移地走可持续发展道路。中国共产党在领导中国特色社会主义事业中形成的绿色发展思想和绿色发展实践,为全球绿色发展做出了应有的贡献。

第一节　当代世界性的生态危机及其成因

20世纪60年代,当生态问题首次成为头等政治议题的时候,正是这一全球性的环境议题真正引起了公众的注意。生态危机所涉及的环境威胁,其中包括因污染和自然资源枯竭而导致的全球环境的衰竭,与此同时,全球人口爆炸和经济增长也进一步加剧了这些问题。人口数量和经济活动水平的指数式增长意味着人类已没有时间能够挥霍,因为人类正在以越来越快的速度抵达其极限,这意味着全球性灾害和人类社会的深刻危机。人类只有一个地球,自然资源是独特而稀缺的。因此,保护生态环境显然不仅是个别国家的义务和责任,仅凭单个或者几个国家的努力早已无法应对日益严重的环境破坏和生态危机。"相关整体主义"是我们在分析人类与自然共同进化所必须坚持的原则,由于自然与社会和谐的再生产过程需要以人类社会共同的生态规范和自然与社会条件的集体利用为基础,所以,"生态文明的价值主体是人类整体,而不是人类的一部分,更不是某个个人",为此,"它要求不同民族、不同国家、不同地区、不同阶级或阶层的人们都要以全球生态和人类整体利益的角度来进行一元化的协调自身的行为"。①

人类进入工业文明时代以来,在创造巨大物质财富的同时,也加速了对自然资源的攫取,打破了地球生态系统平衡,人与自然深层次矛盾日益显现。近

---

① 傅华:《生态伦理学探究》,华夏出版社2002年版,第349页。

年来，气候变化、生物多样性丧失、荒漠化加剧、极端气候事件频发，给人类生存和发展带来严峻挑战，尤其是进入20世纪以后，随着科学技术的迅猛发展和全球工业化进程的快速推进，一方面，人类在强大的经济利益驱动下，征服自然和改造自然的力量日益强大；另一方面，生态环境也遭受了极大的破坏，例如，气候恶化、资源短缺、环境污染、生物多样性减少等各种生态问题也随之出现，地球越来越无法承载人类的过度消耗。生态问题也从局部的、小范围危害的问题发展到影响世界的区域性、全球性的问题。当代日益严峻的生态问题，逐渐引起了世界各国的重视，成为全球舆论关注的焦点，世界性生态危机已成为全人类需要共同面临的严重危机。

伴随经济全球化的迅猛发展，世界各国越来越重视因经济发展而造成的全球性生态问题。生态问题没有国界，任何一个国家的生态问题都有可能构成对整个地球的生态威胁，全球性生态问题已上升为全人类需要共同面对的最重要、最紧迫的时代性课题。

一、经济全球化与当代世界性的生态危机

18世纪60年代开展的工业革命标志着人类开始进入工业化时代，生态问题出现了诸多新的特征并日益复杂化和全球化。工业革命创造了巨大的生产力，社会面貌发生了翻天覆地的变化，一方面，工业技术的进步大大提升了人类征服自然和改造自然的能力，但同时人类也开始以前所未有的规模和速度消耗自然资源。伴随着工业化的发展，城市化问题也随之出现，城市污染与工业污染同时爆发，生态公害事件时有发生。进入20世纪60—70年代，一些发达国家逐渐意识到环境污染的严重性，开始行动起来应对生态问题，他们将严重污染的工业转移到发展中国家，在短时间内缓解了国内的生态问题。随着工业化和城市化的推进，发展中国家的城市生态问题开始显现，生态破坏日益严重。1985年，英国南极探险队在南纬60°区域观测发现臭氧层空洞，这一事件引起了世界各国的极大重视。臭氧层作为地球抵御太阳致命射线的保护层，它的空洞变化意味着更多的有害辐射已经到达地球。"臭氧空洞""全球

变暖"与"酸雨沉降",成为 20 世纪 80 年代与人类生存休戚相关的三大世界性生态问题。进入 20 世纪 90 年代,土地荒漠化、海洋污染、一些生物物种灭绝等生态问题已成为影响全人类发展的重大议题,直接威胁着人类的生存和发展。

进入 21 世纪,伴随全球化进程的深入,生态问题更加突显,生态恶化开始蔓延至全球。在全球化迅猛发展的大背景下,整个世界越来越成为一个"地球村"。生态问题与国际经济、政治、外交、人权、国家主权和安全等紧密相关,在生态问题成为世界性议题的同时,全球化也使得生态问题更加复杂化。伴随人类的共同利益越来越紧密地联系在一起,一个地方的生态环境波动将会产生广泛的影响。半个世纪以前,英国教育家约翰·冯·纽曼用世界天气中的"蝴蝶效应"来描述这种传播现象的潜在联系:热带东太平洋地区的海水表面温度倘若发生变化不仅会改变印度洋季风,而且也将引起遥远的北美洲东北部、南美洲东岸和非洲的气温持续升高和气候干旱。世界人口的数量、消费总量的不断增加和经济的联系日益密切,导致了包括生活物品、能源在内的全球性的流动,处在全球不同地方的人从事多样性的活动,将会对相隔大陆的其他人产生越来越广泛的影响。无论被输出国距离污染输出国有多么的遥远,但由于他们总是存在于同一个生物圈之中,意味着其最终都会由于生态系统的物质循环而殃及输出国本身。地球生态系统是无法分离的,各种生态要素之间彼此影响、彼此作用、彼此制约,所有物种之间实际上都是紧密相连的。只有强化国际合作,我们才能克服单个国家在处理全球生态问题方面力量不足的问题,整合全球的智慧和力量来共同应对这个全球挑战,从而实现国际社会持久和平的目标。在全球生态问题的压力下,人类的生存和发展受到严重威胁,这迫切需要世界各国政府、国际组织、非政府组织、公司企业和普通民众的联合行动,真正关切起生态问题,采取共同的措施和行动,建立起新的全球环境秩序。

随着物质文明的进步,生态问题日益严重,由此对人类的生存和发展构成了严重的威胁。全球生态问题突出表现在以下三个方面:气候恶化、资源短缺和环境污染。研究表明全球气候正在逐年恶化。全球变暖现象引起了人们对气候恶化的重视。一般来说,全球变暖意味着地球表层大气、土壤、水体和植被的温度逐年缓慢升高。由于人类生产活动的扩大和人口数量的持续增加,大气中二氧化碳、一氧化碳、一氧化二氮、甲烷、四氯化碳、氯氟碳化合物的含量不断增加,气候越来越暖,伴随着的是更极端天气的出现。20世纪80年代后,全球气温显著上升;从1981年至1990年间,全球平均气温比100年前上升了0.48℃。20世纪末至21世纪初,厄尔尼诺现象在世界一些地区频繁发生,世界经历了几个世纪以来历史上最炎热的天气,给各国经济造成了重大的损失。1995年,芝加哥热浪导致大约600多人死于中暑。2005年,美国飓风"卡特里娜"造成1200多人死亡。2008年,缅甸强热带风暴"纳尔吉斯"造成77738人死亡,55917人失踪。全球气候变暖,极地冰川融化引起的全球海平面上升,使沿海地区的灾难性风暴潮更加频繁,洪涝灾害加剧,这不仅威胁到一些岛屿型国家的存亡,并且对于人口大多数集中在沿海或者河岸下游地区的亚洲国家,以及像孟加拉国这样的地势低的国家,都将面临淹没的危机。美国宇航局(NASA)戈达德太空研究所负责人詹姆士·汉森曾预测海平面每100年至少会上升1米,他认为气候很快就会达到一个临界点。

伴随经济的快速发展和全球人口的迅速增长,人类对自然资源的需求不断增加,全球资源短缺问题在大多数国家甚至全球范围内都越来越严重。其中,能源、淡水、物种、土地等资源危机尤为严重,目前已经影响和制约全球经济的发展。据统计,世界能源消耗量以每20至25年翻一番的速度增长。由于煤、石油等能源的不可再生性质,按照目前的开采水平,煤至多可以开采200至300年,而80%的石油将在未来60年左右被开采完。此外,工业化和城市化对水环境也有很大的影响。虽然地球表面的三分之二被水覆盖,但实际上,97%的水是不可饮用的海水,淡水只占到3%,且淡水中又有2%储存在极地冰川中。公元前每人平均每天消耗12升水,在中世纪,每人每天消耗20至40升水,直到18世纪,每人每天消耗60升水,现在发达国家的人均每天耗水量增加至500—600升水。同时,城市工业、交通、生活和服务业等排放的污染物也对水环境造成严重污染,其中包括数百万种化学品、农业施用的化肥、杀虫剂等。由于过去地下水的过度开采,导致地下水位下降,泉水干涸,地下水质受到严重污染。此外,伴随人类活动地域的扩大和能力的提高,森林和草原等全球生物资源的现状也令人担忧。目前,地球物种的消亡速度最高已达到自然状态的一万倍。当人类活动致使其他物种灭绝时,人类自身的生命支持系统就会被破坏,进而导致人类在自己的生存状态中也面临同样的危险。由于气候变化和人类非理性行为等因素,土地资源也在逐渐退化。据联合国环境规划署的最新报告显示,到2050年,由于世界某些地区不可持续地使用土地,全球将会有8.49亿公顷的土地退化。

随着工业化的加快,全球生态环境遭受到前所未有的严重污染,极大地损害了人类的健康,对全人类的生存构成了威胁。工农业生产、交通运输和城市化所造成的大气污染、水污染、土壤污染,已从某些区域扩大到全球范围。酸雨被称为"空中死神",由燃烧化石燃料产生的二氧化硫遇水形成,酸雨含有60%的硫酸和32%的硝酸,对生态系统、人类健康和建筑设施有直接和潜在的危害。全球淡水资源的质量状况也在不断恶化,人类对水资源的浪费和污染达到了惊人的程度。联合国发布的《2018年世界水资源开发报告》指出,由于人口增长、经济发展和消费模式的变化等因素,全球对水的需求每年以1%的速度增长,在未来20年内,这一速度将急剧加快,该《报告》还同时说明,在全世界,水资源滥用的现象是非常严重的,从目前的趋势来看,到2030年,世界将面临"全球水资源缺失"的困境。预计到2025年,生活在水资源绝对稀缺的地区和国家的人口数量将达到18亿,在某些干旱和半干旱地区,水资源短缺将导致2400万至7亿人流离失所。随着大气污染和水污染,全球土壤污染的状况也越来越严重。联合国在2015年发布了《世界土壤资源状况》,强调了当今世界土壤功能的十大威胁:土壤侵蚀、土壤有机碳流失、土壤酸化、养分失衡、土壤污染、地表硬化、水涝、土壤板结、土壤盐渍化和土壤生物多样性丧失。该报告认为,倘若不采取相应的行动减少侵蚀,预计到2050年,全球谷物总损失量将超过2.53亿吨,相当于减少了150万平方公里的作物生产面积或者几乎所有的印度可耕地。土壤污染不仅对农田生态系统造成威胁,而且一旦污染物里的重金属进入土壤,将会对生态环境造成长期污染,这些污染物最终又会通过食物链进入人体,从而对人体健康造成巨大危害。

二、当代世界性的生态危机

马克思早就指出,人与自然的关系植根于人与人的关系。因此,我们应该更加注意到只是关注自然生态危机是远远不够的,我们还应该特别关注到以下六个系列的社会生态危机。第一,人类扩张文化本身的反生态性:进入阶级社会后,人类的扩张文化已经转化为生态破坏力量。第二,人口数量的扩张超过了自然生态的容纳能力,人口每增加一倍,资源环境的压力就增加了三倍,这还未包括一些人的过度消费对生态环境造成的日益压力。第三,人类科学技术在总体上仍然在为资本和经济的增值服务,仍然在征服自然和征服他人这条导致生态危机的道路上竞争,还没有转向为生态服务和解决生态危机的道路上来。也就是说,生态科学技术作为人类的智慧力量和手段还未充分发展起来。所以,从本质上说,这还是一股破坏生态的力量。第四,近300年来,在资本逻辑驱动下,世界形成了南北两极分化的贫富两个世界:人们公认,占世界人口26%左右的发达国家,消耗了地球75%的能源和80%的资源,即使在生态危机的当今也很难缩小,其温室气体排放量占世界总排放量的60%以上。而美国的人均排放量是发展中国家的10倍,中国的8倍。同时,占世界人口绝大多数的发展中国家,不但需要凭借经济发展摆脱贫困,而且需要在资金和技术相对缺乏的情况下改善生态环境。未脱贫,先污染,要发展,无资源,进退都不得不以破坏生态为代价。这类似于每个国家内部的贫富之间日益加剧的两极分化。在当今,贫富之间的两极分化已经成为破坏生态的两只手——贫者直接破坏了地表的森林植被和土壤,富者的异化消费和资源消耗则是更为严重的深层破坏力量。第五,疯狂追逐资本积累或者GDP增长,大规模的城市化和交通网络,化学工业,军事设施,大规模的毁灭性武器和军备竞赛,个人、民族和国家利益超越全人类利益的利益沙文主义等。部分人为了统治他人而制造的掠夺、侵略、对抗和战争等,迫使人类走上了与生态环境相抗衡的道路。目前的问题是,人类试图划着这只破坏生态之船以求达到保护生态之目的,这种行为悖论将使人类陷入无穷无尽的社会生态危机之中,它们是生态危机的真正的社会源头。根源不除,危机便不止。伴随社会生产力的高速发展和科学技术的不断进步,现代人正在以其强大的力量改变世界,创造巨大的物质财富,致使人类进入物质丰裕的工业化时代,获取物质资料上的极大满足。但因为人们过于陶醉对自然界的胜利,而忘却了"天地者,万物之父母也",因而"背叛"了自然,造成生态环境的逐渐恶化。自然界正不断"报复"人类,生态危机已成为一个全球性的问题,面对生态危机,人类面前只有两种选择:要么改变自己(作为某个个人和作为人类共同体的一分子)要么注定从地球上消失。因此,我们必须重新思考人类进步和发展的含义,重新审视和建构人与自然的关系。拯救、善待自然,化解生态危机将成为当今时代不可推卸的历史使命。

若要消解生态危机,就无法回避现代性这一问题,因为现代性已成为我们生存其中的时代境域,并以不同的方式渗透于人们的日常生活之中。现代性作为现代社会的内在规定性,正不断改变着我们的生活世界,它在给我们带来各种物质福利的同时,也带来了生态的悲剧。从本质上说,现代性是人类追求自由和社会发展的过程,彰显着一种时代精神和社会品质;现代性以主体性原则为思想支撑,以资本逻辑为世俗基础,涉及经济、政治、文化和社会等多方面,是具有内在张力的总体性概念;现代性又是多元的,不同的时代、不同的社会形态下所构建的现代性是不同的,呈现出不同的样态和实现形式。例如,资本主义现代性,就是现代性在特定的时代语境下的社会表现形式。同时,对于"社会主义现代性"这个范畴,尽管人们对其语义的界定还不太明晰,但在事实上,它的提出反映了现代性发展的未来指向,具有客观必然性,是对资本主义现代性引发生态危机的一种思考,它成为现代性发展的一种愿景,并为人们所重视,是需要我们去完成的一项"事业",它能实现对资本主义现代性和资本主义工业文明的扬弃,能够通过建设社会主义生态文明来实现人与自然的和谐统一。

生态危机与现代性有着一种不解之缘。生态危机的根源并非来自一般意义上的现代性，而是资本主义现代性所造成的现代性危机。在最本质的含义上，现代性并非等同于"资本主义现代性"。启蒙运动的现代性始于17—18世纪，其蕴含着人类探求自由、幸福和社会进步的时代精神，展现出人类对于自由和进步的渴望，呈现出鲜明的历史性、时代性、价值性和社会性等特征，是人类当下的"未竟之业"。而作为现代性的社会实现形式的资本主义现代性，则抛弃了现代性最初的、为人类预设的自由与解放的社会理想，将人类又带进了一种"新"的压迫和奴役之中，凸显了现代性的危机，使人类在统治自然的同时，也被自然所"控制"，造成了生态危机的产生。但这并非说明现代性所承诺的人类社会的价值理想已然消逝，也并非意味着现代性的就此终结，而仅仅表明了人类实现价值理想的形式和路径有所偏差。因此，唯有真正地实现对资本主义现代性的批判和超越，才能充分发挥出现代性的内在潜力，才能使人类完全摆脱现代性的危机。

资本主义现代性以资本主义制度为基础，以主体形而上学为哲学支撑，以扩张资本逻辑为世俗基础。伴随社会的不断发展，资本主义现代性已经转化为资本主义工业文明，它曾推动了历史的进步，使我们的生活发生了巨大的变化，但也带来了许多负面影响，造成了一系列严重的问题，尤其是生态问题。所以，在资本主义现代性的扬弃过程中，使其回归到它的"本真"状态，并实现一种自我提升，这就需要通过以下路径来完成：第一，坚持实践原则和现代实践方式的生态化革新，超越主体形而上学；第二，瓦解资本逻辑；第三，在超越资本主义现代性和建构新现代性的过程中，扬弃资本主义工业文明，建设生态文明。

中国作为世界的一部分，也被资本主义现代性所"包围"，并遭遇生态危机的威胁。尤其是中国还处于社会主义初级阶段，由于长期以来优先发展经济，生态资源缺乏合理利用和保护，致使我国环境污染日益严重，生态环境不断恶化。所以，摆在我们面前的一个非常现实的问题就是，人们要生存，社会要发展，要对自然界进行改造和利用，但资源和环境的承载能力是有限的，这就必然会产生社会发展与环境保护之间的矛盾。若要解决此矛盾，化解生态危机，就要从中国特色社会主义的具体实际出发，从社会发展的可持续性出发，建设中国现代性，实施"以生态为导向的现代化"，建设中国特色社会主义生态文明，开辟出一条具有中国特色的绿色发展文明之路，建设美丽中国，实现中华民族的伟大复兴，这是我们伟大的中国梦，是我们不懈的追求。

三、生态危机的世界性及其产生的自然根源

世界性的生态危机首先出现在发达资本主义国家，这是资本逻辑使然。但它也出现在第三世界和社会主义国家。资本主义巨大的生产生活资源，主要来自第三世界，尤其是砍伐森林、开采矿业，不仅耗尽了自然资源，而且造成了污染和贫困，使第三世界国家发展乏力，贫困和恶劣的生态环境难以改善。第三世界国家也经常处于干旱、缺水等不利的生态环境之中，而经济的落后更无法改变这种贫穷的生活状况：四分之三的农村人口没有安全的饮用水，许多人没有足够的食物来维持生存。在撒哈拉沙漠以南的干旱国家，严重的水资源短缺使农田被遗弃，迫使数千万人在饥饿线上挣扎。生活的贫困又导致过度采伐，过度渔猎，森林植被、河湖生态也遭到破坏。地下资源被采光，地表生态又被破坏。更多的第三世界国家陷入生态危机。

人类今日的生态危机根源，在于自第一次工业革命以来，人类主观精神的过度张扬，对自然界抱着征服掠夺的态度而不是尊重理解的态度，所有对自然的认识和科学技术也都是为了这一目的，完全没有顾及自然界内在的发展规律和其自身的有限性、相对性、脆弱性以及由缓慢的光合作用即能源生产的微弱性所决定的生命生长的艰难性。实际上，生命的生存是有条件的。所谓"生态"，既是生物生存的局限性呈现，也是生命生存的条件性结合。任何有机体都应该适应其生存环境，而生物体之间的彼此适应和彼此依存说明了，一个有机体必须始终以其他有机体的存在为基础。马克思曾以人与自然"互为对象性"来阐明这种生态关系。人类虽然很早就意识到了这一点（1860年生态学在德国出现），但人们没有意识到，由于地球自身的局限性所决定的资源

和环境的有限性,地球生态供养能力的相对性和降解污染能力的脆弱性,更没有意识到人与自然之间的生态生存关系。当今人类终于意识到,地球所蕴藏的可用矿产资源是极其有限的,不可再生的,经不起人类的机械化的百年开采。而这些东西一旦从地下移动到地面并被人类所消耗,不仅改变了地表自然的天然构成,而且不利于现有生物的生存,容易转化为生态污染。同时,经过缓慢的间歇进行的光合作用生成的现实能源,尤其是能让动物和人类利用的可食用能源,基本上是一个常数。而植物、动物和人类的繁殖能力却可以按几何级数增长。这种不对称的自然力造成绝大部分生物的生存资源是稀缺的、紧张的,食物匮乏和生存压力成了自然界固有的基本矛盾。因此,达尔文的生存竞争和适者生存理论,是对自然规律的重大发现。受光合作用和气候变化限制的生物生长的缓慢性和周期性,决定了"人类"物种作为自然存在物,也不得不受到自然界生长代谢的速度和规律的限制。人类虽然能够生产自己的需要,但仍然需要受到这种基本生态矛盾的制约。马尔萨斯发现,食物以算术级数递增和人口以几何级数递增此种自然趋势的矛盾有其客观性。实际上,人类社会早期所构想的万物有灵论和原始宗教,就在于以人的想象方式调节人和自然之间的此种既得遵循又想掌控和超越的矛盾关系。但由于人类创造了机械工具和机械力量之后,"技术"此种非自然、反生态的人造物,在人类智慧和需要的双重推动下,以几何级数加快了对自然资源的掠夺和对生态环境的污染。无限的物质使用和废物废气排放不仅破坏了生物圈的大气循环、氧循环、二氧化碳循环和水循环机制,而且污染了有限的地表和地下水。过量的碳排放导致气候变暖、海洋酸化进而又致使某些生物灭绝,这些自然资源被人为的方法任意阻挡和取代,因而致使生态危机的产生。这是自然界演替规律的局限性、相对性、脆弱性与人类数量增长的无限性、物质需求增长的绝对性与自身发展的强势性之间的矛盾。正是此种人与自然的根本矛盾导致人和自然界的两败俱伤:人对自然的生态入侵,反过来又成为自然对人类生存的入侵。解决之道并不是让自然来适应人,因为天行有常,万物有道,只能是人类改变自身,适应自然界生态运行规律的要求,建设一个受自然生态规律所规范的生态文明社会。

第二节　当代中国的生态问题

中国工业化起步较晚,但发展迅速。我国的基本国情是人口众多、资源相对不足、生态环境承载力较弱。近年来,我国生态文明建设虽取得了重要的进展,但长期以来,我国传统的工业化模式对资源、生态和环境造成了严重的破坏,人与自然之间的关系非常紧张。伴随经济的快速增长和人口总量的逐渐增加,经济发展面临着越来越突出的资源环境制约,人民群众对美好生活环境的需求越来越迫切。

一、当代中国生态问题的基本特征

自 20 世纪 50—60 年代以来,西方发达国家爆发环境问题,从回顾的视角来看,西方发达国家环境问题的特点表现出简单性、集中性和依次性。当时西方国家的环境问题主要体现为工业污染,并且集中在主要的规模性生产单位。西方国家普遍采用的是对污染物无害化处理或者将污染项目转移到国外的解决方式,基本上是以高资本投资为基础。相比之下,中国的环境问题具有复杂性和时空压缩性的特征,治理难度远比当时西方发达国家困难得多。发达国家工业文明时期的资源、环境和生态等重大问题同时出现在中国工业化的中后期。综上所述,我国生态文明建设存在资源约束趋紧、环境污染严重、生态系统退化等三大问题。这是工业化时代全球性三大危机——资源短缺、环境污染、生态破坏在我国的具体表现。

(一)资源约束趋紧

在我国生态文明建设过程中,经济发展与环境保护之间的矛盾贯穿始终。也就是说,经济发展过程总是受到资源的制约。所谓"资源约束",是指人们在生产经营活动中受到自然资源短缺或者资源过度利用的制约的社会现象。当前,伴随我国经济发展资源约束形势日益严峻,具体表现为人均资源拥有量的相对短缺、资源消耗总量和强度增加、资源空间分布错位、人口和经济活动空间分布失调。

一是人均资源拥有量相对不足。由于传统的粗放型增长,我国各类资源的保障能力降低,资源的瓶颈制约显著。我国资源总量大、种类齐全,但资源质量总体不高,资源禀赋缺陷明显,尤其是由于我国人口众多,人均资源相对短缺,人均占有主要资源量远低于世界平均水平。基于这一基本情况,资源短缺的压力将长期存在。资源是经济社会发展的重要前提。但我国存在着"资源大国"和"资源小国"之间的矛盾,"总量丰富,人均稀少,资源利用率低,并且浪费严重是我国资源的总体特征"①,尤其是我国的水土资源空间匹配性差,资源富集区与生态脆弱区多有重叠。主要表现为:(1)水资源短缺。中国是世界上最缺水的国家之一。我国 2017 年水资源总量为 28,675 亿吨,而我国人均水资源仅为 2059.2 吨,仅相当于全球平均水平的三分之一,同时我国水资源分布不均衡。一般来说,我国西南地区和华南地区水资源较为丰富,这些地区的自然水资源相对丰富,而西北地区常年少雨,较为干旱。中国约四分之一的省份面临严重的水资源短缺,联合国统计局评估说,有关省份的人均年均淡水资源量少于 500 吨。伴随城市化人口和污染情况的增加,水资源需求不断增加,水资源短缺问题日益严重。(2)土地资源减少。人多地少是我国的基本国情。我国土地资源的特征是"一多三少",即绝对数量多,人均占有量少,优质耕地少,可开发的后备资源少。(3)矿产资源相对不足。虽然我国矿产资源总体上相对丰富,但人均占有量只占世界平均水平的 58%,大型和超大型矿床所占比例很小,有许多低品位和难选矿石,例如,贫矿、难选冶矿和共伴生矿石,尤其是铁、铜、铝土、铅、锌、金等多为贫矿,一些主要矿产的开采越来越困难,开采成本普遍较高,实际可用资源比例较低,供应形势相当严峻。(4)森林资源偏少。我国的森林资源有一定的优势,但也有劣势。缺点主要是森林覆盖率低,资源分配不均,人均占有量低。我国土地面积约占世界总面

---

① 黄娟:《生态文明与中国特色社会主义现代化》,中国地质大学出版社 2014 年版,第13 页。

积的7%,而森林面积只占世界总面积的4%左右,森林蓄积量远不足世界总量3%。人均森林面积只相当于世界人均水平的1/5,人均森林蓄积量相当于世界平均水平的1/8。

二是资源需求刚性增长。我国资源消费总量和强度逐年增加。近10年来,我国矿产资源供给量增速同比提高0.5—1倍,高于同期世界平均水平0.5—1倍,对外依存度逐渐提高,石油、铁矿石、铜、铝、钾盐等主要矿产资源的国内保障程度不足50%。建设用地需求居高不下,2015年实际供地达到53万公顷。伴随新型工业化、信息化、城市化和农业现代化的发展,资源需求将保持强劲上升势头。伴随工业化进程的加快,我国经济总量跃居全球第二,——相应地,资源消耗超过40倍以上。资源消耗总量和强度增加。在能源消耗方面,国际能源署预计,到2035年,中国将超过美国成为世界最大的能源消耗国。即便在当今的节能形势下,我国的石油消费量仍将从2015年的5.4亿吨增长至2030年的7.5亿吨左右,年均增长2.2%。

三是资源综合利用率低。当前,我国资源利用的方式较为粗放,例如,我国目前单位GDP用水量和能耗分别是世界平均水平的3.3倍和2.5倍。在资源利用方面,我国尚未从整体上构建"资源—产品—废物—再生资源"的循环经济体系。经济活动通常是"资源—产品—废弃物"的单向流动模式。也就是说,创造的财富越多,消耗的资源就越多。与发达国家相比,我国的资源综合利用和再生资源循环利用滞后。在经济发展过程中,我国高速消耗了有限的国内资源,而且很多资源并未得到有效的循环利用,经济发展对外部资源的依赖程度快速提高,经济安全和可持续发展必定受到严重的制约。据世界观察研究所称,如果中国遵循传统的工业化道路,要使中国的人均消费达到美国水平,至少需要3—4个地球资源。世界上没有垃圾,只有放错地方的资源。为了解决日益严重的垃圾问题,国外发展了垃圾资源化技术。通过对垃圾中的再生资源的回收利用,实现垃圾的减量化处理,达到向垃圾要资源、能源、效率的目的。就像铝,我国回收循环利用的铝,已经占世界需求量的1/3。日本、巴西、美国和欧洲分别达到79%、78%、62%和49%。钢铁行业每年回收近

3亿吨钢铁,这使铁矿石开采减少了4.7亿吨。但受理念、体制、技术、资金等各方面因素的限制,我国垃圾工业和回收资源产业发展相对滞后,垃圾资源化水平和废旧物资回收利用率很低。可再生资源的回收率仅为世界先进水平的1/4—1/3,其中塑料、废橡胶、废纸、废玻璃的回收率仅为25%,47%,20%,13%,大量的可再生资源被闲置废弃。废水循环利用水平较低,工业再生水利用率仅为取水量的0.4%,水资源已按"开发—利用—污染排放"模式消耗和循环利用,每年因水污染造成的经济损失超过1800亿元。

四是资源的空间分布和人口及经济活动的空间分布错位。资源的空间分布和人口及经济活动的空间分布加剧了我国人与自然的深层次矛盾。从中国东部地区、中部地区和西部地区的格局来看,东部地区的人口和国内生产总值分别占全国的41.7%和60.4%,中部地区分别占35.3%和26.4%,西部地区分别占23.0%和13.2%。但58%的煤炭资源在中部地区,38.1%在西部地区;44%的石油资源在中部地区,35%在东部地区;67%的天然气资源在西部地区;54.1%的铁矿石资源在东部地区;58%的铜矿资源在中部地区;63.2%的铝土矿资源在中部地区。人口、经济活动在东、中、西部的分布,以及能源和矿产资源空间分布的错位,需要从西部地区向东部地区运输矿产资源和能源,这就增加了中国加快经济社会发展和提高人民生活水平的交易成本。例如,为解决能源的区域平衡而实施的"西电东送"工程和"西气东输"工程需花费巨额资金,只有4200公里的"西气东输"项目需要投资1200亿元。从我国南方和北方的格局来看,南方的人口和地区生产总值分别占全国的58%和58.5%,北方则分别占42%和41.5%。但南方煤炭资源只占全国的10.6%,石油资源只占全国的3.1%,水资源却占全国的85.5%。这表明,南方的能源十分稀缺,北方的水资源十分短缺。为了解决人口及经济活动的不匹配和水资源的空间分布错位问题,我国实施了"南水北调工程",开展了远距离跨区域调水,总投资约5000亿元。

(二)环境污染严重

长期以来,在脆弱的生态环境下,我国进行了影响全球经济格局的大规模经济活动。在经济繁荣的同时,我国环境污染的情况依然严峻。所谓环境污染,是指对环境造成自然的或者人为的破坏,向环境中添加一定物质而超过环境自净能力而产生危害的行为。由于人为因素引起的环境组成或者状态的变化,使环境质量下降,扰乱和破坏生态系统和人类正常的生产生活条件。根据环境要素的分类,我国环境污染现象主要有大气污染、水污染、土壤污染等。目前,我国生态环境的整体恶化尚未得到彻底扭转。环境污染形势依旧严峻,复合性环境污染加剧。水环境恶化,大气环境不容乐观,固体废物污染日益突出,城市生活垃圾无害化处理率低,二次污染严重,这就是我国环境的现状。同时,环境污染已从陆地蔓延至近海水域,从地表水延伸至地下水,从一般污染物扩展至有毒有害污染物,形成点源与面源污染并存、生活污染与工业排放叠加、各种新旧污染与二次污染相结合的态势。在一些地区,空气、水和土壤污染的相互作用已经出现,对生态系统、食品安全和人类健康构成日益严重的威胁。

(三)生态系统退化

我国的自然生态系统已经非常脆弱。由于人类无序的和高强度的开发活动导致自然对人类的报复越来越多,适宜人类生存和发展的空间越来越少,生态系统的整体功能下降。森林生态功能衰退;草地退化,湿地萎缩;水土流失逐年严重,土地荒漠化和石漠化加快,沙尘暴和雾霾现象频发;生物多样性急剧减少,有害外来物种入侵频繁,生态安全受到严重威胁;自然灾害频发导致各类自然资产流失以及自然灾害造成的人民生命财产和国家财产的直接经济损失日益增大。

一是荒漠化面积持续扩大。所谓荒漠化,主要是由于干旱少雨、植被破坏、大风吹蚀、流水侵蚀、土壤盐渍化等原因导致的大面积土壤生产力下降或者丧失的自然现象。荒漠化的最终结果大部分是沙漠化,而我国是世界上荒漠化严重的国家之一。全国沙漠、戈壁和沙化土地调查和荒漠化研究结果显示,我国荒漠化土地面积262.2万平方千米,占国土面积的27.4%,近4亿人口受到荒漠化的影响。中、美、加国际合作项目的研究结果表明,中国因荒漠化造成的直接经济损失约为541亿元人民币。

二是局部地区水土流失加剧。所谓水土流失,主要是指由于自然或者人为因素的影响,雨水不能就地吸收,顺势下流,冲刷土壤,造成水分和土壤同时流失的现象。主要原因是地表坡度大、土地利用不当、地表植被遭破坏、耕作技术不合理、土质疏松、滥伐森林、过度放牧等。水土流失的主要危害有:土壤耕作层被侵蚀破坏,使土地肥力日益下降;河流、河道、水库淤积,降低水利工程效益,甚至引发洪涝、干旱灾害,严重影响工农业生产;水土流失对山区农业生产及下游河道构成了严重威胁。

三是生物多样性持续锐减。生物多样性主要是指物种内部、物种之间和生态系统的多样性。简而言之,生物多样性是生物及其构成系统的整体多样性和变异性。生物物种是否丰富,生态系统类型是否完整,遗传物质的野生亲缘种类的数量将直接影响人类的生存、繁殖和发展。生物多样性在全球范围内正受到威胁,我国的生物多样性保护同样紧迫。目前我国生物多样性保护面临的问题有:(1)部分生态系统功能不断退化;(2)物种濒危程度进一步加剧;(3)遗传资源逐渐流失。《中国生物多样性保护战略与行动计划(2011—2030年)》详细分析了我国生物多样性保护面临的问题和挑战:一方面,生物多样性保护的法律和政策体系还不完善。生物物种资源家底不清,调查和编目任务繁重,生物多样性监测和预警系统尚未建立,生物多样性相关投入不足,管理保护水平有待提升,基础科研能力薄弱,应对生物多样性保护新问题的能力不足,全社会生物多样性保护意识有待进一步提高。另一方面,生物多样性保护面临的压力和挑战。城镇化、工业化加速不断威胁着物种栖息地,同时也增加了生态系统的压力。过度利用和无序开发生物资源对生物多样性的影响加剧。环境污染影响水生和河岸生物多样性及物种栖息地。外来入侵物种和转基因生物的环境释放增加了生物安全的压力。生物燃料的生产对生物多样性的保护构成了新的威胁。气候变化对生物多样性的影响有待评估。

二、当代中国生态问题的特殊性

生态问题可以分为两大类。第一大类是指由自然原因引起的原生环境问题(第一环境问题),第二大类则是指由人为原因引起的所谓次生环境问题(第二环境问题)。传统的环境科学和环境法学一般来说是解决次生环境问题,这类生态问题在各国的存在形式通常是一致的,所适用的规则在世界范围内也基本上是相通的。相比较而言,第一环境问题乃是各国环境问题、不同国情的一个基本依据,对一国的次生环境问题乃至经济发展方式以及相应的法律制度都会产生深远的影响。我国生态环境存在的问题,有着一个历史的、自然的原因和过程,同时与我国国情和发展阶段密切相关,是在发展过程中遇到的矛盾和问题。

(一)原生环境问题的特殊性

中国的自然地理对生态环境的影响有两个很明显的特点:第一,西高东低,海拔落差大;第二,季风气候。第一个特点造成的环境问题主要有以下三个方面。首先,高海拔地区脆弱的生态环境直接影响到低海拔地区的生态环境,导致整个国土范围内的生态环境相对比较脆弱。例如,与世界上其他各主要河流流域生态环境相比较,我国黄河流域生态问题要严重得多,其主要原因就是中、上游高原地区生态环境十分脆弱且在不断恶化。其次,海拔落差比较大加剧了水土的流失,我国因水土流失引起的生态问题在世界范围内也当属罕见。再次,海拔落差大也极易导致严重水灾的发生,从而直接威胁人的生存。第二个特点造成的生态问题是多方面的,例如,季风的变化造成各个地区降水的巨大差异,旱涝无常;再如,季风加剧了荒漠化的进程,而风沙悬浮颗粒则又容易造成严重的空气污染,为此,我国新修订的《大气污染防治法》增加了防治沙尘污染的规定,这在世界上是不多见的。

上述两个特点引发的生态环境灾害在近几十年来显得尤为严重:20 世纪90 年代以来我国连续出现洪灾,进入 21 世纪在我国北方开始出现较为严重的沙尘空气污染,这种由自然环境破坏加剧的原生环境问题所造成的损害程度,一点不亚于次生环境问题造成的损害。在我国,次生环境问题与国外相比,其中的环境污染问题总的来说一直较受重视并因此得到较有效的防治,而在自然环境的破坏与原生环境问题相结合所造成的生态环境恶化问题上,相比大多数国家来说,我国则严重得多,尤其是近年来这一状况更为明显。中国生态问题的解决不但要重视生态环境保护,并且要重视生态环境建设,生态环境建设所要做的主要工作就是培育脆弱的原生环境并使历史上遭受严重破坏的生态环境得到恢复。目前我国西部大开发所面临的生态问题包括了生态环境的保护与建设这两项任务,而事实上,这种开发某种意义上来说就是一项巨大的生态环境建设工程。党和政府对西部地区恶劣的生态环境尤为重视,将生态保护和建设置于实施西部大开发战略的首要地位。生态环境相对脆弱、原生环境问题严峻、生态环境的改善实际上已经是刻不容缓,这就是我国原生环境问题的特殊性。

(二)经济发展与环境保护关系的特殊性

目前,随着中国经济步入新常态,经济增长从高速转为"中高速":一是从规模速度型粗放增长转向质量效益型集约增长,二是从要素投资驱动转向创新驱动。从发达国家经济发展的历史来看,这个阶段往往是生态问题相对比较严重的时期,显然,我国在这一时期所承受的生态环境压力较沉重,在经济发展与环境保护关系方面呈现出以下特殊性。

第一,经济发展引起的环境问题愈益增多。改革开放对生产力来说是一种极大的解放,这种解放的效果包括两点:第一,我国在这一时期经济的增长速度极快,相应地对资源开发利用的规模和各行业污染物的排放规模均随之骤然膨胀;第二,经济的高增长带来高消费,资源的消耗和浪费严重,生活污染在生态问题中的比重进一步加大。由此来说,与各主要经济发达国家环境问题有一个较长时期的恶化过程形成对照的是,我国近年来生态问题愈益增多。

第二,经济利益与环境利益冲突的特殊性。众所周知,资本主义经济高速发展所追求的是最大限度的剩余价值,是少数人的利益,但是环境问题则是对多数人利益的损害,二者呈明显对立状态,因此,法律对这种显性冲突的社会关系也比较容易做出规范。在我国,以社会主义公有制为主体,经济利益的主体和环境利益的主体某种程度上具有一致性。但从近些年的实践来看,我国农村环境恶化非常明显。例如,一些乡镇企业为实现"脱贫致富",宁可坐视环境污染对当地的极大损害。对此,当地行政部门必须采取强制措施。但在一定意义上,政府既是冲突的调解者,又往往成为冲突中的一方,法律执行的难度大。

第三,财产权引发的环境问题的特殊性。自由市场经济一般来说会存在不同所有者之间的冲突,而社会主义市场经济中存在的所有制、所有权的利益冲突则更为复杂。我国财产权引发的利益冲突在生态问题上尤为明显,国家对生态环境的保护往往容易引起资源使用者的抵触,这在各个自然保护区的设立上表现得尤为突出。我国的国有资产包括国有资源在所有制上属于国家所有,但其产生的相当部分的利润或者产品却往往是直接为私人所有,这种难以法定化的产权关系被冠之以"承包经营"。这种产权关系下的经营形态虽然具有比旧体制更有利于调动经营者积极性的优势,但其致命的弱点是往往容易造成产权不清,而产权不清则恰好是生态环境保护的大敌。我国许多地方生态环境保护不力的原因十分复杂,但产权不清造成的公有资源滥用是有目共睹的事实,而且出现的这种情况如果仅仅靠加强管理、加大环境执法力度是难以完全消除的。

第四,保护生态环境的经济手段受到抑制。资本主义市场经济在不断加剧环境恶化的同时,在环境问题的解决方面,其自身的经济规律也会呈现一定的自我完善的功能,而且这种功能更易为公众所认同。这种经济手段具体包括两个方面:一是政府通过国有资源有偿使用,财政、税收、信贷、经济奖惩以及国际间的环境贸易制度等手段限制不利于生态环境保护的各种经济活动;二是民事主体之间的排污权交易等制度,即在一定程度上将排污行为赋予市场化意义,使之变成一种可交换的商品。在我国,第一类经济手段作为行政权力的补充在实践中得以较普遍的实施,而第二类经济手段受观念、体制等因素的影响,在现实中往往难以为民事主体所能理解和实行。

(三)社会人文因素的特殊性

环境问题的产生既有自然地理原因以及经济原因,但最明显的还是社会人文方面的原因,并且最直接地表现为社会问题。"生态学作为一门科学,从它诞生的那一天起,一直就与'人类社会'结下了不解之缘。如果说前期的生态学更多地显示了自然属性的话,那么现代的生态学,则更加强烈地显示出它的社会属性这一面。"①我国的环境问题及因此反映的社会人文问题既有与其他国家相同的一般性问题,也有自己的特殊性问题,这些特殊性问题可以概括为:

第一,人口众多,环境资源压力大。环境问题和人口问题存在密切的互为因果的联系。在一定社会发展阶段、一定的地理环境和生产力水平的条件下,人口繁衍增长应保持在一个适当的比例。过去,我国人口与环境问题存在一定的误区:一是新中国成立初期根本忽视人口问题,导致人口过度增长,这个问题正在或者说已经得到较好的解决;二是部分人认为解决人口过多造成的贫困,就应当以牺牲生态环境为代价来发展经济。目前来看,仍有一些人没有走出这一误区。

第二,公众环境意识水平较低。"所谓环境意识,是指人们在认知环境状况和了解环保规则的基础上,根据自己的基本价值观念而发生的参与环境保护的自觉性,它最终体现在有利于环境保护的行为上。"②目前我国多数人对于环境问题的严重和紧迫状况缺乏清醒的认识。相关调查显示,国民对于环境状况的判断大都处于态度比较中庸的状态,个体敏感性较差,对许多根本性的环境问题缺少实质性了解,而相当一部分公众不会主动地去获取环境知识。应当说,我国公众的环境意识和知识水平目前还都处于比较低的水平,环境道德意识可谓是比较弱。我国公众环境意识中仍然具有很强的依赖政府型特征,政府对于公众环境意识的提高则具有决定性的作用。

第三,环境问题与贫困等其他社会问题交叉、重叠,有形成恶性循环的趋势。环境问题在当今世界各国有不同的表现形式,总体来看,发达国家的环境问题还主要是与污染物相关的环境污染,而欠发达国家的环境问题则主要是与自然资源相关的环境破坏,前者相对来说比较容易得到防治和恢复,而后者

---

① 马世骏:《现代生态学透视》,科学出版社 1990 年版,第 5 页。
② 洪大用:《当代中国环境问》,载《教学与研究》1999 年第 8 期。

的防治和恢复则困难得多,需要受到各方面条件的制约。我国的环境问题也同样存在类似的情况:在平原、沿海及大城市等经济较发达地区,环境问题表现为以环境污染为主,且正在不断有所缓解;而黄土高原、西北地区、西南地区及中部地区的山区丘陵地带等相对欠发达地区,环境破坏引起的生态环境恶化十分严重,并且正日益呈现出环境问题与贫困同步深化,形成了不断恶性循环的趋势。为了消除贫困,一些地方滥垦、滥伐、滥牧、滥捕,这在一定程度上加重了生态环境的进一步恶化。

第三节　走向生态文明

20 世纪 60—70 年代,伴随人类的生态保护意识增强,生态问题越来越受到各国政府的重视。为了改善人类的生存环境,阻止生态问题的持续恶化,世界各国开始对生态问题进行反思并积极开展合作,同时纷纷采取一些措施来解决生态问题。中国特色社会主义生态文明建设正是在这样的国际背景下开展起来的。推进生态文明建设是我们主动解决生态难题的理论自觉,是中国特色社会主义现代化是否健康发展的重要尺度和标志。早在 20 世纪 90 年代中期,中国就已经提出了"生态文明"的概念,这预示着 21 世纪将是一个生态文明的世纪。对于世界各国与中国为克服生态危机所做的努力,本节主要从以下几个方面展开论述:生态意识的觉醒、生态理论的推进、生态运动的兴起、政府责任的增强、实际治理措施的强化、中国的目标和决心:"美丽中国"与"绿色发展"。

一、生态意识的觉醒

人类进入工业文明时代以来,经济得到快速发展,与此同时,各种生态灾难也接踵而至,这"不仅吞噬着自然生态,而且毁坏着人体生态,使现存的人类生存方式具有毁灭性"[1]。面对日益严峻的生态问题,人们逐渐意识到,传

---

[1] 许崇正、杨鲜兰:《生态文明与人的发展》,中国财政经济出版社 2011 年版,第 20 页。

统工业文明的生产方式具有一定的反生态性，人类要实现可持续发展，就必须强化生态环境保护，推进人类生产和生活方式实现生态化转型。

随着资本主义大工业的迅猛发展以及社会生产力的大幅度提升，人类对生态环境的破坏也越来越大，工业发达国家的生态问题日益严重。从20世纪30—70年代初，先后发生了震惊世界的"八大公害事件"（马斯河谷烟雾事件、多诺拉烟雾事件、洛杉矶光化学烟雾事件、伦敦烟雾事件、四日市哮喘事件、熊本县水俣病事件、日本米糠油事件、富山县骨痛病事件），这些由环境污染造成的悲剧给人类留下了惨痛的记忆和教训。工业革命一方面给人类带来了生产力的极大提高，另一方面也使生态问题随着生产力水平的不断提高而日益严重。英国著名历史学家艾瑞克·霍布斯鲍姆曾说过："从远古时代创造农业、冶金术、文字、城市和国家以来，工业革命成为了人类历史上最巨大的转变，这个革命所带来的影响已经改变并将继续改变着全世界。"①在社会生产力迅速提高，经济规模空前膨胀，物质财富极大丰富的同时，人类对自然环境的破坏也日益严重，生态危机日益凸显。世界"八大公害事件"给人类敲响了警钟，使人类开始审视与反思生产发展过程中带来的生态危害。随着世界公害事件的频繁发生，由其引发的公害病患者和死亡人数急剧增加，人们逐渐意识到片面追求经济发展而忽略了人、自然、社会之间的内在关联将会造成严重的生态危机。由于环境污染的潜在性特点，对人类影响的凸显也需要一个过程。例如，日本甲基汞污染引起的水俣病，经过了20多年的时间才慢慢呈现出来。由于环境污染的难以修复，不但危害了当代人的健康，还会造成世世代代的隐患。

生态问题是全球性问题，需要各国的共同努力。1972年6月，首届联合国人类环境会议在瑞典斯德哥尔摩召开，会议通过了《人类环境宣言》以及由多位科学家共同参与撰写的《只有一个地球》的重要报告，并提出"为了这一代和将来世世代代保护和改善环境"的口号。这次会议对各国在环境保护的

---

① 罗荣渠：《现代化新论》，北京大学出版社1993年版，第132页。

权利与义务进行了规定,这在人类历史上属首次。这种以生态问题为主题而召开的国际会议,标志着人类生态意识的觉醒。此次会议之后形成惯例每年召开一次,为推进世界各国改善生态环境起到了极大的推动作用。1992 年,在巴西里约热内卢举行的环境与发展大会,通过了《里约环境与发展宣言》《世纪行动议程》《气候变化框架公约》和《保护生物多样性公约》等一系列重要的文件,提出了可持续发展战略,走人与自然和谐发展的道路,这是人类发展理念的又一次重大的变革与创新。与此同时,联合国推动《气候变化框架公约》缔约国每年举办一次世界气候大会。1997 年的世界气候大会,149 个国家和地区的代表在大会通过的《京都议定书》上签字,承诺从 2008 年到 2012 年期间,主要工业发达国家要将温室气体排放量在 1990 年的基础上平均减少 2%。2009 年,联合国气候会议在哥本哈根召开,商讨《京都议定书》一期承诺到期后 2012 年至 2020 年的减排事宜,通过了《哥本哈根协议》,该协议对未来应对气候变化的全球行动做出了新的安排,这次会议也被喻为"拯救人类的最后一次机会"。世界各国的共同努力说明了人类在环境保护问题上的觉醒。

二、生态理论的推进

理论是行动的指南。在这一时期,全球学术界涌现了一大批优秀的生态环境方面的著作,这是生态意识觉醒的重要体现。在这其中,以 20 世纪 60—70 年代的蕾切尔·卡尔逊的《寂静的春天》、罗马俱乐部的《增长的极限》反响最为强烈,这两部著作敏锐而深刻地对当时日益严峻的污染问题、生态问题、资源问题等进行了剖析,呼吁"我们必须与其他生物共同分享我们的地球",人类发展必须"建立起人与自然的合理的协调关系",他们对加强环境保护的呐喊成为"一个里程碑,世界的注意力已经在认真考虑这个报告提出的基本论点了"①。学术界关于生态环境保护的研究在某种程度上引起了全球

---

① [美]丹尼斯米都斯:《增长的极限——罗马俱乐部关于人类困境的报告》,李汝恒译,吉林出版社 1997 年版。

对绿色发展的关注。

可持续发展是在社会发展和生态理论研究中提出的重要理论。可持续发展的观点产生于20世纪80年代,由美国著名思想家、农业科学家莱斯特·布朗出版的《建设一个持续发展的社会》一书中首先阐发。世界环境发展委员会于20世纪80年代后期提出了持续发展的定义,认为持续发展就是将发展与环境彼此结合起来,经济的发展不但要满足当代人的需求,并且不能损害子孙后代满足他们自身需要的能力。这个定义,涵盖三个方面的要素:一是生态稳定;二是经济增长;三是社会平等。持续发展不单是经济发展的问题。持续发展观点反对失控和过热的经济增长,认为其虽可能带来暂时的、表面的繁荣,但也会使生态环境遭受更严重的破坏,从而引起社会动荡,经济上也不可能得以持续发展。在可持续发展的问题上,鉴于人口、经济、社会、资源和环境之间的关系不断变化,要适应这些变化的情况,不同国家必须不断调整关系,使之彼此协调。各国之间还由于其国力、国情,发展阶段的差异,其所付出的努力和所能达到的程度也是不同的,因而不能强求一致,并且需要国际之间的彼此合作和相互支持。

《中国21世纪议程》提出,可持续发展是既要满足当代人的需要,又不能对后代子孙满足其自身需要的能力构成危害的发展。这实际上有两个方面的含义:一是优先考虑当代人,尤其是世界上贫困国家人民的基本需要;二是在生态环境可以支持的前提下,满足人类眼前和将来的需要。在当前中国国情条件下,又具体囊括以下几个方面:第一,保障全体人民的吃、穿、用、住、行等基本生存和发展的需要,包括就业、教育、社会保障等基本生存和发展的权利;第二,迅速发展经济,提高人均收入水平,加快就业、消费结构的调整,不断提高社会生产率和经济效益;第三,要把近期利益和长远目标相结合,实现人口增长、经济发展和资源、生态、环境基础之间的持续平衡发展。

此外,还有一大批生态学马克思主义者的重要著述:例如,法兰克福学派的"从技术批判到生态危机理论"、奥康纳的"资本主义双重危机理论",又如,克沃尔的"革命的生态社会主义理论"、福斯特与伯克特的"马克思的生态学"

等。而印度学者萨卡的《生态社会主义还是生态资本主义》则以苏联模式的社会主义失败为例,来论证"生态化选择"的不可避免和社会主义生态发展的潜在可能性。基于上述对生态问题成因的揭示和对未来生态化社会政治制度构想之间的差异,我们可以将"绿色理论"进一步形象化地划分为"深绿""红绿"和"浅绿"三大流派。其中"深绿"理论主要强调公众个体价值观的生态中心主义转变和提升,从而自觉地将个体生活与生存当作自然生态整体的一部分。这是由于单纯的制度层面变革其实无法彻底根除生态问题。比如,属于这一阵营的生态自治主义(无政府主义)就坚持主张,注重个体价值观层面上的生态中心主义,即明确承认和充分尊重自然生态系统及其构成要素的独立价值,这是所有绿色变革得以实现的前提,同时又构成了未来绿色社会(共同体)及其聚合的基础。

虽然很难在上述"深绿""红绿"或者"浅绿"意义上加以准确定位,但毋庸置疑的是,党的十八大报告中关于大力推进生态文明建设论述的核心内容与重要突破,可以说是更加系统地概括与贯穿了一种"生态文明观",或者说,是一种更"绿色"的文明认知:"尊重自然、顺应自然、保护自然";"坚持节约优先、保护优先、自然恢复为主的方针";"控制开发强度,给自然留下更多修复空间";"更加自觉地珍爱自然,更加积极地保护生态"等。这些具有非常明显特征的"环境主义"甚或"生态主义"的话语,充分体现了党和国家对生态环境的重要关注,及其对国内外社会政治的自觉认知与正面积极回应。

三、生态运动的兴起

众所周知,工业文明发轫于西方,与此同时,人类对生态环境的破坏及其所带来的后果也首先在西方发达国家逐步显现。鉴于此,西方学界的一些有识之士对严重破坏生态环境的粗放型生产方式进行了猛烈的抨击和犀利的批判,由此引发了环境保护运动的兴起,此后一些绿色政党组织也相继产生,使得环境保护逐步上升至政治层面。面对人类生产生活环境的不断恶化,一些富有历史责任感的学者呼吁,必须提升人类对生态环境的全面认识,并对各种环境问题给予高度的重视,进而重建社会和自然的新秩序。

随着绿色革命风靡全球,在广泛的群众运动的基础上,绿党作为一种新的社会力量和政治愿望的代言人开始正式登上政治舞台。在国际社会,诞生的首个绿党是新西兰的"价值党",它率先强调了保护环境和保持生态平衡的重要性。1975年《明天以后》的问世,成为"绿色政治学"的首个宣言。此后,一些主要资本主义国家,包括美国、英国、法国、德国、意大利、希腊、爱尔兰、卢森堡、瑞士等相继建立了绿党,并逐渐发展到非洲和拉丁美洲国家。这些国家的绿党在以"第三条道路"为标志的社会民主主义变革中纷纷参政,在维护生态平衡和保护环境,主张经济的适度增长和社会正义,提倡社会民主和非暴力原则等方面作为群众性生态运动的政治代言人,成为新兴后现代最有活力的政党。绿党以生态主义哲学作为其理论基础,从全人类乃至整个地球的生存出发,构建起自己的理论纲领、意识形态、政策主张及组织原则。强调保护环境、实现生态平衡可以说是绿党最根本的政治原则,也是绿党区别于其他政党的重要标志。在经济上,绿党明确反对消费性经济,认为这是属于受利益驱动毫无限制的生产,必将带来对资源的过度攫取和生态平衡的破坏,为此,绿党提倡生活简朴和回归自然,将改变人们的生活方式作为起点,逐步改变传统的经济增长模式和消费观念。在生态保护上,为了生态平衡,保护环境,绿党主张"保护生态系统的平衡高于一般经济增长的需要","不进行不考虑未来的投资",取缔危害生态、消耗能源的行业,以"生态经济""生态财政"取代"市场经济""市场财政"。在社会发展上,绿党则提出社会公正、社会保障、非暴力活动、基层民主等政策主张。这些都遵循了现代生态学相互联系、相互影响、互为依存的观念,成为绿党的"科学的基础,行动的准则"。绿党由于其在政治层面的影响力使得绿色发展观念进一步纳入各国执政党的视野和发展战略中。绿色社会政治,是20世纪60、70年代首先在欧美西方国家兴起的,它集中关注生态环境、和平、第三世界、女性、青年、少数民族权利等"后物质主义"议题的社会政治思潮与运动。而"生态环境关切",随着经济全球化的不断扩展与深入,自20世纪90年代起,已经成为一种全球性的议题性社会政治。其中"共同但有区别的责任原则",也已经成为我们当代人耳熟能详的绿色政治口号。应当说,这些绿党意识到了资本主义社会环境问题的严重性,也在一定程度上反映了民意,但从根本上说,它们仍然是代表资产阶级利益的,是从资产阶级的长远利益出发的,其属于资产阶级改良主义政党。在生态问题上,绿党同马克思主义有共同点,但是,他们又把解决生态问题与拯救资本主义勾连起来,似乎只要解决好生态问题,资本主义就会一片光明,所以,在根本问题上,绿党的政治主张与科学社会主义理论还是对立的。现代环保运动不但推动了生态问题从潜在的、边缘的问题变成了意义重大的政治问题,乃至促进了世界各国生态问题的解决,并使之成为备受各国领导人在政治舞台上瞩目的热点问题,驱使各国政府对这些生态问题做出实际回应。此起彼伏的环保运动使得国际社会对环境问题不得不予以高度重视,从而环境保护才真正具有了世界意义。

生态运动的兴起与发展不仅标志着人类环境意识的普遍觉醒,而且在很大程度上增强了人类的环保意识。虽然我国的生态环境保护起步较晚,但近几十年来,政府不断采取积极行动,从而能够迅速发展。1972 年,联合国在瑞典召开人类环境会议,我国首次派代表团参加。2013 年 2 月,联合国环境规划署召开第 27 次理事会,会议通过了推广中国生态文明理念的决议草案,这标志着中国生态文明理论与实践在国际社会得到了广泛认可和支持。党的十八大以来,习近平对生态文明建设十分重视和关心。无论是在国内主持重要会议、考察调研,还是在国外访问、出席国际会议活动,都不断地强调建设生态文明,维护生态安全。习近平强调:"建设美丽家园是人类的共同梦想。面对生态环境挑战,人类是一荣俱荣、一损俱损的命运共同体,没有哪个国家能独善其身。唯有携手合作,我们才能有效应对气候变化、海洋污染、生物保护等全球性环境问题,实现联合国 2030 年可持续发展目标。只有并肩同行,才能让绿色发展理念深入人心、全球生态文明之路行稳致远。"①

---

① 《习近平谈治国理政》第 3 卷,外文出版社 2020 年版,第 375 页。

由于生态运动的兴起及其所产生的巨大推动作用,越来越多的人开始认识到人类活动,尤其是经济活动与环境的和谐相融对自然和人类本身的根本意义和重要价值。在当代人类要从思想上和实践上更加重视协调人类活动与环境关系,这实际上与生态运动的影响和作用是密切关联的。从根本上讲,生态运动不但反映了人类积极要求改善环境状况、提高生活质量的美好愿望,而且也表明了人类对其生存和发展意义的认识和理解开始逐渐成熟。

四、政府责任的增强

工业化在促进社会经济飞速发展和给人类生活带来方便快捷的同时,也给人类生存与发展的基础环境增加了新的风险,而在这其中,政府承担了主要角色。新中国成立以后,我国政府对生态文明的认识经历了一个升华的过程,这与我国的经济建设和社会发展有着紧密的关联,政府环保意识随着我国工业化进程的不断推进、资源能源消耗的不断增加、环境保护压力不断加大而逐步确立起来。与之相伴随的是我国政府生态职能和生态责任的逐渐形成、确立和发展。

首先,把环境保护纳入国策。自我国改革开放以来,随着经济的快速发展,党和政府也高度重视经济与环境的协调发展。1983年,在全国环境保护会议上,我国首次把环境保护确立为一项基本国策。国务院颁发《关于环境保护工作的决定》,正式把环境保护纳入国民经济和社会发展计划,说明了我国在宏观层面解决环境与发展问题的决心。1988年,国家环境保护局正式成立,之后,各省市自治区陆续成立环境保护机构。1989年,在第三次全国环境保护会议上,我们又提出了推行环境保护目标责任制、污染限期治理及排污收费制、城市环境质量考核制、环境影响评价等多项环境管理制度。1989年《环境保护法》正式实施,环境法规体系初步建立,这就为开展环境治理奠定了法治基础。

其次,把发展与环境关系上升至国家战略。面对发展中国家大量存在的大气污染、水污染、固体废弃物污染,我国政府为改善经济快速发展与环境保护的关系,提出了经济、社会、环境同步持续协调发展的战略思想,得到了当今国际社会的广泛认可。在巴西里约热内卢召开的环境与发展大会之后,《中国 21 世纪议程》白皮书明确提出了可持续发展是推进中国未来发展的重大举措。环境保护从我国的基本国策发展成为国家发展战略,表明了党中央已经把环境保护上升到战略层面的高度。这不仅是因为它关系到强国安民的重大战略问题,同时也是我们实现现代化建设的强有力保障。加速产业结构转型,摒弃高投入、高消耗、高污染的传统发展模式,建立可持续发展的三维体系(经济体系、社会体系和环境保护体系),不但是顺应当今世界可持续发展的潮流,也是中国环境保护事业成为可持续发展战略的基础、核心和关键,因此其地位必将跃升到一个新高度。从其阐述的重要内容来说,这一白皮书也成为我国各级政府制定国民经济和社会发展长期规划的重要指导,使得我国生态文明建设的思路逐渐清晰起来,同时充分反映了我国政府对生态文明建设的高度重视。

再次,科学发展观成为全党指导思想。2002 年,党的十六大提出科学发展观。科学发展观深刻回答了"为谁发展、靠谁发展、怎样发展"的问题,是指导中国未来社会正确发展的世界观和方法论。它从更为科学的角度总揽全局,对社会发展的方向与道路准确性、发展过程的价值性以及发展结果的效益性等都具有根本的判定标准作用。在科学发展观的指导下,我国先后提出构建社会主义和谐社会、建设资源节约型环境友好型社会、让江河湖泊休养生息、推进环境保护历史性转变等一系列生态保护的新思想、新举措。科学发展观从科学的发展理念、基本要求和实践举措等各个环节把人与自然的和谐关系同社会发展紧密联系起来,因此也成为全党的指导思想之一,并得到全国乃至全世界范围人们的普遍认可。

最后,开启生态文明新时代,绿色发展先行。2012 年,党的十八大将生态文明建设纳入中国特色社会主义事业总体布局,把生态文明建设放在一个十分重要和突出的位置,要求融入经济建设、政治建设、文化建设、社会建设各方面和全过程,努力建设美丽中国,实现中华民族永续发展,走向社会主义生态文明新时代，这是具有里程碑意义的科学论断和战略抉择。2017年，党的十九大提出"建设生态文明是中华民族永续发展的千年大计"，这将政府生态责任上升至民族生存发展的高度。伴随生态文明建设实践的不断深入，我国政府越来越认识到生态资源环境问题是全人类共同面临的重大挑战，生态危机的解决既离不开民族、国家、政府自身的努力，也离不开国际社会的合作。各国在推进发展的过程中，需要"本着对本国人民和世界各国人民负责的态度，充分考虑资源和环境的承受力，统筹考虑当前和未来的发展，积极加强国际合作，共同应对气候变化带来的挑战"①。协调生态环保的国际行动，合作开展命运共同体建设，保护好人类赖以生存的地球家园，已经成为政府生态责任扩展的必然趋势。2013年，习近平在莫斯科国际关系学院发表重要演讲时强调："人类生活在同一个地球村里"，这个世界已经"越来越成为你中有我，我中有你的命运共同体"。② 此后，"命运共同体"思想多次在不同场合被重申和深化。面对全球生态环境危机的现实困境，命运共同体思想摈弃了零和博弈的旧观念，倡导共有地球家园的新理念，为推进全球生态建设贡献了中国智慧和中国方案。与此同时，这标志着我们党对中国特色社会主义规律认识的进一步深化，绿色发展已经成为全国人民的共识和未来发展的重要趋势，中国也日益成为推动全球绿色新政和生态文明建设进程中的重要力量。党的十八届五中全会提出了"创新、协调、绿色、开放、共享"五大发展理念，将绿色发展作为今后我国经济社会长期发展的一个基本理念。绿色发展上升为党和国家的意志，正式成为中国共产党的执政理念，成为党关于生态文明建设、社会主义现代化建设规律性认识的最新成果，也成为我国当前和今后一个时期经济社会发展的重要引领。党的十九大报告将生态文明建设上升为中华民族永续发展的千年大计，并把我国的社会主义现代化强国奋斗目标从之前的"富强民主文明和谐"进一步拓展为"富强民主文明和谐美丽"，这是对中国特色社会主义生态文明建设目标的科学定位和全新部署。

---

① 胡锦涛：《携手开创未来　推动合作共赢》，载《人民日报》（海外版）2005年7月8日。
② 《习近平谈治国理政》，外文出版社2014年版，第272页。

改革开放 40 多年来,随着党和政府对生态问题认识的不断深化,政府生态责任也经历了生成拓展的演进历程:首先,生态责任的主体地位从模糊到明确,生态责任的内容从单一到多元,生态责任的关注范围也从本民族到全人类。其次,从理念宣传教育到制度健全完善,从行为监督管理到产品供给服务,从区域协调合作到命运共同体建设,政府的生态责任不断拓展,生态环保工作日渐渗透于经济、政治、文化以及社会工作的各方面和全过程,政府生态治理能力日益增强。政府生态责任从经验、技术层面到科学层面再到文化、文明层面的演进历程表明,中国生态问题的有效解决必须以政府为主导,坚持依法治理,坚持协同共治,坚持他国经验的中国式借鉴,并形成生态治理的中国特色。与此同时,政府愈加重视平衡环境效益和经济效益、长远利益和眼前利益。在生态保护中发展经济,在经济发展中保护生态,将发展生态环保产业、开发绿色能源和绿色产品、治理生态环境等作为新的经济增长点。从节能降耗到技术改造再到发展环保产业,从行为管理到目标管理,一系列管理监督政策与策略的发展创新,进一步丰富了政府生态监管责任的内容。习近平反复强调要全面加强党和政府对生态治理的领导,各级党委要义不容辞地承担起生态文明建设的责任。"地方各级党委和政府主要领导是本行政区域生态环境保护第一责任人",相关部门必须要切实履行生态环境保护职责,从而"使各部门守土有责、守土尽责、分工协作、共同发力"。① 一方面,要建立一套科学的考核评价和问责体系。习近平指出,"最重要的是要完善经济社会发展考核评价体系",把资源耗费、环境损害、生态效益等体现生态文明建设状况的指标都纳入经济社会发展的评价体系,从而使之成为推动生态文明建设的重要导向和约束。与此同时,要建立责任追究制度,对那些不顾生态环境盲目决策,造成严重后果的人,"必须追究其责任,而且应该终身追究"。② 另一方面,要完善环境保护督察体系。同时完善中央和省级环境保护督察体系制定

① 习近平:《坚决打好污染防治攻坚战推动生态文明建设迈上新台阶》,载《人民日报》2018 年 5 月 20 日。
② 《习近平谈治国理政》,外文出版社 2014 年版,第 210 页。

环境保护督察工作规定,"以解决突出生态问题、改善生态环境质量、推动高质量发展为重点,夯实生态文明建设和生态环境保护政治责任,推动环境保护督察向纵深发展"。① 这是对当前生态环境保护的症结开出的药方。环保部门是地方政府的组成部门之一,在经济发展的指挥棒下,一些地方政府通常以牺牲环境为代价发展经济,环保部门往往也会服务和服从于地方政府这一中心工作,环保执法的独立性、力度、时效等都难以得到切实保障。所以,建立健全环境保护督察机制,打开地方政府环保工作的封闭系统,把中央对环境的要求以制度的形式对地方政府形成外在压力极有必要。2013 年,习近平在海南考察时曾指出:"良好生态环境是最公平的公共产品,是最普惠的民生福祉。"②政府有责任通过治理生态环境来改善民生,保障人民的生态权益,给广大居民提供清洁的空气、干净的水以及森林、土地等生态公共产品,全面提高生活质量。因此,要"实施重大生态修复工程,增强生态产品生产能力"③。同时,"建立吸引社会资本投入生态环境保护的市场化机制,推行环境污染第三方治理"④。随着政府生态产品供给责任意识的增强,其环境治理范围不断扩展,治理的重点领域也愈益清晰。"十三五规划"强调要积极开展重点领域,例如,大气、水、土壤的治理工作,努力走向社会主义生态文明新时代。"十四五规划和 2035 年远景目标纲要"明确提出,坚持绿水青山就是金山银山理念,坚持尊重自然、顺应自然、保护自然,坚持节约优先、保护优先、自然恢复为主,实施可持续发展战略,完善生态文明领域统筹协调机制,构建生态文明体系,推动经济社会发展全面绿色转型,建设美丽中国。

纵观我国生态保护的发展之路,一开始就能够从国家层面大力推进,这得益于我国社会主义制度强大的社会动员能力和宏观调控能力。保护生态环境已成为全球共识,但把生态文明建设作为一个政党尤其是执政党的行动纲领,

① 《关于全面加强生态环境保护坚决打好污染防治攻坚战的意见》,载《人民日报》2018 年 6 月 25 日。
② 《习近平关于社会主义生态文明建设论述摘编》,中央文献出版社 2017 年版,第 4 页。
③ 《习近平谈治国理政》,外文出版社 2014 年版,第 209 页。
④ 《十八大以来重要文献选编》上,中央文献出版社 2014 年版,第 542 页。

中国共产党在世界上是第一个。应当说,这既表现出中国共产党在生态保护方面的责任担当,也表现出其高度的制度自信和道路自信。

五、实际治理措施的强化

生态文明是社会主义的本质要求,同时也是中国经济社会发展的现实要求。当前,我国经济正处于增速换挡期、结构调整阵痛期的叠加时期。过去我们仅用了几十年的时间就走过了西方国家几百年的发展历程,但是,在经济社会发展取得巨大成就的同时,各种矛盾和问题也开始集中凸显。我们党通过把握规律,审时度势,及时做出大力推进生态文明建设的战略决策,这对建设中国特色社会主义来说,是具有重大现实意义和深远历史意义的。应当说,在中国特色社会主义道路发展进程中所面临的国情简单地说就是人多地少。全世界的国家大致分为四类:一是如澳大利亚、加拿大、俄罗斯这样的地广人稀的国家;二是像新加坡这样的地少人也少的国家;三是像美国这样的人多地也多的国家;四是像我们中国这样的人多地少的国家。实际上,我们完全可以将人多地少的"地"理解为包括自然资源、环境生态在内的自然资本的代名词。众所周知,我国自然资源先天不足,在这个基础上去建设社会主义,既没有挥霍的理由,也没有浪费的资本,唯有建设资源节约型、环境友好型社会才是正确的道路抉择。面临工业化、现代化、城市化发展的格局,我国在经济上虽取得快速发展的成绩,但同时也带来了生态环境的问题,其代价是惨痛的。中国过去粗放型的发展模式造成高投入、高消耗、高污染,这显然不是可持续发展之路,"如果不从根本上转变经济增长方式,能源资源将难以为继,生态环境将不堪重负。那样,我们不仅无法向人民交代,也无法向历史、向子孙后代交代"①。建设中国特色社会主义生态文明,即探索适应中国自身国情发展的生态文明模式,既补上工业文明之课,又走好生态文明之路,这是基于中国历史和现阶段基本国情的必然选择。

---

① 《十六大以来重要文献选编》中,中央文献出版社 2006 年版,第 313 页。

近年来，我国生态文明建设成效显著。地变绿了，水变清了，天变蓝了，这是国人的普遍感受，是我国生态文明建设初见成效的标志。除此之外，我们通过大力度推进生态文明建设，使得全党全国贯彻绿色发展理念的自觉性和主动性显著增强，忽视生态环境保护的状况明显得到改善。生态文明建设，是以习近平同志为核心的党中央准确把握我国发展阶段特性、为实现中华民族永续发展所做出的重大战略决策，是生产方式、生活模式、文化与科技范式的系统改革。十八大以来，党中央始终把生态文明建设摆在治国理政的重要战略位置，作为统筹推进"五位一体"总体布局和协调推进"四个全面"战略布局的重要举措；中央对生态文明建设的战略部署，频度之高、推进力度之大，前所未有。这包括十八届三中全会提出加快建立系统完整的生态文明制度体系；十八届四中全会明确要求用严格的法律制度保护生态环境；十八届五中全会正式将"绿色发展"纳入新发展理念。通过这些战略的安排和一些实际的举措，使得我国生态治理取得了明显的成效。

首先，主体功能区制度逐步健全，国家公园体制试点积极推进。按人口资源环境相均衡、经济社会生态效益相统一的原则，我国构建了比较科学合理的城市化格局、农业发展格局、生态安全格局和自然岸线格局。在这一过程中，我们强化了土地用途管制，划定并严守生态红线。在国土资源部发布的《土地利用总体规划管理办法》中，明确提出要加强和规范土地利用总体规划管理，严格保护耕地，促进耕地的节约集约利用；严格执行城乡建设用地管制边界和管制区域，严禁在限制和禁止建设区内安排建设项目。同时，产业布局向园区集中，以便接近原料、市场或者配套生产，企业集群、生产集聚，促进了发展集约。另外，推进国家公园体制改革，减少了过去"九龙治水"的现象。这些符合生态文明理念的产业结构、生产方式和消费模式初步形成，体现了"生产空间集约高效、生活空间宜居适度、生态空间山清水秀"的要求。

其次，加强生产全过程节约化管理，推动资源利用方式的根本转变，大幅降低了能源、水、土地消耗的强度。通过大力发展循环经济，实现变废为宝，效仿食物链、延伸产业链、提升价值链，城市矿产、再制造、园区循环化改造取得预期效果。国家发展和改革委等13部委联合印发了《关于印发〈循环发展引领行动〉的通知》,行动方案提出,到2020年,主要资源产出率比2015年提高15%,主要废弃物循环利用率达54.6%左右。一般工业固体废物综合利用率要达到73%,农作物秸秆综合利用率须达85%,75%的国家级、50%的省级园区开展循环化改造,从而使得资源节约型、环境友好型社会雏形显现。为达到这些目标,将实施十大重大专项行动,包括园区循环化改造、工农复合型循环经济示范区建设、资源循环利用产业示范基地建设、工业资源综合利用产业基地建设、"互联网+"资源循环、京津冀的区域循环经济协同发展、再生产品再制造产品推广、资源循环利用技术创新、循环经济创新试验区建设等。与此同时,积极实施工业绿色发展战略,加强产业上下游间衔接耦合,推进工业集约发展。按照行动方案的要求和安排,通过近年来的努力,"互联网+"、人工智能、大数据等信息技术应用成果快速涌现,共享经济、电商等新产业、新业态层出不穷,成为经济发展新动力和增长点。国家统计局相关数据表明,与2012年相比,2015年全国资源产出率提高了20.9%,单位GDP能耗则下降13.4%,资源消耗强度指数提高24.0点。

再次,环境治理明显加强,环境状况得到改善。常言道,小康全面不全面,生态环境质量是关键。近些年来,"大气十条""水十条""土十条"陆续出台,"史上最严"的新环境保护法开始实施,水源保护和"黑臭水体"治理成为水污染治理的重中之重,体现了生态环境保护的"党政同责""一岗双责"要求。随着,中央环保监督力度不断加大,居民的生活居住环境不断改善:第一,天在变蓝。应当说,近年来在压减燃煤、抑尘、治源、禁燃、整治排放不达标企业等方面力度前所未有。为保卫蓝天,环保部开展了史上最大规模的环保督察。28个城市排查出环保不达标"散乱污"企业5.6万余家。与2013年相比,2016年京津冀PM2.5平均浓度下降了33%、长三角下降了31.3%、珠三角下降了31.9%。第二,水在变清。严守水资源开发利用、用水效率、水功能区限制纳污三条红线。为确保目标实现,水利部对钢铁、水泥、电解铝、平板玻璃、船舶等产能严重过剩行业新增项目,不办理新增取水许可和入河排污口设置等手续。除此之外,加大对饮用水水源保护区的保护力度,推进入河、入海排污口的科学布局,整治城市黑臭水体,开展地下水污染综合治理,实施河湖内源污染治理,"河长制"成为水环境保护的有益探索。通过近年来不懈努力,全国大多数城市河道开始变清。第四,地在变绿。国家林业局组织实施十大生态修复工程,建构起十大生态安全屏障,发展十大绿色富民产业;118个城市建成"国家森林城市"。党的十八大以来,我国治理沙化土地1.26亿亩,恢复退化湿地30万亩,实现了由"沙进人退"到"人进沙退"的根本转变。选择生态基础较好的福建、贵州、江西三省作为国家生态文明试验区,以形成一批可复制、可推广的经验。重大生态保护和修复工程进展顺利,森林覆盖率持续提高。

生态环境是经济社会发展的生产力要素,是一种稀缺资源;良好的植被、优美的生态环境是生态文明的重要标志。森林是陆地生态系统的重要组成部分,是地球之"肺";湿地是地球之"肾"。"十二五"期间实施了两批生态文明建设试点,"十三五"期间选择生态基础较好的福建、贵州、江西三省作为国家生态文明试验区,力求形成一批可复制、可推广的经验,使绿色富民惠民。生态文明制度体系加快建设,"四梁八柱"的制度安排被纳入中国特色社会主义建设"五位一体"总体布局,体现了党中央对生态文明建设的顶层设计和总体部署。源头严防、过程严管、后果严惩的生态文明制度逐渐完善。中共中央、国务院先后印发了《关于加快推进生态文明建设的意见》和《生态文明体制改革总体方案》两个文件,确立了我国生态文明建设的总体目标和生态文明体制改革总体方案,提出要构建起由空间规划体系、环境治理体系、环境治理和生态保护市场体系、自然资源资产产权制度、国土空间开发保护制度、资源总量管理和全面节约制度、资源有偿使用和生态补偿制度、生态文明绩效评价考核和责任追究制度等八项制度构成的生态文明制度体系。继18亿亩耕地红线划定之后,水、环境、生态等的基线、上限、红线陆续划出,这样就给自然留下了更多修复空间,给农业留下了更多良田,也给子孙后代留下了天蓝、地绿、水净的美好家园。

六、中国生态文明建设的目标和决心：“美丽中国”与“绿色发展”

如前所述，“绿色发展”是新时代的五大发展理念之一。发展是解决我国一切问题的基础和关键，发展必须是科学发展，必须坚定不移贯彻创新、协调、绿色、开放、共享的发展理念。必须坚持和完善我国社会主义基本经济制度和分配制度，使市场在资源配置中起决定性作用，更好发挥政府作用，推动新型工业化、信息化、城镇化、农业现代化同步发展，主动参与和推动经济全球化进程，发展更高层次的开放型经济，不断壮大我国经济实力和综合国力。新发展理念，是当代中国发展的基本方略。坚持新发展理念，是习近平在十九大报告中提出的新时代坚持和发展中国特色社会主义十四条基本方略之一。发展是当代中国的时代语境。新发展理念，集中反映了我们党对发展规律的认识在不断深化，彰显了我国提升发展水平新境界的决心与信心，以破解发展难题、增强发展动力为导向，是全面建成小康社会、实现“两个一百年”奋斗目标的指导思想和行动指南。

党的十九大报告指出，从十九大到二十大，是“两个一百年”奋斗目标的历史交汇期。我们既要全面建成小康社会、实现第一个百年奋斗目标，又要乘势而上开启全面建设社会主义现代化国家新征程，向第二个百年奋斗目标进军。十九大报告在综合分析国际国内形势和我国的发展条件基础上，提出了2020年到21世纪中叶分两个阶段的发展目标，勾画了新时期中国发展蓝图和战略愿景。第一个阶段，从2020年到2035年，在全面建成小康社会基础上，再奋斗十五年，基本实现社会主义现代化。在生态文明建设具体目标上，明确提出：“生态环境根本好转，美丽中国目标基本实现”。第二个阶段，从2035年到21世纪中叶，再奋斗十五年，把我国建成富强民主文明和谐美丽的社会主义现代化强国，21世纪中叶的中国物质文明、政治文明、精神文明、社会文明、生态文明均将得到全面提升，生态环境得到根本好转。全国空气质量得到根本改善，达到或者好于国家空气质量标准，蓝天白云成为常态；全国水环境质量全面改善，水生态系统功能初步恢复，饮用水安全得到有效保障；全国土壤环境质量稳中向好,土壤环境风险得到全面管控;生态安全屏障稳固,耕地、草原、森林、河流、湖泊得到休养生息,城乡环境优美,满足人民对优美环境和生态产品的需要。

美丽中国目标基本实现。总体形成节约资源和保护环境的空间格局、产业结构、生产方式、生活方式,社会经济发展与生态环境基本协调,绿色低碳循环水平显著提升,绿色经济蓬勃发展。生态安全屏障体系持续优化,生态服务功能稳步恢复。大气、水环境质量全面达标,土壤环境安全有效保障,蓝天常在、绿水长流,自然和谐、风貌独特、设施健全、建筑绿色、乡村美丽的城乡人居环境全面建成。生态文化繁荣昌盛、绿色生活蔚然成风。生态环境治理体系与治理能力现代化的目标基本实现。换言之,坚持人与自然和谐共生,也是新时代坚持和发展中国特色社会主义的基本方略。这就要求我们在建设生态文明中,必须树立和践行"绿水青山就是金山银山"的理念,坚持节约资源和保护环境的基本国策,像对待生命一样对待生态环境,统筹山水林田湖草系统治理,实行最严格的生态环境保护制度,形成绿色发展方式和生活方式,坚持走生产发展、生活富裕、生态良好的文明发展道路,建设美丽中国,为人民创造良好生产生活环境,为全球生态安全做出贡献。习近平强调:"生态文明建设功在当代、利在千秋。"[1]只有把生态文明建设的理念、原则、目标等融入经济、政治、文化、社会建设的各个方面和整个过程,全面推进并协调发展,才能在实现当代人利益的同时,给后代留下天蓝、地绿、水净的美好家园,实现中华民族可持续发展,把我国建设成为富强民主文明和谐美丽的社会主义现代化强国。拥有天蓝、地绿、水净的美好家园,是每个中国人的梦想,同时也是中华民族伟大复兴的中国梦的重要组成部分。必须把生态文明建设放在突出地位,融入经济、政治、文化、社会建设的各方面和全过程,推动形成人与自然和谐发展现代化新格局。生态文明建设的本质是实现生态导向的现代化,即通过建设资源节约型、环境友好型社会,实现人与人、人与社会、人与自然的和谐目标,进

---

① 习近平:《决胜全面建成小康社会　夺取新时代中国特色社会主义伟大胜利——在中国共产党第十九次全国代表大会上的报告》,人民出版社 2017 年版,第 52 页。

而实现社会、经济与自然的可持续发展和人的自由全面发展。生态文明建设是"五位一体"总体布局的重要基础,直接影响着"五位一体"建设的成效和决定社会文明发展程度的高低。以习近平同志为核心的党中央,积极推进生态文明建设的理论创新和实践探索,明确提出走向社会主义生态文明新时代,建设美丽中国,是实现中华民族伟大复兴的中国梦的重要内容,强调要正确处理经济发展同生态环境保护的关系,牢固树立保护生态环境就是保护生产力、改善生态环境就是发展生产力的理念,更加自觉地推动绿色发展、循环发展、低碳发展,决不为了换取一时的经济增长而以牺牲生态环境为代价。紧紧围绕建设美丽中国深化生态文明体制改革,加快建立生态文明制度。在一代又一代的接力探索中,我国生态文明建设理论不断丰富发展,成为中国特色社会主义理论的重要组成部分。

国际金融危机爆发以来,许多国家希望通过绿色发展,达到既保护生态环境,又推动经济复苏,使之进入可持续增长轨道的目的。近几年,一些主要经济体纷纷实施"绿色新政",采取环境友好型政策,努力把绿色经济培育成为新的增长引擎,确立新的经济发展模式,从而积极应对气候变化的影响。应当说,当前气候变化已经成为全球面临的重大挑战,维护生态安全日益成为全人类的共同任务。中国作为最大的发展中国家和负责任的大国,在解决本国环境问题的同时,也积极开展国际生态合作,为应对全球生态问题做出了诸多努力,体现了负责任的发展中国家该有的担当。《中国应对气候变化国家方案》的出台,标志着中国成为最早制定和实施"国家方案"的发展中国家。在这个方案中,中国提出了一系列政策和措施以切实应对气候变化,彰显了负责任大国的态度。而《中国应对气候变化的政策与行动》白皮书则详细阐明了气候变化与中国国情、加强气候变化领域国际合作等重大问题的原则立场和积极措施。在制定、颁布这些政策方案的同时,中国切实贯彻执行,真正将政策方案落到实处,成为近年来全世界节能减排力度最大的国家。尽管中国打赢脱贫攻坚战面临的发展经济、改善民生的任务十分艰巨,但中国始终把应对气候变化作为重要的战略任务,自觉参与全球治理,履行国际公约,已经取得了显著的成效。科技部发布的《全球生态环境遥感监测2018年度报告》显示,2017年中国单位GDP碳排放强度比2005年下降了46%,我国的碳减排措施成效明显,排放增速逐渐降低,自2013年以来增速基本为零。面对全球生态问题,中国不仅从自身做起,并且还为全球生态治理提供了中国方案,尤其是2014年9月23日在纽约举行的联合国气候峰会上,中国向世界推出了"世界首套30米分辨率全球地表覆盖数据集",这有助于各国有效应对气候变化,与此同时,中国的举动也向全世界展现了中国在应对全球气候问题上的战略眼光和博大胸怀。自2007年"生态文明"正式写进中国共产党的执政纲领,到党的十八大将生态文明建设列入中国特色社会主义事业的总体布局,再到十九大加快生态文明体制改革、建设美丽中国,生态文明建设已真正提升到中国国家意志和国家战略的高度。这足以显示出中国共产党对生态文明建设的重视程度,当然,这不仅是中国道路、社会文明程度的内在要求,更是应对全球生态危机的题中应有之义。2018年7月,习近平向生态文明贵阳国际论坛年会致贺信中强调:"生态文明建设关乎人类未来,建设绿色家园是各国人民的共同梦想。……中国高度重视生态环境保护,……我们愿同国际社会一道,全面落实2030年可持续发展议程,共同建设一个清洁美丽的世界。"①总之,生态文明建设是全球性问题,需要全球治理,中国作为最大的发展中国家,始终积极参与全球环境治理,不断贡献中国智慧与力量,体现了中国在世界生态危机治理中的大国担当与风范。

绿色发展理念的提出,既立足当下又着眼长远。习近平指出,走生态文明建设之路,建设"美丽中国",是中华民族伟大复兴"中国梦"的重要内容。应当说,从原来的期盼温饱到如今的期盼环保,从以前的求生存到当今的求生态,绿色发展理念正在装点着每一个中国人的梦想。绿色发展理念以"美丽中国"建设为奋斗目标,明确了中国发展的目标取向,丰富了小康社会的美好蓝图。坚持绿色发展之路,建设"美丽中国",为当下创造美好的生活环境,为

---

① 《习近平向生态文明贵阳国际论坛2018年年会致贺信》,载《人民日报》2018年7月8日。

未来留下美好的生活环境,是新时期中国共产党人执政兴国的重大使命。党的十八大以来,以习近平同志为核心的党中央将生态文明建设提升到"共同体"的高度。将绿色发展理念作为关系中国经济社会发展全局的一个重要理念,作为"十三五""十四五"时期乃至更长时期中国社会发展的一个基本理念,深刻体现出党和政府对推行绿色发展理念,走绿色发展之路的坚定信心和决心。绿色发展理念的提出,必将会在正确处理经济发展与生态文明建设关系过程中发挥其巨大作用,将有利于朝国家富强、民众富裕的道路迈进。

第二章　生命共同体：人与自然

"生态兴则文明兴，生态衰则文明衰。"①党的十八大以来，以习近平同志为核心的党中央高度重视生态文明建设，明确提出人与自然和谐共生的原则，并将其作为新时代坚持和发展中国特色社会主义的基本方略之一。党的十九大进一步将"人与自然是生命共同体"作为社会主义生态文明建设的理念依据。习近平提出，"人与自然是生命共同体，人类必须尊重自然、顺应自然、保护自然。人类只有遵循自然规律才能有效防止在开发利用自然上走弯路"②。习近平关于"人与自然是生命共同体"重要论述，它不仅是新时代中国特色社会主义生态文明建设思想的高度凝结，也是对马克思主义人与自然辩证关系理论的丰富与发展。

第一节　新时代生态文明建设的核心理念

生态文明又称绿色文明，是指人类遵循自然生态规律和社会经济发展规律，为实现人与自然和谐相处及以环境为中介的人与人和谐相处，而取得的物质与精神成果的总和；是指以人与自然及人与人和谐共生、良性循环、生态文明建设的法律和制度协调发展、持续繁荣为基本宗旨的文化伦理形态。生态文明作为人类文明的一种形式，首先是一种伦理观念，是反映人与自然关系的

---

① 《习近平谈治国理政》第 3 卷，外文出版社 2020 年版，第 374 页。

② 习近平：《决胜全面建成小康社会　夺取新时代中国特色社会主义伟大胜利——在中国共产党第十九次全国代表大会上的报告》，人民出版社 2017 年版，第 50 页。

环境伦理观念,它强调尊重自然规律、爱护自然环境、实现人与自然的和谐,它涵盖了人与自然和谐的文化价值观、生态系统可持续性前提下的生产观、既满足自身需要又不损害自然的消费观;同时,它也是以资源环境承载力为基础、以自然规律为法则、以可持续发展为目标的一种发展方式和生活方式,它强调保护环境是发展的前提和基础,而且又通过发展来改善环境,实现经济社会环境的协调发展。

生态文明和生态文明建设的内容非常丰富、特征十分明显。党的十八大所阐明的生态文明是继承工业文明,超越工业文明的一种新的文明形态,是人类文明发展进程中的最新探索以及人类智慧的结晶。生态文明作为人类文明的一种高级形态,它包括生态意识文明、生态行为文明、生态产业文明、生态制度文明、生态管理文明等内容,涵盖先进的环境伦理理念、发达的生态经济、完善的生态制度、基本的生态安全、良好的生态环境等方面。生态文明包括清洁、健康的环境和良性循环的生态系统,公平正义、良性运行、协调发展的社会机制和生态治理规范体系,尊重自然、顺应自然、保护自然、追求人与自然和谐共处的思想意识和文化伦理形态;是一种从物质生产方式到政治、法律及社会文化观念的整体转变,涉及经济、社会、政治和文化各个方面的政策和法律,要把对生命和自然的尊重以及对自然生态系统的爱护纳入政治、法律和道德体系中。生态文明建设作为中国特色社会主义事业总体布局的组成部分,包括生态物质文明建设、生态精神文明建设、生态政治文明建设和生态治理体系建设等领域,①它是一个复杂庞大的系统运动过程与系统工程。建设生态文明的目标是建成美丽中国,实现环境正义与公平,包括人与人之间的代内公平、

---

① 广义的生态治理体系,又称生态文明治理体系,是推进生态文明建设所需的各种基础性、常态化的支撑条件和保障体系的总和,是国家治理体系的一部分。它由生态文明建设制度体系、组织体系和实施机制构成,分别解决生态文明建设中的动力、主体和途径问题,即生态治理体系要为生态文明建设提供动力来源(通过法治和伦理要求等形式明确目标和任务),确保有人员和机构来担当工作(机构改革),并为这些人员和机构的执行行动授予合法可行的权威和权利(有责、有权、有钱)。这里的治理(governance)包括正式规则即法规的调整和非正式规则的调整,典型的形式是良法(good law)善治(good governance)。生态治理(eco-governance)的一项重要内容是建立在公民广泛参与环境保护基础之上的协商民主政治。

代际公平、区域公平以及人与自然之间种际公平。《中共中央国务院关于加快推进生态文明建设的意见》(2015 年 4 月 25 日)特别强调,"生态文明建设是中国特色社会主义事业的重要内容"①,"要充分认识加快推进生态文明建设的极端重要性和紧迫性,切实增强责任感和使命感,牢固树立尊重自然、顺应自然、保护自然的理念,坚持绿水青山就是金山银山,动员全党、全社会积极行动、深入持久地推进生态文明建设,加快形成人与自然和谐发展的现代化建设新格局,开创社会主义生态文明新时代"②。

一、人与自然相处观的生命高度

新中国成立以来,中国共产党领导人对"人与自然关系"进行了中国化、时代化的探索和实践。毛泽东倡导的"绿化祖国"和邓小平提出将"环境保护作为基本国策",把人与自然的相处观落实为管控"国家与环境"的关系。20世纪 90 年代以来党和政府提出"可持续发展战略"和"科学发展观",把人与自然的相处观转向管控"发展与环境"的关系。党的十八大以来,习近平站在"生命"的高度处理人与自然的关系,把生态文明建设提高到一个新的境界。新时代,中国改变了以往"经济发展为主导"的生态治理方式,站在生命共同体的高度引领新时代生态文明建设的核心理念,基于生命高度审视生态环境问题,从生命存续和生命品质的双重维度诠释人与自然相处观的生命高度。2013 年在解决用途管制和生态修复问题时,习近平提出:"山水林田湖是一个生命共同体,人的命脉在田,田的命脉在水,水的命脉在山,山的命脉在土,土的命脉在树。"③党的十九大报告指出:"像对待生命一样对待生态环境"④,

---

① 《中共中央国务院关于加快推进生态文明建设的意见》,载《人民日报》2015 年 5 月 6 日。

② 《中共中央国务院关于加快推进生态文明建设的意见》,载《人民日报》2015 年 5 月 6 日。

③ 《习近平谈治国理政》,外文出版社 2014 年版,第 85 页。

④ 习近平:《决胜全面建成小康社会　夺取新时代中国特色社会主义伟大胜利——在中国共产党第十九次全国代表大会上的报告》,人民出版社 2017 年版,第 24 页。

"人与自然是生命共同体,人类必须尊重自然、顺应自然、保护自然"①,由此,关于人与自然相处观的生命高度得以确立。

习近平指出:"生态环境没有替代品,用之不觉,失之难存。"②大自然是一个开放的整体,生态环境对人类的存续是必需品,不能以某些地区的环境破坏来谋求另一些地区的发展。不能以大量消耗自然资源的方式谋求当代人的发展,剥夺下一代的平等发展权利。人与自然相处观的生命高度用大局观、长远观和整体观保护人类存续的生态基础,维持自然界、人及代际的生命的生存和延续。在新的历史方位,人民生产、生活和发展的物质基础和实践活动都发生了新的变化,国家各项事业的发展必须在新的客观环境下满足人民群众对生命品质的新需求。习近平指出:"人民群众对清新空气、干净饮水、安全食品、优美环境的要求越来越强烈。"③由此可见,随着人民生活水平的提高,人们对生命的关注不再停留于吃饱穿暖等衣食住行的基本满足,开始对生存质量、生活品质和环境产生时代性的新需求。为满足人民群众对生产和生活日益增长的品质要求,国家站在人与自然一体的生命高度,打破"人类中心主义"和"生态中心主义"的争论,从生命高度处理人与自然的关系。人与自然相处观的生命高度是基于新时代主客观环境的变化,对新时代人与自然相处观的科学导向,是人与自然生命共同体的基本内容。在持续构建人与自然生命共同体的过程中,人与自然相处观生命高度的科学论断通过价值导向,将人民群众对生命存续和生命品质的需求内化在生产发展的各个环节,改变人们的生活观念和生活方式。

二、人与自然空间观的家园维度

改革开放40多年来,人与自然的空间变迁既有成效,也积累了大量的生

---

① 习近平:《决胜全面建成小康社会 夺取新时代中国特色社会主义伟大胜利——在中国共产党第十九次全国代表大会上的报告》,人民出版社2017年版,第50页。

② 习近平:《在省部级主要领导干部学习贯彻党的十八届五中全会精神专题研讨班上的讲话》,人民出版社2016年版,第19页。

③ 《十八大以来重要文献选编》中,中央文献出版社2016年版,第826页。

态问题。习近平在中央城镇化工作会议讲话中，针对土地利用率低的"大马路、大广场、大绿地、大园区"①等现象指出："这不是强壮，而是虚胖，得了虚胖症，看着体积很大，实际上外强中干、真阳不足、脾气虚弱。"②由此引发的空间失衡对人与自然的和谐共生构成严重的挑战。习近平在阐释人与自然生命共同体过程中，多次以"家园"一词描述生态文明的空间重构愿景，倡导以家园维度重塑人与自然的空间观。

人与自然的空间观是文明发展的内在动力，更是文明发展程度的重要表征。习近平强调的"建设美丽中国""推进形成绿色发展方式和生活方式""绿水青山就是金山银山"等论述，都是以富有家园意蕴的时代性阐释塑造人与自然空间观的家园维度。习近平指出："国土是生态文明建设的空间载体。要坚定不移地实施主体功能区战略，健全空间规划体系，科学合理布局和整治生产空间、生活空间、生态空间。"③在人与自然生命共同体的空间结构的建构中，"家园"的统一性与价值性超越了传统生产和生活空间的分离。家园维度旨在寻求资源选取、生产生活方式、循环利用、资源配置等最优化的过程，以统一性的理念实现每一种资源、每一个过程在生态系统的整体中发挥最优效果。人与自然生命共同体的空间构筑是在空间的整体性中构筑"生产—生活—生态"三位一体的家园共同体，而不再是为了支持生产、维系生活和供给生态的某一目的构筑相互区别的生产空间、生活空间和生态空间。基于家园维度的价值性而言，人与自然生命共同体注重价值引导和素养提升的方式来构建人与自然空间观的"精神品质"。习近平指出："人民对美好生活的向往，就是我们的奋斗目标。"④通过家园维度来建构人与自然的空间观实践了对人民的承诺。人与自然空间观的家园维度凸显了人的主体需要，关注人民对空间构筑精神需要的满足感，主张把主体性的满足感与幸福感建立在人与自然的共同

---

① 《十八大以来重要文献选编》上，中央文献出版社 2014 年版，第 595—596 页。
② 《十八大以来重要文献选编》上，中央文献出版社 2014 年版，第 596 页。
③ 《十八大以来重要文献选编》中，中央文献出版社 2016 年版，第 488 页。
④ 《十八大以来重要文献选编》上，中央文献出版社 2014 年版，第 70 页。

价值追求的基础之上。人与自然的空间观将这种家园维度融入空间格局重构、产业结构优化、发展方式转变以及绿色生活方式追求的全过程,真正用绿色、循环、低碳的理念与方式构筑家园。

人与自然空间观的家园维度是构筑人与自然生命共同体的主旨内容,也就是引导人们的生存、生产以及生活实践构成整个社会发展、国家发展物质空间的变迁和重组。基于家园维度重构人与自然空间观,也就是通过调整生产力、生产关系的物质关系,改变人们的价值观念和思维方式,达至新时代人与自然空间观的新境界。

三、人与自然发展观的人类限度

人与自然生命共同体"尊重自然、顺应自然、保护自然"的必然规律和现实逻辑,构成了人与自然发展观的人类限度。习近平指出:"纵观世界发展史,保护生态环境就是保护生产力,改善生态环境就是发展生产力。"[1]保护和改善生态环境与保护和发展生产力的辩证关系,规定了以人类限度的现实标准来规设人与自然发展观的时代内容。长期以来,我国改革发展中人与自然的阶段性发展观对资源、大气、水、土壤、森林、气候等产生了较大的损害。当今,鉴于自然界频繁暴发超出自身承受限度、严重影响人类社会发展的自然灾害,人类面对大自然的限度越来越突出。在达成"两个一百年"奋斗目标的历史交汇期,习近平诠释了人与自然发展观的人类限度这一时代标准,人与自然生命共同体的人与自然发展观蕴含着人类限度,并且否定了"人类主宰或支配人与自然关系"的价值取向。

中国正处于新时代改革开放再出发之际,各项改革事业均处在攻坚克难的阶段,一定要尊重自然、顺应自然和保护自然,要高度关注人类限度这一人与自然发展观的内在要求,开拓各领域各行业的升级发展之路。人与自然发展观的人类限度遵循新时代国家发展路向、植根人民群众需要,主张"我们要

---

① 《习近平关于全面建成小康社会论述摘编》,中央文献出版社 2016 年版,第 163 页。

建设的现代化是人与自然和谐共生的现代化,既要创造更多物质财富和精神财富以满足人民日益增长的美好生活需要,也要提供更多优质生态产品以满足人民日益增长的优美生态环境需要"①。人与自然生命共同体在价值上明确人民的生态需要即是人与自然发展观人类限度的目标指向,在行动上确立人民的生态实践即是人与自然发展观人类限度的现实内容。

习近平把人与自然发展观的人类限度,以理念、政策、制度等,全方位贯穿在发展之中。国家通过"最严格的制度保护生态环境""生态红线作为生态环境的生命线"等部署,以"人类限度—生态文明—人民幸福"的辩证关系完成对人与自然发展观人类限度的创新性诠释,这是习近平对人类发展意义的深邃思考,也体现了他对中华民族生态智慧的自信。

第二节　"生命共同体"思想的马克思主义经典阐释

马克思主义关于人与自然关系的思想博大精深,其理论宝库中却蕴藏着丰富的人与自然生命共同体思想。人与自然是在实践基础上的辩证统一关系。马克思指出:"自然界是人为了不致死亡而必须与之处于持续不断的交互作用过程的、人的身体……因为人是自然界的一部分。"②也即人是自然的存在物,自然是人的无机身体。人与自然关系的最终决定力量是人类社会赖以生存和发展的生产实践方式,基于实践的基础之上,人、自然与社会三者是统一的。因此,人类必须将自身的位置从自然界之上、之外调整到自然界之中,诚如恩格斯指出:"我们每走一步都要记住:我们决不像征服者统治异族人那样支配自然界,决不像站在自然界之外的人似的去支配自然界——相反,我们连同我们的肉、血和头脑都是属于自然界和存在于自然界之中的;我们对自然界的整个支配作用,就在于我们比其他一切生物强,能够认识和正确运用

---

① 习近平:《决胜全面建成小康社会　夺取新时代中国特色社会主义伟大胜利——在中国共产党第十九次全国代表大会上的报告》,人民出版社 2017 年版,第 50 页。

② 《马克思恩格斯文集》第 1 卷,人民出版社 2009 年版,第 161 页。

自然规律。"①马克思主义强调了人类活动的能动性和人的主导地位,警告人类必须学会认识自身活动对自然界所引起的影响,善待自然界、爱护自己的家园。正如习近平所说:"人类只有遵循自然规律才能有效防止在开发利用自然上走弯路,人类对大自然的伤害最终会伤及人类自身,这是无法抗拒的规律。"②绿色发展必须处理好人与自然和谐共生的问题。人类的发展活动要尊重自然、顺应自然、保护自然,反之则将遭受大自然的报复,这一规律谁也无法抗拒。人因自然而生,人与自然是一种共生关系。人与自然生命共同体思想,是关于马克思主义生态哲学对人与自然关系的新认识,是对人类自身命运的现实关照。从唯物史观视野,对习近平人与自然生命共同体理念进行阐释,对于系统理解习近平生态文明思想、推动美丽中国建设具有重要的理论意义和现实意义。

一、生命共同体的理论逻辑

生命共同体并非一个纯粹的抽象理论概念,而是一个蕴含丰富意蕴的哲学概念,拥有深厚的生态哲学基础。探究生命共同体,必须基于唯物史观的视野诠释清楚其背后的理论逻辑。生命共同体表征了人与自然之间的内在本质关系,具有十分丰富的哲学内涵。它至少包含了人与自然是"自然共同体""生活共同体""经济共同体"和"文明共同体"四重内涵。"自然共同体"是人与自然生命共同体的基本内涵。对于自然界来说,其自身乃一个彼此相连的生态系统,各种自然生物之间构成了一个生命共同体。"山水林田湖是一个生命共同体,人的命脉在田,田的命脉在水,水的命脉在山,山的命脉在土,土的命脉在树"③。从人与自然界的关系来说,人类归根结底是自然界的一部分,人的生命源于自然、复归于自然,"人本身是自然界的产物,是在自己所处

---

① 《马克思恩格斯文集》第9卷,人民出版社2009年版,第560页。
② 习近平:《决胜全面建成小康社会　夺取新时代中国特色社会主义伟大胜利——在中国共产党第十九次全国代表大会上的报告》,人民出版社2017年版,第50页。
③ 《习近平谈治国理政》,外文出版社2014年版,第85页。

的环境中并且和这个环境一起发展起来的"，"我们连同我们的肉、血和头脑都是属于自然界和存在于自然界之中的"。①

"生活共同体"是人与自然生命共同体的关键内涵，它重点强调了人类对自然界的生存依赖性。首先，自然界既是人类生命的直接源泉，同时也是人类生活资料的直接来源，"人靠自然界生活"②，人的衣食住行等一切生活生产资料均来源于自然界，即便是工业生产也是建立在对自然资源开发利用的基础之上。脱离了自然界，人类将难以生存。自然环境直接决定着人类的生活质量和幸福程度。其次，生活共同体指向的是人民群众对美好生活的追求与希望，生态文明建设已经成为"美好生活"的主要组成部分。习近平指出："良好生态环境是最公平的公共产品，是最普惠的民生福祉。对人的生存来说，金山银山固然重要，但绿水青山是人民幸福生活的重要内容，是金钱不能代替的。你挣到了钱，但空气、饮用水都不合格，哪有什么幸福可言。"③"经济共同体"是人与自然生命共同体的重要内容。毋庸置疑，社会生产力决定了人类的经济活动，而生产力则由劳动者、劳动资料和劳动对象构成。劳动资料和劳动对象源自自然界，它们的优劣、多寡直接决定了生产力的发展程度。英国政治经济学家威廉·配第（William Petty）曾经说过，劳动是财富之父，土地是财富之母。马克思、恩格斯指出，土地等自然物质资料是经济发展的基础。"没有自然界，没有感性的外部世界，工人什么也不能创造"④，"自然界同劳动一样也是使用价值的源泉，劳动本身不过是一种自然力即人的劳动力的表现"⑤。人类劳动唯有与自然资源相结合方可创造财富，"劳动和自然界在一起才是一切财富的源泉，自然界为劳动提供材料，劳动把材料转变为财富"⑥。以往很长一段时间里，人类并未深刻地认识到此经济共同体关系的重要性，常常是通

① 《马克思恩格斯文集》第9卷，人民出版社2009年版，第38—39、560页。
② 《马克思恩格斯选集》第1卷，人民出版社2012年版，第55—56页。
③ 《习近平关于全面建成小康社会论述摘编》，中央文献出版社2016年版，第163页。
④ 《马克思恩格斯文集》第1卷，人民出版社2009年版，第158页。
⑤ 《马克思恩格斯文集》第3卷，人民出版社2009年版，第428页。
⑥ 《马克思恩格斯文集》第9卷，人民出版社2009年版，第550页。

过牺牲生态环境追求经济发展,为此付出了沉重代价。

"文明共同体"是人与自然生命共同体的核心内容。唯物史观认为,一切人类文明的建立和发展都离不开自然环境,人类社会发展的历史归根到底就是人与自然关系的发展史。"历史本身是自然史的一个现实部分,即自然界生成为人这一过程的一个现实部分","历史可以从两方面来考察,可以把它划分为自然史和人类史。但这两方面是不可分割的,只要有人存在,自然史和人类史就彼此相互制约"。① 可以说,自然环境是人类文明发展的根基,没有生态环境作支撑,人类就无法发展生产力甚至无法存活,人类历史和文明一天也无法持续下去。"人因自然而生,人与自然是一种共生关系,对自然的伤害最终会伤及人类自身。"②上古时期的四大文明古国均源之于生态良好、资源丰富的地区,反之,生态环境的恶化却致使其逐步衰败。我国历史上盛极一时的楼兰古国和古丝绸之路,皆由于西北地域的荒漠化而淹没在沙尘之下。因此,"历史地看,生态兴则文明兴,生态衰则文明衰"③。

生命共同体理念拥有深厚的生态哲学基础。生态哲学是19世纪兴起的一门探究生态科学领域的新兴的前沿学科,它重点对西方近代以来在自然科学领域盛行的主客二元论哲学、还原论的方法论和机械论的自然观进行了深刻批判。生态哲学认为,世界上万事万物,特别是人与自然共处的生态系统处于普遍联系和相互作用之中,它们之间形成了一个有机整体的世界。人与自然的关系并非主体与客体二元对立的关系,同时也非控制与被控制、利用与被利用的关系,而是相互联系、相互作用、相互影响的有机统一关系。自然无法被还原为、割裂为某种单一的原子要素,同时也并非盲目地遵循某种机械钟表式的自然法则,而是一个不断生成和发展、拥有自身历史的有机整体。自然除了拥有工具价值之外,尚具备自身的内在价值;自然会对人类实践活动起到巨大的反作用,而并非任人宰割的被动客体。应该说,生态哲学把人类关于自然

---

① 《马克思恩格斯文集》第1卷,人民出版社2009年版,第194、516页。
② 《习近平谈治国理政》第2卷,外文出版社2017年版,第209页。
③ 《习近平关于全面建成小康社会论述摘编》,中央文献出版社2016年版,第164页。

界的认知推进到一个更深层、更广阔的视野之上，同时还站在整个人类生存与发展的高度审视人与自然的关系、重估自然界自身的价值。

马克思认为，自然界乃人类生存之根本。自然界对人类具有先在性，自然界先于人类存在，而人是自然界发展到一定历史阶段的产物，人类来源于自然界、栖居于自然界，不能离开自然界而接续生存。人与自然是辩证的对立统一关系，自然界乃人的无机身体，人在肉体上首先要依赖自然界方可生活。马克思把人与自然的关系确立在自然生态和社会经济发展的过程之间，在改造自然生态的过程中，推动了社会经济的发展，同时还推进了人类获得生存与发展的权利。马克思、恩格斯在《德意志意识形态》中指出："人们生产自己的生活资料，同时间接地生产着自己的物质生活本身。"①可见，社会生产实践是人类与自然沟通的桥梁。人类只有在认识自己和改造自然的生产实践活动中才能确立人与自然的关系。正是这种转向使得人们对实践的认识从天上拉回了人间，从自然的人的实践深化至生活世界的人的实践。马克思认为，"社会是人同自然界的完成了的本质的统一，是自然界的真正复活，是人的实现了的自然主义和自然界的实现了的人道主义"②。在马克思看来，唯有于社会之中，方可达成人与自然的和谐共生。虽说自然界先于人类历史，然而自然界却是维系人之关系的桥梁。人类在与自然的交往过程之中，凸显了人类的社会属性。这与其周围环境密切关联，与其生活世界无法割裂。人类社会的发展过程始终展现人类的愿景，同时根据人类自身的图景获得对自然界的改造。所以，马克思指出，一个人如何开展自己的生命活动，是由其周边的物质生产条件所决定的。如果人类社会能够真实达成人的全面自由发展，那么，唯有重构无机自然与有机自然，方可复归人的类本质，如此方能够促进人与自然的有机统一。

马克思在《1844年经济学哲学手稿》中提出了"人化自然"的思想。"人化"意即自然界的变迁过程中烙上了人类劳动的印记。特别是在现代化社会中，人的现实生活与自然密不可分。诚如《1844年经济学哲学手稿》所言："在

---

① 《马克思恩格斯文集》第1卷，人民出版社2009年版，第519页。
② 《马克思恩格斯文集》第1卷，人民出版社2009年版，第187页。

人类历史中即在人类社会的形成过程中生成的自然界,是人的现实的自然界。"①由此,自然界纳入了人类现实的生产生活中,自然被转化为人化的自然。人类通过实践把自然转化成为人的另一种身体,人与自然之间的交换亦即人类身体之间的互换,自然界是人类物质与精神的源泉,人类的创造性劳动可以改造自然界,把自然界转化成为人化的自然,由此,人类从自然界获取劳动产品。这些产品成为满足人类生存发展的物质基础,人类唯有凭借自然界供给的物质资料方可达成生存与发展。由此可知,人化自然映照了人类的意志自由。在人类物质生产过程之中,浸透了人类自身的目的性与欲望。人类在对物质生产对象进行生产与改造之时,不断加持了人类的意愿予以自然界进而形成自然的人化过程。现代化社会发展越是裹挟人类科技文明,自然界就越来越凸显人化的烙印。

人类发展的终极使命是"和谐共生"。自然界满足了人类生存与发展的物质资料,自然界是人类的生活来源,人类必须站在充分尊重自然规律的高度上,理性开发自然界的物质资源从而满足人类发展的需求。马克思指出,工业文明的生态危机源于人与自然关系的异化,对资本逻辑的消解乃化解人与自然困境的根本出路。唯有尊重自然、敬畏自然,方可达至人与自然的和谐共生。恩格斯在《自然辩证法》中指出,人类与动物的本质区别在于人可以改造自然为自身之目的服务,然而,"我们不要过分陶醉于我们人类对自然界的胜利。对于每一次这样的胜利,自然界都对我们进行报复"②。20世纪的"美国的黑色风暴""秘鲁大雪崩"及"雾都劫难"等血的教训告诫人类,我们对有限的大自然不可以无限地索取。

马克思指出,产生生态危机的根源恰是资本主义社会的生产方式。资本私有制生产方式是劳动异化的根源,同时它也致使人与劳动产品异化,更导致人与人异化、人类社会异化等问题形成。基于资本为根基的生产,创制了一个

---

① 《马克思恩格斯文集》第1卷,人民出版社2009年版,第193页。
② 《马克思恩格斯文集》第9卷,人民出版社2009年版,第559—560页。

"普遍利用自然属性和人的属性的体系"，此资本体系创设了社会成员"对自然界和社会联系本身的普遍占有"。资本依照自身的发展逻辑，追逐着运用自然的普遍性，这不但转变了以前人类的"地方性发展和对自然的崇拜"状态，同时，还克服了"把自然神化的现象"。资本的视域下，自然界仅仅是资本达成增殖的不可或缺的一个构成要件，其感性的、诗意的自然界将不复存在，而这一构成要件只是作为冷冰冰的增殖工具为资本主义提供无偿服务而毫无任何感性和丰富性可言。所以，在资本增殖、利润增长的诱惑下，资本完全无视感性自然的存在，资本家更是对自然展开疯狂的掠夺，而要真正实现人与自然的双重解放，唯有消解资本的逐利性。马克思、恩格斯对资本主义展开了系统的批判，进而创设了马克思主义生态哲学。他们对资本主义社会条件下人与自然的关系进行了系统分析，提出了一系列富有原创性的生态哲学思想。马克思、恩格斯坚持了"实践原则"与"历史原则"，指出人类的任何生存活动、实践活动均要依靠自然，人类的历史发展均和自然不可分割，人类的发展史与自然史具有高度的同一性、一致性，人与自然从根本上说并非二元对立、机械割裂的形而上学关系，而是辩证统一的关系。正是资本主义生产方式造成了人与自然关系的高度异化，它既产生了严重的生态危机与生态灾难，还摧毁了人与自然的和谐统一关系。资本主义所获取的辉煌胜利造成了严重的环境污染、资源枯竭、土壤恶化，这显然是以牺牲生态环境与工人阶级为巨大代价的，致使工人阶级的生活环境和居住条件拥挤且脏乱不堪。资本破坏了人与自然、人与人之间的平衡关系，它在对自然进行肆无忌惮地掠夺的同时，也致使人与自然之间形成了严重的"物质变换裂缝"现象。唯有变革资本主义制度，方可弥补这种断裂和异化，建立人与自然和谐共处的共产主义社会。

习近平关于人与自然生命共同体的重要论述继承和发展了马克思主义的生态哲学。基于生态哲学思想而言，它凸显了人与自然之间的共同体关系，它坚持系统性、整体性的哲学思维，批判人与自然之间的主客二元对立，批判还原论方法，捍卫人类与自然之间的共生关系。从马克思主义生态哲学的立场而言，它坚持了"实践原则"和"历史原则"，这凸显了人与自然之间的共生共存关系,诠释了人与自然乃基于人类实践活动的历史统一与辩证统一,从而继承和丰富了马克思主义生态哲学思想。毋庸置疑,人与自然生命共同体是习近平生态文明思想的核心概念,它极其鲜明地体现了习近平的生态世界观、方法论和价值观,是我们理解习近平生态哲学思想、推进美丽中国建设的重要概念。

二、生命共同体的历史逻辑

人与自然生命共同体思想富有鲜明的时代特色和清晰的历史发展逻辑。基于唯物史观的维度,详细展开对人与自然生命共同体的历史逻辑分析,具有重要的理论意义和实践意义。习近平指出:"人类经历了原始文明、农业文明、工业文明,生态文明是工业文明发展到一定阶段的产物,是实现人与自然和谐发展的新要求。历史地看,生态兴则文明兴,生态衰则文明衰。"①马克思在《1857—1858年经济学手稿》提出了"三大社会形态"理论,即以人的依赖关系为根本的原初社会形态,以物的依赖为根本的第二大形态,以及人的自由个性的第三个阶段。马克思的"三大社会形态"理论是围绕着沟通人与自然的中介——感性对象性活动——的历史而展开的。感性对象性活动的水平,即生产力水平是一个不断提高的历史过程,而人类认识自身和自然的能力是随着生产力水平的提高而不断提高的历史过程,不同社会形态对人类自身、自然以及人与自然关系的认识是不同的。简言之,这三种形态在人与自然关系方面的对应体现就是人对自然的依赖,人与自然相异化,以及构建人与自然生命共同体的认识过程。

在前资本主义社会(包括原始社会、奴隶社会、封建社会),人类的发展既依赖于"人"又依赖于"物",此阶段"物的依赖"主要指的是依赖于自然界。基于自然力而言,在人类还无法充分利用自然力进行大规模的征服、利用之前,人们更多的是服从自然。此时,人类与自然界还没有进行普遍的物质变

---

① 《习近平关于全面建成小康社会论述摘编》,中央文献出版社2016年版,第164页。

换,自然环境受人类活动的影响相对较小,尚无明显冲突。人类生产、生活排泄物大部分会被自然界代谢排除,人类与生态环境之间仍然维系着天然的、温情的、原始的和谐统一关系。在这个时期,人类还只能像动物一样听命于自然,"人们同自然界的关系完全像动物同自然界的关系一样,人们就像牲畜一样慑服于自然界,因而,这是对自然界的一种纯粹动物式的意识(自然宗教)"①。此时,跟人与自然的这种关系相呼应,人与人相互之间体现为天然的、血缘的、地域的共同体或者政治的共同体。

在资本主义社会,人类的主体性得到充分发挥,人们开始以统治者、占有者的身份征服自然界。这个阶段社会生产力获得了快速提升,人口数量迅猛发展,科学技术日新月异,各种机器被应用于征服和利用自然力。资本主义生产方式改变了自然界物质的既有存在方式、原初状态、固定结构、空间位置,打乱了自然界原先的物质循环模式和循环路线,最终不可避免地导致环境污染、资源枯竭、生态危机。其本质是促使人与人之间、人与自然之间产生了严重的异化现象,自然界成为被征服和被控制的对象,人与自然的关系开始疏离、对立和异化。人与自然之间异化的、崩塌的生命共同体取代了前资本主义社会中那种人与自然之间天然的、原始的、温情的生命共同体。与这种人与自然的关系相对应,人与人之间是"物的依赖"关系。

在马克思设想的共产主义社会,人与自然的关系进入了更高层次的复归与重建。此时,私有制已被彻底摒弃,自然界不再只是被一部分人占有并用来剥削和奴役另一部分人的工具,"人们第一次成为自然界的自觉的和真正的主人,因为他们已经成为自身的社会结合的主人了"②。在这个阶段,不仅不存在"人的依赖"现象,而且不存在"物的依赖"现象;不但实现了人的解放,而且实现了自然界的解放;不仅实现了人与人的和解,而且实现了人与自然的和解。"它是人和自然界之间、人和人之间的矛盾的真正解决,是存在和本质、

———————

① 《马克思恩格斯文集》第1卷,人民出版社2009年版,第534页。
② 《马克思恩格斯文集》第9卷,人民出版社2009年版,第300页。

对象化和自我确证、自由和必然、个体和类之间的斗争的真正解决。"①资本主义社会里人与自然之间的异化关系获得了系统性的重建与修复,人与自然真正落实到一种理性自觉生命共同体的回归,人与人之间是一种"自由人联合体",人人均实现了自由而全面的发展,不但不存在"人的依赖",而且也不存在"物的依赖"关系。

全球性生态危机的本质是人与自然关系的异化。工业污染使得所有生物将与其本质处于对立境界,进而不能生存。因此,人类欲获得永续发展就必须重新"通过人并且为了人而对人的本质的真正占有"②,就必须让"自然界真正的复活"③,而"人同自然界完成了的本质的统一"即人与自然生命共同体的形成,即"完成了的自然主义,等于人道主义",④即共产主义。因此,从前工业文明的人对自然的依赖到工业文明人与自然异化,再到共产主义社会,达成人与自然的和谐共存的是生命共同体,这表明人与自然的关系经历着肯定——否定——否定之否定的螺旋式上升发展过程,凸显了历史发展的必然性。

简言之,人与自然生命共同体中的"人"本质上是"对象性"的存在物,它不但是自然的存在物,同时还是社会的存在物。"自然"是人的活动对象,即认识和改造的对象,不仅是自在的自然,而且是属人的自然,是"对象性"的自然。而"生命共同体"呈现出的是人类社会发展进程中人和自然关系演进的一种趋势。在理论维度上体现构建人与自然生命共同体的可能性,在历史维度上体现构建人与自然生命共同体的必然性。只有人与自然是生命共同体,才能实现"人和自然界之间、人和人之间的矛盾的真正解决,是存在和本质、对象化和自我确证、自由和必然、个体和类之间的斗争的真正解决"⑤。马克

---

① 《马克思恩格斯文集》第 1 卷,人民出版社 2009 年版,第 185 页。
② 《马克思恩格斯文集》第 1 卷,人民出版社 2009 年版,第 185 页。
③ 《马克思恩格斯文集》第 1 卷,人民出版社 2009 年版,第 187 页。
④ 《马克思恩格斯文集》第 1 卷,人民出版社 2009 年版,第 185 页。
⑤ 《马克思恩格斯文集》第 1 卷,人民出版社 2009 年版,第 185 页。

思主义关于人与自然互为本质和辩证统一的思想是中国方案提出的理论基础,同时也是我党创造性地把马克思主义的普遍真理同中国特色社会主义建设具体实践相结合,不断在实践中探索的成果。

马克思的人化自然本体论以承认自在自然为前提,高度重视人类实践对自然的作用。马克思主义人化自然观指出自在自然先于人类而存在,人类通过实践改造自然,使自在自然成为人化自然,实践把人与自然联系起来。如此而言,自然既包括自在自然,也包括经过实践实现了"人化"的社会的自然与人的自然。社会的自然把人类社会的经济、政治、文化、社会活动等与自然相联系。人的自然把人的思想观念、身心健康、道德修养、心理、心态等因素与自然相联系,形成了现代意义上的经济生态、政治生态、文化生态、社会生态、人的生态等。这样,生态问题就不仅仅是由人与自然关系而引发的纯自然生态问题,还包括以人与自然关系为中心,由人与人、人与自身关系而引发的社会生态、人的生态等问题。马克思主义人化自然本体论使人与自然关系的内涵以实践为中介得到拓展,使人们对生态问题的本质认识更深刻。

人与自然生命共同体理念继承了马克思主义关于人与自然关系思想,深刻揭示了马克思主义唯物史观下的生态正义观。首先,人与自然生命共同体理念体现了人与自然之间的生态正义。在当代著名政治哲学家罗尔斯看来,正义是社会制度的第一美德,它所针对和评价的对象是人类的行为和社会制度,而不是作为客体的自然界。虽然自然本身无所谓正义与否,但人类对待自然界的方式却是与正义密切相关的,那么人类究竟是善待自然还是肆意掠夺自然;究竟是放纵人类自私欲望的无限膨胀还是过有节制的简约生活;是否只顾着当代人的享乐而无视后代生存环境的恶化;是否让发达国家享受高能耗的奢侈生活而让落后国家和地区的人民默默承受着生态灾难的可怕后果? 这些问题是我们这个时代最鲜明、最突出的社会正义问题。生态问题归根到底是人与人之间的利益关系问题,它涉及整个社会不同主体的个人利益和公共利益,在这些不同的主体之间如何进行公平的利益分配,是当今时代最棘手的世界性难题。一旦我们承诺人与自然是生命共同体,就会获得一种全新的理论视域。

"人与自然是生命共同体"论断的形成,建立在人们对自然界重要地位的不断反思基础之上,体现了人们对马克思主义人化自然本体论理解的逐渐深入。在党的十八大以前,我国经历了从以"经济建设为中心"到强调物质文明、精神文明、政治文明、构建和谐社会的"四位一体"社会主义事业总布局的发展过程。这一阶段党和政府高度重视经济社会的发展,到党的十七大把科学发展观写入党章,明确提出构建社会主义和谐社会,人与自然的和谐日益受到党和政府的重视。党的十八大把生态文明建设与经济、政治、文化、社会建设并列纳入中国特色社会主义事业建设的"五位一体"总布局。十八大以后,党和政府日益认识到自然对于人类社会发展的重要意义,把环境保护提高到前所未有的高度。2017年7月在中央全面深化改革领导小组第37次会议上,习近平在谈及建立国家公园体制时说道"坚持山水林田湖草是一个生命共同体",把我国最大的陆地生态系统"草"纳入其中,使"生命共同体"的内涵更为广泛、完整。党的十九大又进一步提出"人与自然是生命共同体"的论断,这一科学论断凸显了人与自然的密切关系。生态文明建设不但要将环境保护落实到经济、政治、文化、社会建设各领域、全过程,还必须将自然也看成像人类一样是有血有肉的生命体,人类对大自然必须怀有感恩、敬畏之心,通过建设生态文明,进一步推进人与自然这个"生命共同体"健康发展。

中国共产党领导中国人民进行的社会主义生态文明建设的伟大实践,是一个不断递进和完善的历史过程,在这一过程中,初步形成了中国特色社会主义生态文明思想。习近平更是进一步提出了生命共同体理念,在这一理念的指导下,通过处理人与自然生命共同体问题时不断做出中国选择和中国行动,给出解决生态危机的中国方案,同时用所有的中国实践证明了开创社会主义生态文明新时代的必然性。历史总是在矛盾中辩证的发展,不可否认现代工业文明给人类带来了巨大的进步,然而,步入21世纪之后,其自身固有的缺陷也更加凸显出来,资源压力日益加大,生态危机越来越严重,发达国家发展停滞不前,同时伴随一批快速崛起的新兴发展中国家面临重要的抉择:是模仿发达国家的传统工业文明的发展模式，还是有所创新，选择新型工业化。站在人类文明面临着巨大的挑战和关键性选择的路口，中国给出的方案是：开创中国特色社会主义生态文明建设新时代。人与自然生命共同体既是一种生态哲学理论，更是一种生态文明实践纲领。中国作为世界上最大的社会主义国家，要构建人与自然的生命共同体，必须探索一条新型的文明发展道路和发展模式，切实寻找到一条科学有效的治理路径，为世界生态文明发展贡献中国智慧和中国方案。

中国共产党人始终以历史唯物主义和辩证唯物主义的世界观和方法论来观察自然、处理人与自然的关系，形成了中国化马克思主义生态文明思想。这一思想具有鲜明的系统性（整体性）指向，也体现在习近平生态文明思想当中。早在地方工作期间，习近平就指出，"建设节约型社会是一项复杂的系统工程"，"不能'只见树木，不见森林'，还要注重从整体入手"。① 党的十八大将生态文明纳入"五位一体"的中国特色社会主义总体布局，以习近平同志为代表的中国共产党人更是自觉地按照系统性原则推进生态文明。2013 年 11月，在党的十八届三中全会上，针对我国生态环境治理中存在的"九龙治水"的沉疴旧疾，习近平指出："山水林田湖是一个生命共同体，人的命脉在田，田的命脉在水，水的命脉在山，山的命脉在土，土的命脉在树。"②因此，必须加强系统治理。2017 年 7 月 19 日，在讲到构建以国家公园为代表的自然保护地体系时，习近平又提出，要"坚持山水林田湖草是一个生命共同体"。这里将草这一最大的陆地生态系统包括到了生命共同体中，扩大了生命共同体的边界。2017 年 10 月党的十九大报告开宗明义地提出了"人与自然是生命共同体"。2018 年 5 月 4 日，习近平在纪念马克思诞辰 200 周年大会上再次强调人与自然是生命共同体，要进一步强化生态文明建设。可见，"生命共同体"是习近平生态文明思想在探索社会主义生态文明建设哲学依据时提出的重要范畴，集中体现着习近平生态文明思想的本体担当、辩证原则和

---

① 习近平：《之江新语》，浙江人民出版社 2007 年版，第 170 页。
② 《习近平谈治国理政》，外文出版社 2014 年版，第 85 页。

整体视野。

　　新中国成立以来,我党根据不同历史时期的客观物质条件和发展要求制定了不同的发展战略。虽然探索的道路上发生过失误和曲折,但在改善人民生活和推动社会进步方面依然取得了伟大成就。进入新世纪,面对资源约束趋紧、环境污染严重、生态系统退化的严峻形势,中国在过去几十年经过不懈努力,经济实力、人力资本和科学技术有了丰富积累,在以人与自然生命共同体为基本宗旨的生态价值观的指导下,开始重新思考可持续发展的文明模式。2002 年,党的十六大在确立全面建设小康社会的奋斗目标的同时,提出要"可持续发展能力不断增强,生态环境得到改善,资源利用效率显著提高,促进人与自然的和谐,推动整个社会走上生产发展、生活富裕、生态良好的文明发展道路"①。在这一时期的中国特色社会主义建设的伟大实践中,形成了全面协调可持续发展的科学发展观。2007 年,党的十七大首次把"生态文明"写入政治报告,提出要"建设生态文明"新要求,把社会主义文明建设的总体布局由物质文明、政治文明、精神文明"三位一体",发展为物质文明、政治文明、精神文明、生态文明"四位一体",这是我们党对新形势下推动科学发展、促进社会和谐、全面建设小康社会认识上不断深化的结果,是我们党执政兴国理念的新发展。2012 年,党的十八大把中国特色社会主义现代化建设的总体布局由"四位一体"拓展为"五位一体",进一步突出了生态文明建设的重要地位。2017 年,党的十九大报告绘制了全面建设社会主义现代化宏伟蓝图。报告提出到 2035 年,生态文明建设的目标是"生态环境根本好转,美丽中国目标基本实现"②,到 2050 年,建成更加(绿色)美丽的社会主义现代化强国,拥有天蓝、地绿、水青的优美生态环境,开创人与自然和谐共生的新境界。

---

　　① 江泽民:《全面建设小康社会　开创中国特色社会主义事业新局面——在中国共产党第十六次全国代表大会上的报告》,人民出版社 2002 年版,第 19—20 页。
　　② 习近平:《决胜全面建成小康社会　夺取新时代中国特色社会主义伟大胜利——在中国共产党第十九次全国代表大会上的报告》,人民出版社 2017 年版,第 28—29 页。

第三节　"生命共同体"与"人类命运
共同体"的生态向度

"生命共同体"是人与自然组成的生态系统,具有系统性和整体性。"人类命运共同体"也是一种"生命共同体",是共同体的最高形态和生态文明的核心。具有共生性、开放性、共享性的生态原则体现了"人类命运共同体"的基本精神,生态文明与"人类命运共同体"相辅相成。"生命共同体""人类命运共同体"体现了马克思主义的时代精神和价值,为构建生态文明建设的中国话语体系,做出了巨大贡献。

一、生态文明建设与"生命共同体"

党的十九大将"人与自然是生命共同体"作为社会主义生态文明建设的理论依据,深刻指出,人与自然是生命共同体,人类必须尊重自然、顺应自然、保护自然。在建设美丽中国的新征程中,我们要坚持自觉探索、努力遵循自然规律,推进形成人与自然和谐发展的现代化建设新格局。毫不夸张地说社会主义生态文明建设是一伟大的创新事业,我们要把创新发展作为第一动力,不断推进绿色科技与绿色理论的创新。一方面,作为当代马克思主义中国化的原创性理论成果——习近平生态文明思想,为生态文明建设提供了科学的理论支撑。另一方面,新科技革命凸显了绿色、智能、泛在的新特征,为生态文明建设注入科技动力,科技推动绿色发展将为新时代中国特色社会主义生态文明建设提供绵延不绝的内生性动力。

习近平将生态文明建设作为复杂的系统工程,着眼于人与自然之间的根本矛盾,提出人与自然是相互依存、相互联系的整体,重点强调了生态文明建设的系统性、整体性,深入分析了经济发展与生态保护之间的对立统一关系;指出生态文明建设不但必须抓重点性问题,同时还必须辩证施治、综合治理,不应该将生态文明建设纯粹地理解为孤立的经济问题,而必须构建多部门协同治理的联动机制,"我们不能把加强生态文明建设、加强生态环境保护、提倡绿色低碳生活方式等仅仅作为经济问题。这里面有很大的政治。"①习近平对污染状况极为关切,要求各级政府要像与贫困作战一样向污染宣战。习近平立足战略全局,强调在"五位一体"的总布局中推进生态文明建设,"把生态文明建设融入经济建设、政治建设、文化建设、社会建设各方面和全过程"②,辩证看待人与自然的关系,在不断完善制度的过程中转变经济增长方式、实现绿色发展,坚持推进与生态文明建设要求相适应的观念、制度,倡导生态文明建设过程中的宏观把控和微观实施相辅相成,从宏观层面上做好顶层设计,从微观层面上切实把控生产、流通、分配、消费等各个环节。习近平强调建设生态文明需要树立战略思维、系统思维和底线思维,提出对生态文明全面统筹的理念,主张遵循自然规律进行用途管理和生态保护,由一个部门负责统筹保护与修复生态环境。十三届全国人大一次会议公布的国务院机构改革方案明确提出组建中华人民共和国生态环境部,新部门整合了国务院原有九个不同部门的环保职责,专门负责国家生态环境保护和修复工作。

人与自然生命共同体思想是人类命运共同体思想的有机组成部分,它通过统筹协调国内环境治理和全球环境治理两个大局,寻求处理人类面临的日益严峻的生态问题,重塑人与自然的关系,变革人的存在方式,所以,其价值旨归在于:"解决好工业文明带来的矛盾,以人与自然和谐相处为目标,实现世界的可持续发展和人的全面发展。"③人与自然生命共同体理念是习近平新时代中国特色社会主义思想的重要内容,其首要任务或直接目标是建设美丽中国,实现中华民族的永续发展,"走向生态文明新时代,建设美丽中国,是实现中华民族伟大复兴的中国梦的重要内容"④。习近平把建设美丽中国与实现中华民族伟大复兴的中国梦紧紧联系起来,高屋建瓴,寓意深刻,充分彰显出

---

① 《习近平关于全面深化改革论述摘编》,中央文献出版社 2014 年版,第 103 页。
② 《习近平关于全面深化改革论述摘编》,中央文献出版社 2014 年版,第 104 页。
③ 《习近平谈治国理政》第 2 卷,外文出版社 2017 年版,第 525 页。
④ 《习近平谈治国理政》,外文出版社 2014 年版,第 211 页。

人与自然和谐共生对于实现中华民族伟大复兴中国梦的重要意义。

从表面上看，美丽中国体现的是一种自然之美，意指一个"天更蓝、地更绿、水更净"的良好自然环境，但更深层的寓意却是，实现中华民族的伟大复兴不能没有一个良好自然环境。所以，美丽中国不但凸显了自然美，同时展现的是一幅国富民强、人民幸福的壮丽画卷。我们看到，一方面，良好的自然环境是人类生存和发展的基本物质前提。马克思、恩格斯在《德意志意识形态》中提出，人要"创造历史"，就必须"生活"，而要"生活"，就需要从事物质生活资料的生产，这是人类生存的第一个前提，也是一切历史的第一个前提。而这个前提是建立在自然界的基础之上，离开了自然界，人类不可能生存，也就不可能创造历史。同样，如果没有一个良好的自然环境，人与自然时刻处于紧张和冲突之中，人类的一切梦想也只能停留在梦幻之中。另一方面，实现中华民族伟大复兴的中国梦，其实质是要实现中华民族的可持续发展，而可持续发展的根基同样立于自然界之中。任何发展归根到底都离不开自然这个基础，可持续发展更是如此。同时，中国梦的根本价值指向是促进人的全面发展，而人的全面发展的一个重要内容就是人与自然的和谐共生。当人们生活在一个恶劣的自然环境之中，连生存都是一个问题，既没有幸福感和劳动创造的乐趣，更谈不上人的全面发展。客观而言，"改革开放以来，我国经济发展取得历史性成就，这是值得我们自豪和骄傲的，也是世界上很多国家羡慕我们的地方。同时必须看到，我们也积累了大量生态环境问题，成为明显的短板，成为人民群众反映强烈的突出问题"①。主要表现为资源短缺、环境破坏、土地资源退化以及水污染、大气污染等。这些问题已经成为我国实现可持续发展的严重制约因素。所以，实现中华民族的伟大复兴，必须重视构建人与自然生命共同体，实现人与自然的和谐共生。

在唯物史观看来，人是自然界的一部分，人的需要的发展及其满足都与自然环境有着直接的关系。一方面，人与自然的相互作用表现为人与自然之间

① 《习近平谈治国理政》第2卷，外文出版社2017年版，第209页。

连续的、永恒的物质变换,这个过程归根到底是一个现实生活过程,即生产物质生活资料的过程,亦即现实的人生产自身的过程。就此而言,人与自然之间物质变换的状况表征着人的生活状态,合理的物质变换既是人与自然和谐统一的基础,也是人们美好生活的基础。在这个意义上,美好生活实质上是一种和谐的生态生活。在私有制条件下,特别是在资本逻辑中,这种和谐的生态生活被彻底打乱了。只有在未来新社会,这种和谐的生态生活才会成为现实。马克思曾畅想过这种和谐的生态生活:"社会化的人,联合起来的生产者,将合理地调节他们和自然之间的物质变换,把它置于他们的共同控制之下……靠消耗最小的力量,在最无愧于和适合于他们的人类本性的条件下进行这种物质变换。"①另一方面,随着物质文化生活的不断提高,人们对自然环境的要求也越来越高。事实上,日益严重的环境问题正成为实现人们美好生活需要的重要制约因素。人民之所以对日益严重的环境问题反映强烈,就在于和谐优美的自然环境正成为人民美好生活愿景的重要内容,甚至是基本内容。绿色即和谐优美的自然环境是美好生活的底色。应该说,虽然和谐优美的自然环境不一定带来美好生活,然而美好生活一定要有和谐优美的自然环境。所以,构建人与自然生命共同体,实现人与自然的和谐共生,是实现人民美好生活需要这一奋斗目标的有机组成部分,"我们要建设的现代化是人与自然和谐共生的现代化,既要创造更多物质财富和精神财富以满足人民日益增长的美好生活需要,也要提供更多优质生态产品以满足人民日益增长的优美生态环境需要"②。习近平在谈到实现人民日益增长的美好生活需要时,强调"推动人的全面发展"。事实上,满足人民日益增长的美好生活需要就是人的全面发展在中国特色社会主义新时代的现实表现。由此观之,只有构建人与自然生命共同体,实现人与自然的和谐共生,才能实现人的发展与自然发展的本质的统一,即创造出一个人的全面发展与自然环境、社会环境协调统一的世

① 《马克思恩格斯文集》第7卷,人民出版社2009年版,第928—929页。
② 习近平:《决胜全面建成小康社会 夺取新时代中国特色社会主义伟大胜利——在中国共产党第十九次全国代表大会上的报告》,人民出版社2017年版,第50页。

界,进而促进人的全面发展。

生态环境的保护不仅是当代人的责任,更涉及子孙后代的可持续发展。在同代人之间的正义问题是代内正义,而涉及不同代人之间的正义则属于代际正义或跨代正义。生态问题的复杂性在于,如何在不同的行动主体之间公平地分配自然资源,确定相应的生态成本和生态责任。任何资源的获取和占有都需要付出一定的代价,更何况很多自然资源是不可再生的,而即便是那些可再生的资源如果开采使用不当,也会埋下巨大的生态风险或者造成不可预见的生态灾难。假如当代人占有了过多的自然资源,且过度地掠夺自然界,那么,人类的子孙后代享有的自然资源就相对较少,他们所生活的生态环境就会糟糕而恶劣,这显然是当代人明显不负责任的一种表现,它所侵犯的恰恰是我们后代的生态利益,威胁的恰恰是人类整体生存与发展的核心利益。生命共同体的核心理念是,既要实现当代人与自然的和谐相处,也要保护所有世代人的核心生态利益。所以,人类要限制当代人自私欲望的无限膨胀,明确地提出分担社会生态成本的集体责任,在全社会倡导低碳出行、保护环境、绿色生活的理念,为人类子孙后代留下一片青山绿水和碧海蓝天。

二、“生命共同体”与“人类命运共同体”

“生命共同体”体现了国际之间的全球生态正义。全球范围内的生态危机超越了国界,需要全世界各个国家的共同努力,用全球正义的视野在各个国家之间以公平正义、互利共赢的方式来处理和解决。对于全球性的生态危机,西方发达国家负有不可推卸的责任,它们处在全球工业价值链和生态链的上游,在生产方式和消费方式上消耗了世界上的大部分自然资源和能源,却把由此而造成的环境污染、生态灾难推向处于下游的发展中国家,肆意掠夺他国的自然资源,任意倾倒废弃物、出口垃圾,致使全球性生态遭到破坏。这是西方国家“生态帝国主义”“生态霸权主义”的深刻体现,是一种全球范围严重的生态不平等和生态非正义。对此,我们必须捍卫全球生态正义观,超越民族国家主体的狭隘性,反对西方霸权主义和单边主义,“秉持共商共建共享的全球治理观,倡导国际关系民主化,坚持国家不分大小、强弱、贫富一律平等"①,在相互尊重、平等协商的基础上构建生命共同体和人类命运共同体。

共同体本质上乃一关系共同体,马克思著作中,诠释了三种不同的共同体。第一种是"自然形成的共同体",在这种"自然形成的共同体"中,个体依赖于联合体获得生存的资料,在此表现为一种天然的集体关系。在这种集体中,共同抵御外部自然力量的威胁,个体成员的生存及生活直接跟共同体连为一体,还没有主动感觉到自我的真正存在,所以,个体也还没有自己的特殊利益,个体与集体之间也不存在冲突的情况,所有的成员处于"原始的共产主义"。第二种是"虚幻共同体",随着生产力的提高,资本主义迅速发展,在客观上给人们提供了充足的物质基础,"自然形成的共同体"受到了巨大的冲击,"虚幻共同体"随之建立。这个虚幻共同体,其实是资产阶级为了维护自己的利益,披着自由、平等、博爱的外衣,建立的一个资本主义社会共同体。"虚幻共同体"维护的只是少数人的利益,它的建立并非代表广大劳动者阶层的集体利益,只是剥削阶级统治劳动者阶层的工具。在这个共同体中,劳动者阶层没有属于自己的自由,为了生存,只能被剥削。私有制的存在,使人与人之间充斥着利益关系,金钱变成了衡量一切事物的标准。基于此,马克思提出了"真正的共同体"思想,即"自由人联合体"。"在那里,每个人的自由发展是一切人的自由发展的条件。"②在马克思的描述中,每个人都是一个自由的个体,每个人的劳动也是自觉自愿的,而非被迫。在这种联合体中,无阶级与阶级的对立,已超越了阶级,超越了民族,成为一个世界性的联合体。"自由人联合体"作为共产主义的最高形态,旨在为全人类谋求共同利益,最终实现人的自由全面发展。"人类命运共同体"中的"人类",指的是各个国家、民族、社会以及个人在内的所有形态的人类主体,主体范围非常广泛且完整,合理地继承了马克思关于"自由人联合体"的观点,提倡世界各国团结合作,携手并

① 习近平:《决胜全面建成小康社会 夺取新时代中国特色社会主义伟大胜利——在中国共产党第十九次全国代表大会上的报告》,人民出版社 2017 年版,第 60 页。

② 《马克思恩格斯文集》第 2 卷,人民出版社 2009 年版,第 53 页。

进,在合作共赢中构建人类命运共同体。"生命共同体"由"生命"和"共同体"组成。在人与自然共同体的视域下,"生命"具有更为特殊的意义,是主观与客观的统一,内含规律的作用与人的能动能力。"人类命运共同体"的最大目标是改善和提升"生命共同体"的质量,实现人与自然的和谐共生。而人与自然的和谐共生又是"人类命运共同体"中人与人、国家与国家之间和谐共生的基础和保障。人与人之间、国家与国家之间的和谐共生让地球人团结起来携手应对全球的生态危机,大大地提高了解决生态问题的能力和效率。

"生命共同体"与"人类命运共同体"都以马列主义、毛泽东思想和中国特色社会主义理论体系作为其理论基础,都有利于社会和谐进步和世界更好发展。"生命共同体"侧重人与自然之间的关系。"人直接地是自然存在物"①,而且是"能动的自然存在物"②,人和自然是同一的。"人与自然之间的对象性关系是客观事物之间存在的普遍关系,对于自然界的其他存在物而言,这种生命之间存在的普遍关系同样存在。"③"生命共同体"就是一个生命系统,在这个生命系统中的所有生物之间构成互相依存、互相补充、和谐共生的特定关系。"共生"是自然界和人类社会共有之规律。如果说人与自然的共生构成人类发展的自然基础,那么,人与人的共生则是人类发展的社会基础。"共生"指生物缺此失彼都不能生存,"是人与自然、人与人、民族与民族、国家与国家之间的普遍存在样态。同自然的共生是人类生活的基本样态,也是构建一切共同体的基础"④。恩格斯指出,"人本身是自然界的产物,是在自己所处的环境中并且和这个环境一起发展起来的"⑤,"我们连同我们的肉、血和头脑都是属于自然界和存在于自然界之中的"⑥。在马克思、恩格斯看来,自然界

①　《马克思恩格斯文集》第1卷,人民出版社2009年版,第209页。
②　《马克思恩格斯文集》第1卷,人民出版社2009年版,第209页。
③　陈文斌、郭岩:《论习近平生态文明建设理论的五个辩证统一》,载《学习与探索》2017年第6期。
④　杨宏伟、刘栋:《论构建"人类命运共同体"的"共性"基础》,载《教学与研究》2017年第1期。
⑤　《马克思恩格斯文集》第9卷,人民出版社2009年版,第38—39页。
⑥　《马克思恩格斯文集》第9卷,人民出版社2009年版,第560页。

脱离人可以独立存在,而人离开自然界则无法生存,人与自然是共生的整体,整个地球就是一个共生系统。人类社会是自然界的一个组成部分,也是共生的整体,与自然的共生在人类生活中具有基础地位。伴随生产力的发展和文明程度的提高,人类认识、利用和改造自然的能力将不断增强,但人类活动永远无法突破自己赖以生存的自然的约束,日益恶化的全球生态问题已经验证了人与自然和谐共生的重要性。

人类的命运离不开自然界,人类是从自然界索取物质生活资料来维持生命和生活,满足自身的衣食住行的。"人类命运共同体"既离不开对生态问题的考察,也离不开把人类当成共同体来看待。"人类命运共同体"强调人类命运与自然的紧密联系,不仅外在表现出人类命运的重要性,更内在蕴含着生态环境对维系人类命运的重要价值。人类命运共同体也是一种生命共同体,生命共同体和人类命运共同体相互联系、相互促进、相辅相成。生命共同体为人类命运共同体的发展提供有力支持,青山绿水的生态环境为人与自然的和谐共生提供条件,促进人类命运共同体的持续发展;人类命运共同体为生命共同体提供坚强的后盾支持,人类命运共同体所倡导的理念得到实现,生命共同体才能发展得更快更好。只有山水林田湖草从总体上得到了和谐发展,人类命运共同体才有存在的前提条件,才有发展的坚实基础。同样,只有当人类命运共同体得到了良性发展,才能给予人类自身以及山水田林湖草良好发展的机会和条件。"生命共同体"与"人类命运共同体"都是为促进自身发展和应对全球共同的生态问题以及建设美好世界而提出的"中国方案"。

"生命共同体"树立"天人合一"的和谐观,摒弃人类中心主义,为人类整体认识自然、正确处理人与自然的关系、建设生态文明、实现绿色发展提供了重要理论指导,是中国特色社会主义生态文明建设理论的内核和化解人与自然之间矛盾的关键。"生命共同体"有助于人类反思和处理自身与自然的关系,指明了解决生态问题的方法路径是"预防为主、防治结合、共治共理"。"生命共同体"在马克思主义生态哲学思想的基础上进一步揭示了人与自然的辩证统一:人类在这个共同体中生存,就要爱护共同体的每一个要素;破坏了自然生态系统的要素就破坏了人类生存的环境,最终导致人与自然关系的异化。

当今世界,人类命运与利益相互交织紧密相连,一荣俱荣一损俱损,牵一发而动全身。人类命运离不开人与自然的命运牵连。美国气象学家洛伦兹提出的"蝴蝶效应"闻名于世。亚马孙河流域热带雨林中的一只蝴蝶偶尔扇动几下翅膀,可能在两周以后引起美国得克萨斯州的一场龙卷风。面对气候变暖、海平面上升、海洋污染、一些物种灭绝等一系列生态问题,地球人应承担起宇宙之责,把自然界纳入"人类命运共同体"。在生态方面,共同体的联动效应更强、覆盖范围更广。人有自己的种族和国家,但空气、植被、河流不分国界,一旦环境被污染,危及的是全人类的生命。"生命共同体"表达的是人类必须团结一致共同应对气候变暖带来的海平面上升、冰川融化、河流污染等一系列危及全人类命运的问题。"人类命运共同体"作为中国特色社会主义理论体系的重要成果,提升了中国在国际上的生态话语权,不仅反映了当今世界的思想潮流,还为解决生态危机提供了新的思维范式。"人类命运共同体"是一种必然要求,也是有效解决生态危机的重要途径,没有全世界人民的共同努力和合作,生态问题无法得到根本解决。生命共同体内在包含了人类命运共同体,人类命运共同体是生命共同体的一部分,离不开绿色可持续的生态建设。追求人与自然共生共荣是人类社会发展的永恒主题,人类发展史就是人与自然积极互动、共生共荣的演进史。"人类命运共同体"包含着人与自然和谐共生的关系,将人与自然视为一个不可分割的共同体。"人类命运共同体"中的人与人的关系和"生命共同体"中的人与自然的关系是统一的,"人对自然的关系直接就是人对人的关系,正像人对人的关系直接就是人对自然的关系"①。保护生态环境就是建构人类命运共同体,美丽中国建设将为美丽世界建设和促进全球生态安全贡献中国智慧。"人类命运共同体"必然促成一种新型的文明,加强人类之间的文化交流与沟通,抵制各种形式的生态帝国主义

①　《马克思恩格斯文集》第1卷,人民出版社2009年版,第184页。

与生态霸权主义。生态一旦遭到破坏,修复生态的代价要超过破坏生态所获利益的几倍甚至几十倍,有时甚至是万劫不复。人与自然的根本一致在于建设生态文明去守卫"人类命运共同体"的共同福祉。"生命共同体"是"人类命运共同体"在生态文明领域的集中体现,生态文明建设是一项战略性的系统工程,需要综合施策,做长远艰苦的努力,从生态保护入手,以保护促建设。

"生命共同体"和"人类命运共同体"存在着交集又有各自的特点。"生命共同体"强调总体上、本质上的一致性,而"人类命运共同体"则强调各个构成部分的运行具有一致性。"在人类命运共同体的大背景下理解'生命共同体',国际社会唯有携手同行,牢固树立尊重自然、顺应自然、保护自然的意识,坚持走绿色、低碳、循环、可持续发展之路,才有可能实现世界的可持续发展和人的全面发展。"①虽然"生命共同体"与"人类命运共同体"之间联系密切,但也有区分。"生命共同体"侧重人与自然之间、自然界各生命体之间的依存与利害关系,人与自然、自然界各生命体构成了同呼吸、共命运的共同体。而"人类命运共同体"侧重人与人、国与国之间的相互影响、相互依存又相互制约的复杂关系,更关注人类社会。"生命共同体"是针对环境问题治理中如何处理山水林田湖草的关系提出的,"人类命运共同体"是针对同一地球不同国家寻求共同利益、和谐共存提出的。"生命共同体"落实在具体的实际的问题上,处理好山水林田湖草的关系要权衡利弊、统筹兼顾、全面协调,处理好人与自然的关系要以尊重自然为准则,保护、爱护自然,做到人与自然和谐相处;"人类命运共同体"站在全球人类观的角度,视角和维度宏伟壮阔,涵盖国际权力观、共同利益观、可持续发展观和全球治理观,涉及全球经济发展走向、国际政治经济秩序、全球环境问题、人类共存难题等。"生命共同体"小则要求我们妥善治理和维护好山水林田湖草的关系,大则要求我们尊重自然、爱护生态环境、共创美好绿色家园;"人类命运共同体"要求世界各国要相互尊重、和平共处、相互借鉴、共同应对全球问题,在实施过程中更加困难、艰巨百倍。

---

① 吴绮敏等:《让人类命运共同体理念照亮未来——写在习近平主席二零一七年首次出访之际》,载《人民日报》2017 年 1 月 15 日。

"生命共同体"给我们处理人与自然关系提供直接有效的方法，为人与自然能够更好相处开辟新的路径；"人类命运共同体"为全人类处理国家与国家、民族与民族之间的关系提供科学可行的指南，为解决全球生态问题和全人类的共生共荣问题贡献中国力量。"人类命运共同体"包含人和自然存在物之间的相互关系，而"生命共同体"不仅包含人与自然存在物之间的关系，而且涵盖了自然存在物之间的相互关系。

"生命共同体"和"人类命运共同体"都要求正确处理人类追求发展的需求和地球资源有限供给之间的矛盾。自然与人类共生于生态系统中，二者相互依存、相互作用。"'漠漠水田飞白鹭，阴阴夏木啭黄鹂'——如果农业部门只盯着管好田，水利部门只想着通了水，林业部门只顾着养好野生动物，而缺乏一个整体规划，这样的美景恐怕是难以呈现的。要盘活山水林田湖草这个生命共同体，关键是要有一张大格局，让相关各方形成你中有我、我中有你的共生局面，才能真正实现山水相连，花鸟相依，人与自然和谐相处。"①"生命共同体"和"人类命运共同体"都来源于中华"和"文化，蕴涵着天人合一的宇宙观、和而不同的社会观、人心和善的道德观以及世界大同、天下一家、协和万邦的国际观，追求着和平、和睦、和谐的坚定理念。人与人的和谐可以促进人与自然的和谐，国家之间的和谐可以促成人类世界的和谐。通过消除民族间的剥削、压迫来建立"人类命运共同体"，其出发点是要超越文明冲突，主张所有的文明和谐相处。

三、生态文明建设与"人类命运共同体"

生态文明既不是简单地对工业文明的颠覆，更不是对原始文明和农业文明的回归。生态文明的基因是生态原则，生态原则其实就是人类命运共同体的基本精神，有共生性、多样性、开放性三个特点。生态治理只有进行时没有完成时，是一个长期而又艰巨的过程，人类只有耐心、细心、用心对待自然，才

---

① 王子墨：《山水林田湖是一个生命共同体》，载《光明日报》2015 年 5 月 12 日。

能最终解决生态危机。"共同体"是人类社会一个古老的梦想,并且每个时代有不同的理解。对于农业文明而言,共同体是一个相对封闭的概念,主要以家庭或者村庄为载体,其目的是解决生存挑战,表现为生活共同体;到了工业文明时代,共同体追求的核心是财富,表现为利益共同体,以企业或国家为载体,但竞争的理念限制了开放。如果说农耕文明时代是生活共同体、工业文明时代是利益共同体,那么,生态文明时代则是人类命运共同体。"人类命运共同体"是共同体的最高形态和生态文明的核心,不仅强调人和自然的共同命运,而且强调不同肤色、不同种族、不同国家、不同宗教的共同命运。"当今世界,人类生活在不同文化、种族、肤色、宗教和不同社会制度所组成的世界里,各国人民形成了你中有我、我中有你的命运共同体。"①"这个世界,各国相互联系、相互依存的程度空前加深,人类生活在同一个地球村里,生活在历史和现实交汇的同一个时空里,越来越成为你中有我、我中有你的命运共同体。"②在人类命运共同体之下,依然存在着其他各种共同体,包括利益共同体、思想共同体等等。农业文明、工业文明、信息文明和生态文明目前在我国交叉叠加,新文明融农业文明、工业文明、信息文明、生态文明为一体。所有的共同体都遵循生态原则。

中国政府在 2010 年 5 月第二轮中美战略与经济对话和 2011 年 11 月关于促进中欧合作的论述中提出"命运共同体"。2011 年 9 月,"人类命运共同体"被正式纳入《中国和平发展》白皮书。到 2012 年 11 月,党的十八大报告中明确指出,人类只有一个地球,各国共处一个世界,倡导"人类命运共同体意识"。2015 年 9 月 28 日,习近平在第七十届联合国大会上系统阐述了"人类命运共同体"的科学内涵,从政治、安全、经济、文化、生态等方面提出了建立合作共赢的新型国际关系,即"人类命运共同体"。2017 年 1 月 19 日,习近平在联合国日内瓦总部的演讲中提出了构建"人类命运共同体"的中国方案。2017 年 2 月 10 日,联合国社会发展委员会第 55 届会议一致通过"非洲发展

---

① 《习近平谈治国理政》,外文出版社 2014 年版,第 261 页。
② 《习近平谈治国理政》,外文出版社 2014 年版,第 272 页。

新伙伴关系的社会层面"决议，"人类命运共同体"首次被写入联合国决议中，受到国际社会的高度认同，为推动世界文明发展贡献了中国智慧。党的十八届五中全会提出的"创新、协调、绿色、开放、共享"五大发展理念与"人类命运共同体"思想是高度一致的。

　　"人类命运共同体"与马克思的"自由人联合体"思想高度契合，是马克思"共同体"理论在当代的发展，是马克思主义中国化的理论成果。"人类命运共同体"在马克思的"共同体"理论中早有体现，马克思提出"真正的共同体"的根源就在于资本主义社会共同体的虚幻性，马克思认为资本主义社会是以"人的依赖关系"为基础的"物的依赖性"的虚幻共同体。虚幻共同体带来的只是人和人的异化和自然的异化。资本主义社会通过资本逻辑加速生态环境的恶化，凭借资本的有用属性尽可能地把客观存在的物质都变得有用。自然界本有"感性的光辉"，具有其自身存在的意义、价值，然而在资本面前，它的价值只是体现在"有用性"上，它的其他表现形式均被资本局限而抽象化了。在马克思看来，"自由人联合体"是真正的共同体。"人类命运共同体"是对资本逻辑的扬弃，是基于马克思"共同体"理论提出来的一个伟大的战略构想，是马克思"自由人联合体"思想在当代的创造性运用，是中国特色理论话语体系的突破口。"人类命运共同体"是马克思主义"共同体"理论的一个重要范畴，是马克思"共同体"理论中国化的最新成果，开辟了21世纪马克思主义的新境界。"人类命运共同体"主张在国家与国家之间建立平行结构的伙伴关系，基于"利益攸关性""同命相连"和"共同发展"建构真实的、平等的、互利的真正共同体。这与马克思恩格斯的世界历史思想有着内在的逻辑关联，与他们所追求的全球范围内的共产主义一脉相承。世界历史必然走向民族国家的联合，必将建立真正的普遍交往，必将摧毁虚幻的共同体，建立真正的共同体。这正是马克思恩格斯赋予世界历史进程的方向、目的和价值。"人类命运共同体"也植根于源远流长的中华文明，蕴含着中国优秀传统文化的精髓，以"世界大同""天下一家""天下为公""和而不同""兼容并蓄"等为内在的基本理念。因此，"人类命运共同体"既是马克思主义对人类社会发展的追求，又符合中国优秀传统文化的价值取向,是马克思主义与中国优秀传统文化智慧所追求的美好社会的凝聚。

"人类命运共同体"顺应时代潮流,体现了中国在国际事务中的责任担当,其丰富内涵是构建一个持久和平、普遍安全、共同繁荣、开放包容、清洁美丽的世界,旨在解决我们面对的各种全球性难题。生态安全问题已经超越地域和国界而成为整个人类命运共同体所面临的世界性难题,各国应该摒弃单边主义做法,就解决生态安全问题达成广泛共识,积极承担责任,打破各自为政的治理格局,在联合国框架内达成全球生态安全公约,预防生态安全问题可能引发的全球危机。

"人类命运共同体"在对待生态问题上具有依存性、共生性、关联性、复合性、开放性、多样性、共享性、协作性和持久性九个特点:第一,依存性表明自然界是人类赖以生存的基础,没有自然就没有人类;第二,共生性体现为共同体中所有成员的命运都息息相关、休戚与共、一荣俱荣、一损俱损,都是社会生态链的一环,是休戚相关的命运共同体;第三,关联性强调人的举措和行为可能影响到自然环境的变化,一部分人对环境的破坏危及的却是全人类的生命;第四,复合性表现为人类不仅因经济、政治、文化紧密联系在一起,还应该为解决生态危机加强彼此间的沟通与交流;第五,开放性意味着对不同观念、文化、技术的尊重、借鉴和学习,开放性是包容性的前提,开放性既关注大多数人的利益,也关注少数人的自由,更关注所有成员在精神和物质上的富裕;第六,多样性是保证生态系统健康的重要条件,有开放性、包容性就有多样性;第七,共享性表明虽然不同的人有不同的需求,但通过彼此间的联系,不同的人在互利共享中共同成长;第八,协作性体现在生态群落中,不同物种之间主要是协作关系并非竞争关系。伴随着人类对过度竞争的反思及其互联网思维和互联网技术的运用普及,人类协作越来越多,合作思维取代了竞争思维;第九,持久性意味着共同体并非解决矛盾后就可以解散,而是一直存在并且不断丰富自身的内涵。

生态问题成为关乎人类命运的全球性问题,因为空气、水在全球流动,沙尘暴和雾霾没有国界。大气循环、水循环、碳循环、物质流动和能量交换等都是在全球范围内跨国界进行的,跨越了国界、超越了民族。当今全球性生态危机绝非短时期产生的,也无法短期内得到解决,必须通过世界各国深化生态合作共治。全球气候变化、臭氧层破坏、空气污染扩散、废弃物污染转移、生物多样性保护、自然资源和能源的合理开发和利用等都需要全球公民的通力合作。人与自然的和谐共生离不开人与人关系的正确处理,必须强化国际合作、全球治理。全球200多个国家和地区的发展尽管是非均衡的,但都处在同一个生态系统中,都分享生态环境保护带来的红利,共担生态环境破坏导致的代价。全球生态问题要求人类命运共同体应对和解决,"人类命运共同体"会日渐衍生为世界各国的最大公约数,为解决全球生态问题提供切实可行的承载能力和行动空间。

生态文明与人类命运共同体之间的关系是相辅相成的,主要表现为:第一,生态文明是构建人类命运共同体的内在要求。"人们真正认识到生态问题无边界,认识到人类只有一个地球,地球是我们的共同家园,保护环境是全人类的共同责任,生态建设开始成为自觉行动。"①构筑绿色发展的全球生态体系是解决全球生态问题的关键。生态是人类命运永恒的共同体,绿色发展奠定了人类命运共同体的生态底蕴,倡导绿色发展不仅是实现人与自然和谐永续发展目标的客观要求,同时还是建构人类命运共同体的内在规定。第二,"人类命运共同体"有助于推进生态文明的建设。生态文明与"人类命运共同体"息息相关,"人类命运共同体"促进经济社会与生态的协调发展,引领社会主义生态文明新时代。人类命运共同体的"共命运"在当代既在人与人、国与国之间展开,同时也在人与自然的关系中展开。与自然为友、珍爱地球、建设生态文明是人类命运共同体内涵的深蕴。"人类命运共同体"内在蕴含生态文明对维系人类命运的重要价值,是解决生态问题的制胜法宝。

"人类命运共同体"既是一个追求目标、一种政治主张,同时也是一个客

---

① 习近平:《之江新语》,浙江人民出版社2007年版,第13页。

观历史进程,是人类社会发展的方向,代表着中国对人类社会文明走向的基本判断和基本追求,是对时代要求的积极回应,推动了全球环境问题的国际合作。"人类命运共同体"以问题为导向,提出全球化时代解决人类问题的中国方案,基于人类共同利益的唯物主义立场出发来审视生态问题,为构筑全球生态体系、引领全球治理贡献中国方案,中国将以自己的行动成为全球生态文明建设的重要参与者、贡献者、引领者。"人类命运共同体"的核心是人类在追求自身利益时兼顾他方合理关切,在谋求自身发展中促进人类共同发展;"人类命运共同体"的实质是倡导全球合作,使人类团结一致以应对生态威胁并克服现代社会发展中的各种难题,从而实现可持续发展和人类文明幸福。"人类命运共同体"是对人类生活及其本质特征的揭示,是对人类所面临危机的解决方案,是对西方全球治理理论的扬弃。

第三章 "以人为本"与生态伦理

生态伦理是生态文明建设的重要理念。工业文明时代没有所谓的生态伦理,而仅存在人和社会的伦理。因为人们强调,唯有人类自身才具备价值,生命和自然界不存在固有价值,所以,对于人类而言,我们才谈论道德,而无需对自然环境和其他生命物种谈论道德。环境伦理学则主张,人类道德的底线应该从人类的利益,拓展至整个自然环境和其他生命物种的利益。环境伦理学始于20世纪中叶,这一时期以环境污染、生态破坏和资源短缺为主要特征的生态危机蔓延至全世界,生态危机成为全球性的危机。生态问题也是一个与人类价值观密切关联的人类文化问题。这一时期与生态伦理、生态文化相关的学科及社会思潮相继出现,例如,生态哲学、生态经济学、生态政治学、生态马克思主义、生态女性主义、生态法学、生态文艺学、生态神学等等。文化对人类的发展起着重要的促进作用。例如,16世纪欧洲文艺复兴推动了18世纪英国工业革命,开启了人类工业文明的新时代。在当代,新文化—生态文化将开启新时代—生态文明时代。生态伦理作为新文化的重要组成部分,将成为生态文明建设的重要理论支点。

在过去近30年的时间里,世界上出现了40多种新发传染病,瘟疫、霍乱、流感、肺结核等传染病在世界上仍不时出现,而新发传染病,如SARS、禽流感、甲型H1N1流感以及2019—2020年的新冠病毒感染的肺炎等新发传染病也在不断出现。虽然各种传染病的病原体、发病机制、传播途径等各不相同,但其发生都和生态环境的逐渐恶化密切相关。一场突如其来的新冠肺炎疫情,再次让中华民族在抗疫的战斗中凸显了德性的光辉、道德的价值、美德的力量。平凡的日常生活中,美德温润着我们的心灵;困难和危急关头,更加彰显公民道德素质的重要性。这次疫情给我们学习领会中共中央、国务院印发的《新时代公民道德建设实施纲要》(以下简称《纲要》)提供了更加真切的语境,让我们更深刻地理解了"国无德不兴,人无德不立"①的道理。《纲要》是一个具有里程碑意义的文件。《纲要》以习近平关于新时代公民道德建设的一系列重要论述为指引,总结以往特别是改革开放以来公民道德建设的成功经验,坚持以社会主义核心价值观为引领,坚持目标导向和问题导向相统一,把握公民道德建设的规律,努力培养担当民族复兴大任的时代新人,紧紧依靠人民群众,夯实公民道德建设的基层基础,按照守正创新的原则,回应了新时代社会发展对公民道德建设的新要求,拓展了新形势下公民道德建设的新路径,着力解决公民道德建设面临的新问题,推动全民道德素质和社会文明程度达到一个新高度。根据统筹推进"五位一体"总体布局、协调推进"四个全面"战略布局的要求,《纲要》大大拓展了公民道德建设的领域和范围。一方面根据党中央生态文明建设的要求,提出了积极践行绿色生产生活方式的要求。道德是调节人与人之间关系的规范,但是现代社会的发展已经危及全人类生存的环境,人与环境之间也具有了道德关系的性质。党中央生态文明建设范畴的提出,是对人类文明认识深化的反映。可以说,绿色发展、珍惜自然、生态道德是人类现代文明的重要标志,也是社会美好生活的文化基础、人民群众的普遍期盼。② 生态环境关系各国人民的福祉,我们必须充分考虑各国人民对美好生活的向往、对优良环境的期待、对子孙后代的责任,探索保护环境和发展经济、创造就业、消除贫困的协同增效,在绿色转型过程中努力实现社会公平正义,增加各国人民获得感、幸福感、安全感。

党的十八大、十九大报告都提出要"大力推进生态文明建设",并把生态文明建设引入"五位一体"总体布局的重要组成部分。可以说,中国特色社会主义生态文明建设逐渐成为全社会的共识,这是对生态危机的深刻反思,具有

① 《习近平谈治国理政》,外文出版社2014年版,第168页.。
② 韩震:《开创新时代公民道德建设的新境界》,载《思想理论教育导刊》2020年第7期。

深刻的伦理意蕴。在生态文明建设领域,我们围绕生产发展、生活富裕和生态良好的文明发展要求,建设中国特色社会主义生态文明。实际上,人和自然的伦理关系取决于人类的举手投足,特别是取决于人民群众的主体作用的发挥程度。同时,生态问题也直接关系到人民群众的生命安全和身心健康。倘若生态文明建设工作不能有效地开展,就会直接影响人民群众的正常生活,甚至会造成一些重大风险或者不幸事件。因此,为了维护人民群众的切身利益,必须加快以人民为本位的生态文明建设。显然,作为建设生态文明的基本原则,坚持以人为本即是充分发挥人民群众在生态文明建设中的主体作用。从伦理的角度审视中国特色社会主义生态文明建设,不仅可以突出中国特色社会主义生态文明建设的伦理价值,也能为我国推进中国特色社会主义生态文明建设提供有益启示。

第一节 人与自然关系中的"以人为本"

以人为本,坚持的是人文发展或者以人为本的发展。它不但具有一般世界观的意义和一般方法论的价值,而且是一种科学的事实认知,也是一种普遍的价值判断,是合规律性和合目的性的高度有机统一,在中国特色社会主义生态文明建设的全过程中具有普遍的指导意义。唯有坚持"以人为本",才能充分激发人民群众在生态文明建设中的积极性、主动性和创造性,才能促使他们自觉追寻人和自然的和谐发展。坚持以人为本,不是要复活传统的人类中心主义,而是要在生态维度上重构人的主体性,在社会维度上提升人道主义的境界,在超越人类中心主义和生态中心主义的抽象辩论的同时,要通过人的全面发展走向人和自然的和谐发展,走向人道主义和自然主义的科学的有机统一。所以,在建设生态文明的过程中,我们应当始终坚持以人为本,把以人为本作为建设生态文明的价值原则,由此,才能确保人们在适宜的自然生态环境中生存和发展,以实现人类追寻幸福生活的权利。

一、传统"物本主义"的理论"困难"与辩驳

以人为本,是在批判和超越了以往以物为本的发展观的过程中提出的关于发展(现代化)的方向和目的的科学原则,是建立在对社会发展规律尤其是人民群众的历史创造作用的深刻哲学洞悉的基础上的,集中反映出了社会发展的客观性和主体性相统一的辩证要求。现代化是由物的现代化和人的现代化构成的统一的整体的历史过程,物的现代化是实现人的现代化的基础和手段,人的现代化是实现物的现代化的方向和目的。

19 世纪中叶,马克思在对资本主义社会经济矛盾和文化矛盾分析的基础上,论述了物本主义的产生根源和社会后果。他指出资本主义经济发展的一个很奇怪的现象:"物的世界的增值同人的世界的贬值成正比。"[1]就人造物而言,物的价值是人的价值的一种形式,物的价值与人的价值是统一的。但在资本主义社会中,物的价值越高,人的价值则越低;工人创造的价值越多,他们自己就越没有价值。市场与机器的结合,是工业经济的基本特征。市场使工人成为商品,机器使工人成为机器的部件,都使人异化为物。马克思说:"工人生产的财富越多,他的生产的影响和规模越大,他就越贫穷。工人创造的商品越多,他就越变成廉价的商品。"[2]工人不仅出卖劳动力,而且整个人本身都成为商品,并且是越来越不值钱的商品。马克思还论述了机器(技术)的应用会导致人在劳动中的异化。在手工劳动中,工具的动作取决于人的动作。但在机械工厂中,人的动作取决于机器的动作。"人们在这里只不过是没有意识的、动作单调的机器体系的有生命的附件,有意识的附属物。"[3]"工人没有头脑和意志,他们只是作为工厂躯体的肢体而存在"[4]。18 世纪法国哲学家拉美特里只是把人看作机器,机器大生产则使人实质上变成为机器。"劳动

---

① 《马克思恩格斯文集》第 1 卷,人民出版社 2009 年版,第 156 页。
② 《马克思恩格斯文集》第 1 卷,人民出版社 2009 年版,第 156 页。
③ 《马克思恩格斯全集》第 37 卷,人民出版社 2019 年版,第 155 页。
④ 《马克思恩格斯全集》第 37 卷,人民出版社 2019 年版,第 208 页。

用机器代替了手工劳动,但是使一部分工人回到野蛮的劳动,并使另一部分工人变成机器。"①于是,人为物所役。正如马克思所说,"工人作为机器的仆人而从属于机器"②,"成为自然界的奴隶"③。人既是"自然界的奴隶"即自然物的奴隶,又是"机器的仆人"即技术物的仆人,人与物的关系被根本颠倒了,或者说物本主义会使人异化为经济动物和技术奴隶。马克思批判的是资本主义社会中的物本主义。其实,只要是市场和技术发挥重要作用,只要是物质经济和技术生存,就必然会自发产生并流行物本主义。这并非是资本主义社会特有的现象,但资本主义制度中的物本主义,使人性的扭曲更加严重并政治化了。在此基础上,就产生了物的逻辑对人的逻辑的支配。

在当代反思物化弊端的过程中,就出现了重视发展的人文关怀的趋势,继而提出了以人为中心的发展观。例如,罗马俱乐部就提出了自己的"新人文主义"。这种新人文主义就是要确立以人为中心的发展观。它不仅要协调人与人之间的关系,而且要协调人与自然之间的关系。在后一个方面,"如果全部人类体制准备与自然建立较高层次的友好关系和以稳定的内部平衡为基础的组织结构并进行幸福的交流,那么,全人类就必须经历一个深刻的文化进化,从根本上改善人的素质和能力。只有这样,人类统治的时代才不会是灾难的年代,才能最终并真正变成一个社会的成熟时代"④。尽管这种看法没有触及问题的深层原因,缺乏社会历史的阶级分析,但它确实揭示出了人文发展的必要性和重要性,并提出了人文发展之生态要求的问题。

人们已经开始叩问传统的人文精神与曾经的辉煌和成功,冷静地审视现代的物质成就,预测和畅想人类的未来。对此传统的东方文化是能够提供帮助的。中国传统的文化博大精深,充满了忧患意识:居安思危,防微杜渐;儒家传统的修身、治国,超越物欲本能,达到"仁者爱仁"的善境;道家的顺乎自然,

① 《马克思恩格斯文集》第 1 卷,人民出版社 2009 年版,第 159 页。
② 《马克思恩格斯全集》第 37 卷,人民出版社 2019 年版,第 155 页。
③ 《马克思恩格斯文集》第 1 卷,人民出版社 2009 年版,第 158 页。
④ [意]奥雷利奥·佩西:《人的素质》,邵晓光等译,辽宁大学出版社 1988 年版,第 145 页。

人道合一,"万物负阴而抱阳,冲气以为和"的和谐意识,都具有深切的现代意义,都有着克服和消解物本主义价值观的现实意义。克服物本主义,最根本的是重构价值观。当然,物本主义的价值观被超越,并不是否认物的作用,物仍然具有重要的价值,只是人需要有合理地利用物、占有物、追求物的态度,以利于人的自由和发展。在批评物本发展观弊端的过程中,科学发展观抓住了人类发展进程中从物本转向人本的新趋势,鲜明地提出了以人为本的原则和要求。坚持以人为本就是要尊重人民群众的历史主体地位。在一般的意义上,社会发展的人文方向和目的是指:社会发展的客观规律是通过人的实践活动表现出来的,同时也是一个满足人的需要、实现人的目的、促进人的发展的过程。

二、现代性与传统"人类中心主义"的危机

从语源学上讲,"现代性"首先意味着是一种历史性判词。作为现代化这一历史现象的内在规定,现代性被理解为一种总体性社会状况和实际的现代生活进程,它构成了近代以来西方社会所蕴含的时代特质,是人类社会从自然的地域性关联中"脱域"出来后形成的一种新的"人为的"理性化的运行机制和运行规则。现代性是多维度的,在最广义的尺度上可分为精神性和制度性两个内在相关的维度。在精神维度上,随着个体的主体性和自我意识的觉醒,形成了以自由、民主、平等为核心的一整套价值理念;在制度维度上,通过社会运行理性化和契约化的一系列制度安排,建构起了现代社会的政治和经济结构。现代性与全球化密切相关,现代性实际上意味着全球化时代的到来,"所谓现代性,也就是成为一个世界的一部分"①。由于现代社会结构制度日趋技术理性、价值秩序日益功利化以及消费社会异化和物化的生存状态,现代性在全球化进程中的内在张力和冲突日趋明显和激烈,加剧了人类社会的风险性和不确定性。

20 世纪 70 年代"罗马俱乐部"的《增长的极限》报告的发布,惊醒了正在

---

① [美]马歇尔·伯曼:《一切坚固的东西都烟消云散了——现代性体验》,徐大建、张辑译,商务印书馆 2003 年版,第 15 页。

编织着工业技术文明美梦的人们。人们突然发现,工业技术文明给人类带来的并非只有物质财富,还有诸如环境污染、能源危机、生态失衡等具有全球特征的"全球问题"。而人们把出现这些问题的主观根源归结为"人类中心主义"。所以,人类中心主义,作为一个重要的理论课题,是在人们反思当代人类所面临的一系列日趋严重的生态问题的观念根源,以及为当代人类保护环境活动的正当合理性提供伦理学论证的过程中凸显出来的。因此,要认识、梳理生态问题的根源并找到解决的途径和方法,对人类中心主义进行辨析是十分必要的。当人类从自然界分化出来以后,当人类产生自我意识之时,也就有了人类对自身与外部自然界关系的思考,这时便开始逐步形成人类中心主义的观念。人类中心主义是在人类实践活动中,伴随着人类对自身地位的思考而形成的人类处理人与自然关系的一种比较稳定的观念意识。从历史上看,人类在不同的历史阶段上,对自己与外部自然界关系的认识不同,由此形成了不同形态的人类中心主义。

近代人类中心主义即传统人类中心主义,又称为"狭隘的人类中心主义""强人类中心主义""人类沙文主义",是在近代科技的巨大发展、人类认识自然和改造自然力量的巨大提高、人在自然界中地位极大改变的情况下,从笛卡尔开始,经启蒙运动伴随理性主义而产生的。培根提出了"知识就是力量"这一著名口号,认为人类为了统治自然就需要了解自然,科学的真正目标在于了解自然的奥秘,从而找到一种征服自然的途径。洛克则强调"对自然的否定",他认为"对自然的否定"就是借助科学技术的力量把人类从自然的束缚下解放出来,"对自然的否定就是通往幸福之路"。

人类中心主义从古代到现代的发展经历了一个不断修正的过程。但前两种形态(宇宙人类中心主义和神学人类中心主义)并不是真正的人类中心主义,这两种形态的人类中心主义是一种拟人论和超自然主义的世界观,其所信仰和尊重的中心并不是人。宇宙人类中心主义实质是从空间方位或者是从地缘上所说的人是宇宙的中心,如果依此观点,不仅人类而且其他各种生物乃至于整个生态系统也都属于宇宙的中心,因为它们全都存在于同一个地球上,那么,相对于其他生物来说人类并没有任何的优越性。而神学人类中心主义,则强调在"目的"意义上人类处于宇宙的中心地位,人类是宇宙万物的目的,而这些都不过是上帝意志的体现。所以,从严格意义上来说,宇宙人类中心主义和神学人类中心主义都不是真正的人类中心主义,而真正的人类中心主义则是指近代人类中心主义和现代人类中心主义。近代人类中心主义把人与自然、主体与客体绝对地对立起来,片面张扬人的主体性,强调人在自然面前无所不能,人对自然的一切行为都只是而且仅仅是从人类的利益出发,以人类的利益为尺度。我们并不否认近代人类中心主义在人类发展史上的重要作用,但这并不能掩饰其局限性。人类主体意识的确立与片面张扬,客观上助长了人类对大自然不顾后果的掠夺、征服。事实上,人的主体性除了包括人作为实践主体对客体的主动、自主力的肯定外,还应包含主体对这些能力的控制,以及对其活动产生后果的自省和反思。近代人类中心主义却只强调了前者,而忽视了后者,人类的盲目自信,客观上加重了对生态环境的破坏。所以,近代人类中心主义作为一种强人类中心主义实际上是一种"人类沙文主义",它主张人为了满足自己的需要,可以毁坏或者侵害任何自然存在物。由此看来,近代人类中心主义与当代生态问题具有某种根源性关系。在对人与自然一般关系的认识上,它认为人类的理性可以穷尽一切事物,人类是全能的,可以利用科学主宰控制自然,获得人类所需要的一切。而自然则是被动的,除了经济价值外别无其他价值,这客观上导致了人类破坏自然的实践方式。事实上,人对自然的态度同时也是人对自身的态度,人对自然做了什么,也就是对自身做了什么,人对自然的无情损害也同时是对自身的无情损害。而现代人类中心主义不再坚持人与自然、主体与客体分离和对立的观点,美国植物学家墨迪认为:"(现代)人类中心主义是与这样一种哲学相吻合的,即确认事物之间具有普遍的联系,并且确信自然中所有事物都具有价值,因为没有任何事物不会对我们置身其间的整体产生影响。"[1]现代人类中心主义以一种整体主义的世界

---

[1] 徐嵩龄:《环境伦理学:评论与闻释》,社会科学文献出版社 1999 年版,第 131 页。

观看待人与自然的关系,不赞成对自然界的肆意掠夺污染而导致生态环境的破坏,主张保护自然资源、维护生态平衡。这体现了这种思想一定的进步性和合理性,它有利于提高人类的环境保护意识,但它要求把人类这一物种当作一个共同体看待,这种纯粹的人类中心主义在现实中无法贯彻和实现。

在人与自然关系上存在着一种与人类中心主义正相对立的价值观念,这种价值观念就是非人类中心主义。从20世纪70年代开始,人类在反思对待"人与自然关系"的人类中心主义的得与失的基础上,形成了非人类中心主义思潮。非人类中心主义认为,人类中心主义是生态破坏和环境污染的罪恶之源。从生态伦理学上来说,"非人类中心主义的生态伦理学,就是把人与人之间的生态道德考虑和人与自然之间的生态道德关系并列起来,并把价值的焦点定位于自然实体和过程的一种现代生存伦理学"①。非人类中心主义主要是通过对"自然的内在价值""自然的权利""人与自然物的平等"等问题的阐述作为保护自然的前提,进而推进人与自然的和谐相处。非人类中心主义在发展过程中产生了很多流派和思潮,例如,动物解放与权利论、生物中心论、大地伦理学、深层生态学、社会生态学、生态女性主义等等。这些流派和思潮主要表现为三种理论形态:动物解放与权利论、生物中心论和生态中心论,其中最具代表性的是生态中心论,即生态中心主义。生态中心主义的产生,是人类伦理价值观的巨大变革,它从整体出发强调自然的内在价值,强调利益主体的多元化,反对物种歧视,扩大了价值主体的边界,把人与自然的关系纳入伦理调整的范畴,为环境保护建立了新的支撑点,为人与自然的和谐发展提供了新的理论视域,并引发了一场新的价值思考,但这并不能掩盖其理论的缺陷。虽然人类中心主义和生态中心主义从各自不同的角度为人与自然和谐相处提供了有益的、可借鉴的启示,但由于他们各自的理论困境和无法回避的缺陷,因而不能很好地指导人类处理其与自然的关系。

———————

① 叶平:《生态伦理学》,东北林业大学出版社1994年版,第68页。

三、人与自然价值关系中的主体与客体

以人为本是自然规律的客观性和人的主体性的高度的有机的统一。在任何情况下,客观规律都是存在的,但规律自身不能说明自身,它是通过人的实践活动表现出来的。自然规律同样如此。由此,就必须确立解释和说明世界的主体性原则即实践性原则。具体来看,为了满足自己的需要、实现自己的目的,人类通过其感性活动在自己和自然之间建立起了物质变换,这样就产生了人类的认识活动和实践活动。在认识和改造自然的过程中,人类把其需要、目的和意志积淀、凝聚、外化在自然物中,通过人的自然化,确证自己是认识和实践的主体。同时,人类通过占有、利用其活动成果而把自然的属性、功能和规律吸收、内化、上升为自己的本质力量,通过自然的人化,确立了自然的优先地位。可见,人和自然的关系是一种建立在实践基础上的、以实践为中介的主体和客体的关系。由此观之,在人和自然、人的能动性和客观规律的关系上,坚持以人为本就是要坚持马克思主义的主体性原则即实践性原则。

马克思、恩格斯都把人和自然理解为一个相互依存的统一整体。当他们肯定人和自然不是神或者上帝创造的,而是具有一种独立的、通过自身而建立起来的存在时,他们始终是在人与自然的一体性的高度来理解人和自然的独立存在的。马克思以实践为本体,对人与自然的关系作了实践论与认识论的分析。实质上,在人以实践的方式、认识的方式把握自然的过程中,始终贯穿着人与自然的价值关系。人与自然的价值关系是反映人的需要和对象属性之间的一种关系,它体现的是人在认识与改造自然的过程中,自身的主观需要与客观对象的多种属性的一种复杂关系,是主客观因素相统一的产物。价值关系是人与自然关系更高的哲学范畴,人认识与改造自然的活动都是建立在自身需要的基础上的,都是为了更好地满足主体的需要,也就是说,人对自然的价值活动实现于人与自然的所有实践和认识活动之中。马克思正是立足于包含在实践关系之中的价值关系,对人与自然价值关系的主体与客体、人与自然的功利与审美价值、人的劳动价值及社会生活的独特价值做了分析。在此基

础上,马克思对 19 世纪资本主义社会的各种异化的价值关系进行了批判,并对理想的人与自然的价值关系表达了认同。价值关系的形成,既离不开客体属性作为客观基础,也离不开主体需要作为主观条件。在人与自然的价值关系中也是如此。自然既能满足人的多种现实生活的需要而使人与自然之间存在着功利的价值,也能满足人的精神生活中的审美需要而使人与自然之间存在着审美的价值。

在人与自然的价值关系中,人作为价值的主体既可以按人的尺度,又可以按物的尺度来认识和改造自然。价值是一个人们耳熟能详的概念,也是一个有着多种歧义的概念。对马克思的人与自然关系进行价值论的审视,前提就是要明晰马克思对"价值"的理解,了解马克思究竟是在何种意义上使用"价值"这一概念的。马克思的价值概念,可以从经济学和哲学两个角度来把握。通常人们认为,马克思是在经济学意义上使用"价值"概念。马克思的巨著《资本论》认为,"价值"作为凝结在商品中的无差别的人类劳动,是商品交换的基础,它决定商品的交换价值,即价格。无差别的人类劳动也就是抽象劳动,它创造商品的价值。商品是为交换而生产的劳动产品,它还具有满足人的需要的属性,即它具有一定的使用价值。使用价值表明商品的具体特性,是由具体劳动创造的。马克思在《剩余价值论》中说:"使用价值表示物和人之间的自然关系,实际上是表示物为人而存在。"[1]"物的 Wert 事实上是它自己的Virtus"[2]。这些论述表明,哲学概念是更抽象、更一般的概念。马克思在谈到物的使用价值和人的关系时,已经从"为人存在"等一般意义上去界定,可以看到,这里已经具有一定的哲学意义。只不过,在这里"使用价值"本身具有特殊性,仍属于某种特定物的某种特殊"力量、优点、优秀的品质"。因此,我们仍然认为,马克思在谈商品的使用价值和价值的概念时,还是从经济学意义上来定位的。马克思正是以经济学价值概念为基础,抽象出一般的、具有普遍意义的包括使用价值、审美价值、宗教价值、人的价值在内的哲学的"价值"概

---

[1] 《马克思恩格斯全集》第 35 卷,人民出版社 2013 年版,第 277 页。

[2] 《马克思恩格斯全集》第 35 卷,人民出版社 2013 年版,第 277 页。

念。在这里,马克思显然是从更一般意义上使用"价值"这一概念的,价值反映的是外界物对人的需要的满足,是从外界物能够满足人的需要的关系中产生的。从马克思的上述表述,我们也可看到,从哲学角度来看,马克思认为价值是一个关系范畴,它表明主体与客体之间的内在关系。它包括三个方面的内容,第一,人们的需要;第二,具有某种属性的外界物;第三,外界物的属性和人的需要发生了现实的关系,即外界物以自己的属性满足了人们的需要。作为标志着主客体关系的价值范畴,其存在和大小取决于客体能否满足主体的需要和在多大程度上满足主体的需要。只有当主客体发生关系后,才有可能产生价值。我们也正是从哲学的角度来谈马克思对人与自然价值关系的审视的。

马克思认为,人类主体与自然客体是一个相互依赖、相互规定的概念,这一对概念是在劳动创造人的过程中产生的。当能够制造并使用工具进行劳动、能思维、有意识的人出现以后,他与劳动的对象就分离开来了。劳动对象以一种人化自然的方式成为客体,劳动者以一种主观能动的创造者身份而成为当然的主体。可见,人与自然是一种对象性的主客体的存在关系,其中,自然作为客体,是人衣食来源和生存空间的基础,是有意识的人的意识产生的"原型",是人的本质特征的确证;人作为主体,是整个世界的意义之所在,没有人就没有意义,就没有价值。对人的意义和价值,马克思也是高度肯定的,他在《〈黑格尔法哲学批判〉导言》中指出,"人是人的最高本质"[1]。这也体现了在主客体的价值关系中,主体仍是处于核心的地位。由于主体人在价值关系中的特殊地位,也有人因此认为"价值本身就是人本身"。我国学者高清海教授认为,"所谓价值不过是人作为人所追求的那个目的物,而这个目的物也就是人的自身本质","人本身也就是价值本身,人的存在就是价值存在,人的价值就在于把自己创造为真正的人"[2]。事实上,马克思在人与自然的价值关系中,虽强调价值主体——人的作用,但从来没有否认价值客体自然的作用。马克思认为,作为主体的人是一切价值的前提和基础,"我们的出发点是从事

---

[1] 《马克思恩格斯文集》第1卷,人民出版社2009年版,第11页。
[2] 高清海:《价值与人》,载《长白学刊》1995年第6期。

实际活动的人"①,但作为客体的自然也规定和制约着主体的存在。客体的功能与属性决定了主体的需要能否满足,以及在何种程度上满足。也就是说,在自然满足人的需要的价值关系里,什么样的需要是由人决定的,但能否满足需要却由自然决定。人固然可以在一定的程度上改造自然,创造自然所没有的新的产品,但这仍是离不开自然的规律与属性的。所以,认为"价值本身就是人本身"的观点,显然夸大了主体的能力和地位,容易导致极端的人类中心主义。总之,马克思坚持认为,人与自然的价值关系是在实践基础上,是在主体人与客体自然的认识与改造过程中体现和形成的。这一观点,决定了我们在处理人与自然的价值关系时,在分析人的活动的价值取向时,既要看到主体的内在尺度,即人的尺度;又要看到客体的外在尺度,即外在自然的物的尺度,生态伦理主张将人的内在尺度及其运用方式变换为人的行为规范。生态伦理的实质是生态价值观,生态伦理就是调整在处理人与自然关系中体现的人与人的利益关系的行为规范。

马克思在《1844年经济学哲学手稿》中论述人的有意识的活动与动物的本能活动之间的区别时,有一段经典表述:"动物只是按照它所属的那个种的尺度和需要来构造,而人却懂得按照任何一个种的尺度来进行生产,并且懂得处处都把固有的尺度运用于对象;因此,人也按照美的规律来构造。"②在这里,"尺度"就是"规定性""规律"的意思。这段话的意思是,动物的活动只是一种在其基本生理需要的驱使下的本能的活动,这种本能活动决定了动物只能按照自己所属的物种的尺度进行。例如,蜘蛛会结网,蜜蜂会做巢,但蜘蛛不会做巢,蜜蜂不会结网。人,只要认识和掌握了对象的本质和规律,就可以"按照任何一个物种的尺度来进行生产",也就是说,只要他把握了对象的本质和规律,就可以按自己意愿对对象进行加工和改造,从而创造出新的产品出来。当然人的生产是在人的主观意愿支配下的活动,这也就是人能够在生产

---

① 《马克思恩格斯文集》第1卷,人民出版社2009年版,第525页。
② 《马克思恩格斯文集》第1卷,人民出版社2009年版,第163页。

中"处处把内在的尺度运用到对象上去"的原因。可见,马克思对人的实践活动做了两个尺度的规定,第一,人的内在尺度,包括美的尺度,这是主体的尺度,它体现主体的目的、意愿、情感、审美、利益、需要、能力等;第二,物的外在的尺度,这是客体的尺度,它指物的本质、属性、功能、规律等,它制约着主体实践活动的目的能否实现。人对自然的一切活动,都是主体根据自身的需要和能力在对自然本质和规律的一定程度的把握的基础上展开的,是以人的尺度和物的尺度为活动准则的。人都是有需求的,"以人为本"就是要尽力去满足人的需求,但实际上人的需求是全面的、综合性的,我们千万不能以人的某一方面的需求为"本",而应当以人的全面需求为"本"。具体地说,我们不能把"以人为本"仅理解为去满足人的物欲,而应当理解为满足人的物质、精神、文化、心理等各方面需求。人的整体、全面的需求说到底就是对美的追求,这离不开与自然界的和谐相处,人的美感主要是由自然界赋予的。如果我们在处理人与自然关系时强调"以人为本",具体落实到只是让自然界永无止境地去满足人的物欲,那么就必然会破坏自然、伤害自然。但如果我们在处理人与自然关系时强调"以人为本",着眼于让自然界与满足人的整体、全面的需求融合在一起,着眼于实现对生态美的追求,那么就不会如当今那样一味去向自然界索取,不顾一切破坏自然界的生态链、破坏自然界本身的美。马克思的"两个尺度"的理论,正确地分析了人与自然在实践基础上的相互制约的价值关系。它告诉我们,人的尺度和物的尺度两者之间是既有区别又有联系的。人的尺度作为主体的尺度,指的是主体的内在规定性,体现的是主体的价值目的和追求。物的尺度是客体的内在规定性,是外在对象的本质、属性、功能等,它决定着主体的目的能否实现。物的尺度要求从客体出发,依据物的本性和规律行事,注重客观性、真理性。人的尺度要求从人的主观需要出发,强调主体性。二者在人的活动中具有不同要求和作用。可以说,一部人类社会的发展史就是人的尺度与物的尺度的矛盾斗争史。

人的尺度和物的尺度又有着内在的统一。一方面,人的尺度为我们展示着人的需要,世界的意义,理想的追求,但马克思认为,人并不能随心所欲地完全按自己的意愿去改造自然。在马克思看来,人并没有创造物质本身。甚至人创造物质的这种或那种生产能力,也只是在物质本身预先存在的条件下才能进行。可见,马克思认为,物的尺度规定和制约着人的尺度。人对自然的活动虽以人为本,人是价值的核心,但人的作用的发挥是受对物的内在规律的认识程度的制约的。也就是说,主体能动性的发挥是在客体的规范和限制下进行的,人是在被限制中运用物的尺度来为自己服务的。人在物的制约下进行活动,并在活动中不断实现着"主体客体化"。另一方面,物的尺度为我们展示着一种外在对象的属性,但马克思认为,世界是因主体而产生意义的,单纯的与人没有关系的自然,对人来说也是"无",马克思强调:"全部人类历史的第一个前提无疑是有生命的个人的存在。"①人不仅是自身价值的衡量者,也是世间万物价值的衡量者。物的尺度是人赋予的,物也正是在被人认识和改造的过程中,以自己特有的方式实现着对人的影响。这个过程,也就是"客体主体化"的过程。马克思认为,两个尺度,看起来各有分工,实质上是在对彼此的依赖中存在的。

马克思用人与自然价值关系中的"两个尺度"的理论,生动地再现了人类社会发展的历程。人类社会正是在主体不断自觉或不自觉地运用和调节着"人的尺度"和"物的尺度"的基础上被推动前进的。马克思的历史唯物主义也告诉我们,人类社会发展的"合目的性"就是"人的尺度"的作用,"合规律性"就是"物的尺度"的影响。马克思认为,劳动不仅创造了作为价值主体的人本身,使人最终超越动物,而且还创造了人自身的价值。就人自身的价值而言,人既可成为价值的主体,又可成为价值的客体。人作为价值的主体,其价值在于能够通过劳动创造价值满足自身的需要;人作为价值的客体,其价值在于能够借助劳动为他人和社会提供价值,满足他人和社会的需要。可见,人作为主体的价值和作为客体的价值也都是劳动创造的。

在人与自然关系上,马克思主义始终以实践为基础,从主观和客观、主体

---

① 《马克思恩格斯文集》第1卷,人民出版社2009年版,第519页。

和客体的辩证统一关系中来理解人和自然的关系,始终把合目的性与合规律性的统一作为基本原则。马克思主义人化自然观不仅承认了自然对人的活动的限制,而且主张人为了满足自己的目的和需要而对自然进行变革,借用人类中心主义的话来说,它是一种现代的生态人类中心主义自然观。但马克思主义生态自然观和生态人类中心主义(现代人类中心主义)亦有不同,在马克思主义人化自然观中,实践是人与自然关系的历史和逻辑起点,在实践的基础上强调了人的社会性、主体性和能动性。马克思主义历来重视实践在人类社会发展和进步中的作用,强调人类社会生活在本质上是实践的,人类的实践表明人不满足于自然世界而要实际地改变自然物质世界的现状,这本质地体现了人对自然的能动性。这种实践首先承认了自然界的"优先地位",即承认了人的实践活动及主体能动性的发挥永远受着自然界的客观规律的制约,遵循自然界的客观规律是实践活动成功的前提。同时又特别强调以人为中心来处理人与自然的关系,当然这里的"以人为中心"并非宇宙论意义上的,而是价值论意义上的,即在人的实践活动的基础上,自在自然打上了人类的目的和意志的烙印,自在自然不断转化为人化自然。在人化自然中,人与自然建立起了一种积极的"为我关系"。因此,在处理人与自然关系时,马克思主义突出了人的主体性和主观能动性,随着人的主观认识能力的不断发展,"他们对自然界的影响就越带有经过事先思考的、有计划的、以事先知道的一定目标为取向的行为的特征"①。"我们对自然界的整个支配作用,就在于我们比其他一切生物强,能够认识和正确运用自然规律"②。由此可见,马克思主义强调人类历史活动和社会发展进步是合规律性与合目的性的统一,这是一种既区别于近代人类中心主义,又有别于现代人类中心主义的、立足于社会实践的新人类中心主义。

从上文的阐述中可以看出,生态中心主义的产生警示人们要关注生态问题,反省其自身行为,这的确为解决生态问题提供了重要的参考价值。但我们也看到,生态中心主义的理论基础所导出的结果是不具有现实性的。

---

① 《马克思恩格斯文集》第9卷,人民出版社2009年版,第558页。
② 《马克思恩格斯文集》第9卷,人民出版社2009年版,第560页。

生态中心主义所关注的仅仅是人的活动在生态环境恶化和生态问题产生过程中的作用,却忽视了保护生态的目的和主体问题,即为什么要保护生态,谁来保护生态。事实上,生态中心主义是用对生态系统的科学解释取代了对生态保护的价值论解释,而对生态系统的科学解释只能说明如何保护生态的问题,对保护生态的价值论解释才能说明其意义,也就是说生态中心主义把生态本身看作自身的价值尺度,从而否定了以人为尺度的价值论解释。如果人的尺度被取消,则保护生态不再是手段性的价值而是目的性的价值,所以,在生态中心主义那里,人只有像工具一样的使用价值,这就直接导致了保护生态对人的背离。事实上,价值关系是主体与客体之间的基本关系,价值的存在是以主客体的对象性关系为前提的,没有主体也就无所谓价值。可见,生态中心主义最根本的失误就在于,它在关注和解决生态问题上对人的主体性和目的性的忽视。人类不可能只是为保护生态而保护生态,人类保护生态的目的是为了其基本需要和整体利益,是为了社会的发展和进步。马克思主义人化自然观是实践基础上的人化自然观,这种自然观确立了人的主体性和能动性原则。马克思指出,"通过实践创造对象世界,改造无机界,人证明自己是有意识的类存在物",同时"正是在改造对象世界的过程中,人才真正地证明自己是类存在物。这种生产是人的能动的类生活。通过这种生产,自然界才表现为他的作品和他的现实"。① 这段话表明,人类在实践活动中,通过自身的力量改变自然,使自然成为主体生存和发展的"人化自然",充分体现了人的主体性和能动性。很显然,这是对生态中心主义忽视人的主体性和目的性的矫正和超越。

马克思主义人化自然观对生态的尊重,实现了对人类中心主义的扬弃,在人与自然关系问题上,人类中心主义片面强调人的主体作用和地位,忽视自然界及其规律的先在性和基础性,因而不能客观、辩证地看待人与自然的关系,把人与自然关系仅仅理解为"中心"与"服从"、"主人"与"奴仆"的关系。人

---

① 《马克思恩格斯文集》第1卷,人民出版社2009年版,第162、163页。

类中心主义这种思想观点形成的真实原因在于人类中心主义没有真正理解人与自然的主客体的对象性关系,实际上人与对象世界发生的关系是极其复杂的相互作用关系,它包括自然界系统内部的相互作用、人自身内部的相互作用及人在自然层面和社会层面上发生的相互作用。这种相互作用是客观的辩证发展过程,是从无序走向有序的过程,在这个过程中不可能始终以人类为中心,而人类中心主义则将其片面地理解为"为人"的过程,主张人是万能的,人既能控制自己,又能完全控制自己周围的环境。因此,有学者把这种思想称为"人道主义的神话"。从这种片面人类中心主义、人类万能论思想出发,必然导致人类对自然的傲慢与无视,由此也必然导致人类因为任意摆布自然而需要付出巨大代价,生态危机和人类生存危机便是这种巨大代价的表征。所以,超越人类中心主义思维方式和价值观,改变对待自然的态度已成为当代社会发展的必然。马克思主义人化自然观表明,在对待生态自然、对待生态问题上其与生态中心主义既相冲突又相一致。相冲突表现在对"发挥人的能动性与尊重保护自然关系"的理解上,生态中心主义把自然与人的关系视为一种平等的关系,强调人类对自然的保护,而这种保护实际上是以限制人的能动性为代价的;马克思主义人化自然观则强调发挥人的主观能动性,在认识自然客观规律基础上改造世界。马克思主义人化自然观强调对自然尊重、爱护、保护,这与生态中心主义中强调自然的主体地位,保持自然的完整性是相一致的。

总之,人类中心主义和生态中心主义虽然表面对立,但本质上却是一样的,它们都是偏执一端,都属于把人与自然对立看待的机械二元论思维方式。而马克思主义人化自然观不是狭隘的人类中心主义,其思想与生态学存有内在一致性,同时也不是纯粹的生态中心主义,因为其从能动的、实践的唯物主义出发,注重人与自然的统一,其理论的出发点和落脚点在于对立的统一体,这种思维方式必然决定了他对人类中心主义和生态中心主义对立的超越。马克思主义提倡人与自然和谐发展,认为未来的共产主义是"作为完成了的自然主义,等于人道主义,而作为完成了的人道主义,等于自然主义,它是人和自然界之间、人和人之间的矛盾的真正解决"①。马克思主义的这种人与自然和谐共生思想为解决当代生态危机提供了正确的思路和方向。

第二节 科学理解以人为本的原则

坚持以人为本就是要将尊重客观规律和尊重人的主体地位统一起来。在生态文明建设的过程中,将以人为本确立为指导思想,并不是要尊崇绝对的虚妄的主体性,并不会导致传统人类中心主义的复活。以人为本,是把人的全面发展、保障人民群众的根本利益、让发展的成果惠及全体人民作为自己的内在规定和要求的,鲜明地体现了马克思主义的政治立场,是社会主义事业不断发展并取得最终成功的根本保证,对一切工作都具有统率作用。

一、必须确立人在生态文明建设中的主体地位和作用

"以人为本"的命题无疑是针对"以物为本"而言的。在一定意义上,"以人为本"只有相对于"以物为本"才能成立。显然,"以人为本"最基本的要求就是在人与物两者之间把人放在首位。将"以人为本"的原则落实到经济建设过程中,不是把经济发展本身作为目的,而是把经济发展视为为人的利益服务的手段,让经济建设始终把"人"而不是"物"作为出发点和落脚点,即不是为了经济发展而去发展经济,发展经济背后始终有一个更重要的目的——人的发展,这无疑是正确的。如果把"以人为本"贯穿于人与自然之间的相互关系,那么就可顺理成章地得出结论,自然与人相比较,人是主要的,自然应当服从于人。显然,从这一意义上看,"以人为本"是我们进行生态文明建设的反题。西方的一些"生态中心主义者"如此强烈地反对以人类为中心,是有其缘由的。如果我们不玩弄语言游戏的话,那么完全可以把"人类中心主义"与"以人为本"相等同,坚持"以人为本"实际上就是坚持"人类中心主义"。这

① 《马克思恩格斯文集》第1卷,人民出版社2009年版,第185页。

样,"以人为本"的原则即使似乎在其他所有领域都适用。但在一个领域,即在生态领域并不适用,在生态领域不可能,也不应该贯彻"以人为本"的原则。实际上,只要人类还存在,我们总是以人为出发点去思考问题,在分析人与自然关系时总离不开"人的尺度",正因为如此,西方的生态马克思主义者强调人类在检讨自身对自然界态度的同时,不应放弃"人类尺度",提出要重返人类中心主义。在处理人与自然的关系时,关键不在于要不要坚持"以人为本",而在于如何以人为本,以人的什么为本? 2019—2020 年新冠肺炎疫情的大流行,需要我们对"以人为本"这一命题进行深刻的反思。我们在处理人与自然关系时坚持"以人为本"的原则,不是错在强调不能放弃"人的尺度",而是错在对什么是"人的尺度"的把握上。

坚持以人为本并不是要坚持"人为自然立法"。康德是要让"人为自然立法",而不是让"自然之法反映到人的头脑中来"。这就是他自己颇为得意的"哥白尼式的革命"。在康德看来,"自然界的最高立法必须是在我们心中,即在我们的理智中,而且我们必须不是通过经验,在自然界里去寻求自然界的普遍法则;而是反过来,根据自然界的普遍的合乎法则性,在存在于我们的感性和理智里的经验的可能性的条件中去寻求自然界"①。尽管这种思想高扬起了人的主体性,同时也强调理性为人自身立法,但由于康德否认自在之物的可知性,因此,"人为自然立法"最终成为一种观念决定论,如此一来,它就成为通向上帝决定论的桥梁。与之相反,马克思主义坚持从客观事物自身去说明事物发展的决定力量,始终强调客观规律是根本不能取消的。所以,坚持以人为本,绝不是要在人和自然的关系问题上简单地确认人的开发者和利用者的角色,更不是要维护人的征服者和破坏者的地位,而是要确立人的保护者、养育者和修复者的作用。在总体上,只有坚持以人为本的生态文明,才是真正有价值和生命的生态文明。

在整个自然演化和进化的过程中,人类不仅仅是被动地受制于自然环境,

---

① 〔德〕康德:《任何一种能够作为科学出现的未来形而上学导论》,庞景仁译,商务印书馆1978 年版,第 92 页。

而且还积极地利用自然环境为自己的需要和目的服务。人在创造力方面被看作是优于其他物种的。在这个过程中,人类确实创造了自己的环境,但并不是在他们完全自由选择的情况下创造的,而是在自然史和人类史的过程中从地球和人类祖先传承下来的既定条件的基础上创造的。如果违背了这一点,那么,人类的主体行为即使是创造性的行为,也必然是一种盲目的甚至是破坏性的力量。事实上,现在人类面临的全球性问题证明,人类是唯一破坏自然环境以致威胁到自己生存的物种。在这种情况下,当然需要阻止人类的这种虚妄的主体性。但如果按照不干涉自然的方式对待问题,听任自然界自动地调节和控制生态平衡,那么,只会使生态问题越来越严重,由此观之,主体和主体性不仅不能退场,而且必须在场。当然,这种出场的方式和方法必须做出生态性的变革。易言之,主体和主体性只有在尊重和遵循自然规律的前提下才能发挥自己的作用。退一步来讲,即使要由自然来调节和控制,也得有一个代理者。这个代理者只能是人类,我们看到自然界中即使是高级的物种也并不能意识到其"利益"和"权利"的存在,即使它们能够意识到其"利益"和"权利"的存在也不能按照这种利益和权利来思考和行动,即使它们能够按照其"利益"和"权利"进行思考和行动也不能阻止人类的破坏性行为。所谓的自然界对人的"报复"和"惩罚"只是人类自己的一种将自然拟人化的说法。

其实,"人类有其独特的和唯一的特征。这些特征包括反映出其自身行为的能力、在行为实施前的预先的概念化的行为方案以及创造性的思维和行动的能力。人类的这种普遍性甚至还包括代表除自己以外的其他物种的利益而思考和行动的能力"[1]。假如没有人的设身处地的思考和行动,没有人的这种代理者的角色,那么,自然界在遭受污染和破坏的时候是不可能完全或有效恢复其稳定性、多样性和丰富性的。这样一来,当人类认识到自己对自然的影响时,就会重新思考人与自然的关系,就会改变自己以及自己的意识和行为。

---

① Peter, Dickens: *Beyond Sociology: Marxism and the Environment*, MA: Edward Elgar Press, 1997, p.181.

并且,在重新确立主体和主体性的基础上,最终解决生态问题。

二、必须确立人民群众在生态文明建设中的主体地位和作用

从根本上来看,人的主体性地位和作用是由人的实践及其发展水平决定的。只要在实践的过程中协调好自然尺度和人的尺度的关系,人的行为就仍然是一种建设性的主体性。这种主体性是以生态性作为自己的前提和规定的。在这个问题上,"可以根据意识、宗教或随便别的什么来区别人和动物。——当人开始生产自己的生活资料,即迈出由他们的肉体组织所决定的这一步的时候,人本身就开始把自己和动物区别开来。人们生产自己的生活资料,同时间接地生产着自己的物质生活本身"①。而生产和实践的主体,不是一般的抽象的人,而是广大的人民群众。这样,确立人在生态文明建设中的主体地位和作用,其实就是要充分发挥广大人民群众在生态文明建设中的积极性、主动性和创造性。事实上也是如此。良好的生产生活环境不是在自然演化的过程中自发地生长出来的,也不是通过一般的建设性的主体性展示出来的,而是人民群众在社会实践活动的过程中自觉地创造出来的。在广大的人民群众中就蕴涵着建设生态文明的高深智慧和巨大能量。其实,在西方绿色思潮发展的过程中,也意识到了人民群众在协调人与自然关系中的重要作用。在他们看来,"有关未来问题,要求人类社会所有各方面和各阶层的人士都参加进来,同时欢迎人民发挥重要作用。给人民的重任是首要的,因为虽然中坚人物可以发挥有价值的作用,可以作为先锋队,发起人或是前哨人,但他们也可以滥用特权","另外,在一个以教育、交流、信息和通讯联系很普遍的社会体系内,每件事都相互依赖。权力结构正在发生变革;人民正在承担更大的责任。结果,人民就能发现自己必须学会如何治理社会和如何管理他们自己"②。当然,他们是根本不可能站在群众史观的高度来看待人民群众的主体

---

① 《马克思恩格斯文集》第 1 卷,人民出版社 2009 年版,第 519 页。
② [意]奥雷利奥·佩西:《未来的一百年》,汪帼君译,中国展望出版社 1984 年版,第116 页。

作用的。

无论如何,作为历史创造者的人民群众也是生态文明建设的主力军。因此,在生态文明建设的过程中,我们要善于依靠人民群众来解决贯彻和落实可持续发展战略过程中遇到的矛盾和问题,要充分发挥人民群众中蕴藏着的聪明才智和巨大创造力,要善于依靠人民群众的力量推动人与自然和谐发展。今天,建设生态文明是一个综合创新的过程,为此,我们必须为人民群众的创造活动提供一个良好的社会环境和氛围,必须形成建设生态文明的创新机制,要通过制度创新的方式保证人民群众的生态创新活动,要通过生态创新活动来建设高度发达的生态文明。

总之,"社会主义不是按上面的命令创立的。它和官场中的官僚机械主义根本不能相容;生气勃勃的创造性的社会主义是由人民群众自己创立的"①。我们必须尊重人民群众在生态文明建设中的主体地位,要充分发挥人民群众在生态文明建设中的首创精神,这样,才能使生态文明建设事业获得最广泛最可靠的群众基础和最深厚的力量源泉。

三、良好的自然环境是人的全面发展的物质基础

"人的自然化"是一个历史的过程,生态问题是一个时代的现象,即从古代的"人的自然化"到近代的"自然的人化"过渡到当代"人的自然生态化"。"人的自然化"将在自身内在的科学机理中拓展新的内容,而生态的观点与视野又将为"人的自然化"的构成提供新的启示和补充。在当今生态科学和生态人文研究中,自然的内涵进一步深化,生态的生命意义、有限与无限也由此进入人类伦理和审美的范围。作为人类实践能力与思想提升的总结,生态整体观将扩大自然对象的范围,并形成"人类目的合于自然规律""人类手段合于生态目的"以及"属自然的人"的思维转向。物种尺度的生态合理性、生态力量的客观主动性、危机背景下的生态优先性将成为重点探讨的对象,成为

---

① 《列宁全集》第33卷,人民出版社1985年版,第53页。

"人的生态化"科学的依据和追求的目标。生态内涵以此为通道进入当代实践的起点、过程与归宿之中,完成对人的塑造。

党的十八大以来,整个中国社会对生态环境问题表现出空前的关注。党和政府对生态文明建设如此重视是新中国建立以后前所未有的一种现象。在中国现阶段生态文明建设问题之所以被广泛关注,之所以成为国家最重要的核心议题,其中最主要的原因就是对应国家当前的发展阶段,我们的生态环境遭到了严重破坏,已不能满足人民不断增长的良好生态环境需求。习近平曾多次强调"人民对美好生活的向往,就是我们的奋斗目标"。具体而言,人民对良好生态环境的诉求逐渐加强主要体现在以下几个方面。一是生态环境保护理念深入民心。近些年,人民群众在总结改革开放以来国家取得的发展成就的同时,也在反思发展过程中出现的一些失误。这些失误的存在,成为影响中国现在和未来的不利因素。其中生态环境保护不力就是一个重要的失误,人民群众已普遍地意识到生态环境恶化问题如果得不到妥善解决,不仅会影响社会经济的持续发展,而且还会给人民的生存健康安全带来严重危害。例如,"调查显示,90%以上的居民认识到水污染的危害性"①。因而,促进社会经济与生态环境保护之间的协调发展,已经被人民群众广泛认同,生态环境保护理念深入人心。二是人民的生态权利意识普遍增强。中国经过40多年的改革开放,不仅使人民群众的物质生活质量获得了巨大的改善,而且还催生了人民群众的平等、独立、自主等权利意识。随着人民群众生态环境权利意识的增强,他们开始普遍认为,生态环境恶化问题多是由企业主追求超额利润和地方政府领导玩忽职守导致的,其结果不仅破坏了他们原有的生存居住环境,而且还给他们的身体健康带来巨大伤害,阻碍了他们行使追求美好生活的权利。在这样的情形下,人民群众必然会普遍地对改善生态环境提出迫切要求。三是人民群众对生态环境质量的要求逐渐提升。随着人民群众物质生活水平和文化程度的不断提升,他们愈来愈普遍地意识到,在当今时代,国家有能力、有

① 陆益龙:《水环境问题、环保态度与居民的行动策略》,载《山东社会科学》,2015年第1期。

义务通过科学的规划和设计,为大家建立起一个适合生存、居住和发展的生态环境,并渴望这种理想能够尽快得以兑现。"民众对自己的美好生活具有一种比较普遍的强烈追求、一种比较强烈的心里渴望。"①在这样的情形下,人民群众对生态环境质量的要求越来越高。

近年来,社会公众开始普遍关注生态文明建设问题,将生态文明建设提到如此高度也是前所未有。党和政府如此重视生态文明建设问题,并将其提高到国家层面,主要出于两个方面的原因。一是随着市场经济体制改革的深化拓展,人民群众的生活质量有了很大的提升,人民群众的需求呈现出新趋向。过去的盼温饱、求生存现已转变为盼环保、求生态,由此,生态文明建设问题必然会受到国家和社会的重视。换言之,中国社会发展的必然趋势使生态文明建设日益突显出来。二是中国在改革开放推进过程中出现了许多新问题,特别是大气污染、水源污染、土壤污染、海洋污染等生态问题,生态环境恶化严重影响了人民群众的生存健康,因环境污染导致的各种疾病呈多发态势,整治环境污染势在必行。党的十八大以来,习近平从满足人民群众对良好生态环境的基本诉求出发,创造性地提出了"良好生态环境是最公平的公共产品,是最普惠的民生福祉"②理念。这一生态文明建设理念,深刻地揭示了良好生态环境的民生性质,提升了对中国特色社会主义生态文明建设的认识。

重视人民群众的生态权益。国民生态权益状况是衡量一个国家或地区社会发展程度的重要指标,对每个社会成员而言,追求良好的生态权益是保证其生存和发展的重要方面,良好的生态权益是保证其快乐、健康从事其他社会实践活动的重要前提。马克思明确指出:"人靠自然界生活。"③社会成员生存质量与生态环境状况有着天然的、不可分割的联系。当前,许多发达国家社会成员的生活满意度和幸福度都很高,这多与他们能够拥有良好的生态环境有着

①　吴忠民:《走向公正的中国社会》,山东人民出版社 2008 年版,第 310 页。
②　《习近平关于社会主义生态文明建设论述摘编》,中央文献出版社 2017 年版,第 4 页。
③　《马克思恩格斯文集》第 1 卷,人民出版社 2009 年版,第 161 页。

直接的关系,良好的生态环境不仅为其提供了良好的生存和发展环境,也提升了他们的健康水平,延长了人均寿命。然而,在许多发展中国家,由于在工业化推进过程中没有处理好经济发展与生态环境保护之间的关系,导致生态环境恶化日趋严重,国民的生存环境质量、身体健康水平和人均预期寿命受到了严重的影响,甚至在部分国家许多居民挣扎在污染严重的生存环境中,更不用说追求快乐、幸福的生活了。由此可见,良好的生态环境不仅是社会成员持续获取生存物质资料的保障,也是实现其健康、幸福、快乐生活的重要前提。

针对改革开放以来我国生态环境恶化给人民群众健康生活带来的负面影响,习近平将实现良好的生态环境视为全面建成小康社会的重要基础和必要前提,将保障人民群众的生态权益纳入国家治国理政的重大议题之中。习近平积极回应人民群众不断增强的良好生态环境诉求,并将享有良好的生态环境视为人民群众的基本权益,赋予了生态文明建设以人为本的价值理念。习近平指出:"小康全面不全面,生态环境质量很关键",明确了社会主义制度建设不但要满足人民群众对物质生活的需要,还要满足人民群众对良好生态环境的诉求,保证人民群众能够幸福、健康、快乐地生活。习近平指出:"让良好生态环境成为人民生活的增长点、成为经济社会持续健康发展的支撑点"①,要使人民群众充分享有生态权益。经济建设固然十分重要,但是如果只注重经济发展而忽视生态文明建设,甚至以牺牲生态环境来换取经济增长,最终结局会使国家发展背离以人为本的基本理念。由此可见,我们在社会主义现代化建设中,要充分重视生态文明建设的重要性,防止社会主义现代化建设偏离以人为本的初衷。

关心人民群众的身心健康。从世界各国生态环境恶化的结果看,生态环境恶化不但会制约社会经济的持续发展,还会严重影响社会成员的身心健康。马克思、恩格斯很早就注意到资本主义生态环境恶化对工人身心健康造成的

---

① 《习近平谈治国理政》第2卷,外文出版社2017年版,第395页。

损害,并对资本主义生产方式导致的人与自然环境的对立进行了无情的批判。他们在批判资本主义国家生态危机对工人身心健康造成的负面影响时,指出"完全违反自然的荒芜,日益腐败的自然界,成了工人的生活要素"①。马克思、恩格斯对资本家为了追求自己的经济利益,而不顾及生态环境恶化给工人身心健康带来损害的行为深恶痛绝,认为这种行为是对自然界的蔑视和贬低。"在私有财产和金钱的统治下形成的自然观,是对自然界的真正的蔑视和实际的贬低。"②因此,历史的经验告诉我们,在社会经济发展中人类要维持好生态环境系统平衡,否则必将遭受到自然的报复。

多年来,我们由于单方面强调经济建设的重要性,加之人们对生态环境认识不到位,生态环境遭到了严重的破坏,且对人类进行了疯狂的报复。"北京市雾霾污染已经给居民带来了严重的健康问题以及巨大的社会健康成本。"③"《2010年全球疾病负担评估报告》显示,中国室外空气污染在当年很大程度上导致了123.4万人过早死亡以及2500万健康生命年的损失"④,"无论是工业废水还是城市污水对于不同年龄段中老年群体健康均有显著影响"⑤。显然,生态环境恶化给人民群众的生存安全带来严重的隐患,也背离了我国推进改革开放的初衷。近年来,习近平多次强调要加大力气推进生态环境治理,通过推动绿色发展、建立严格的生态环境保护制度等方式,彻底解决影响人民群众生存健康的突出环境问题,保证人民群众的身心健康。习近平指出:"生态环境破坏和污染不仅影响经济社会可持续发展,而且对人民群众健康的影响已经成为一个突出的民生问题,必须下大气力解决好。"⑥由此明确了我国社会主义生态文明建设的方向,也为保障人民群众的身心健康安全提供了科学

---

① 《马克思恩格斯文集》第1卷,人民出版社2009年版,第225页。
② 《马克思恩格斯文集》第1卷,人民出版社2009年版,第52页。
③ 曹彩虹、韩立岩:《雾霾带来的社会健康成本估算》,载《统计研究》2015年第7期。
④ 祁毓、卢洪友:《污染、健康与不平等——跨越"环境健康贫困"陷阱》,载《管理世界》2015年第9期。
⑤ 王兵、聂欣:《经济发展的健康成本:污水排放与农村中老年健康》,载《金融研究》2016年第3期。
⑥ 《习近平谈治国理政》第2卷,外文出版社2017年版,第392页。

的生态价值论准则和规范。

改革开放后很长一段时期内,人们在谈论生活的富足时,往往把注意力放到经济收入水平的改善上,国家的大政方针也是以经济建设为中心,而对于良好的生态环境没有给予充分重视。受此发展理念的影响,改革开放后我国经济建设尽管取得了举世瞩目的成就,人民物质生活水平也获得了很大改善,但生态环境却严重恶化。为获得财富,人们不惜以牺牲环境为代价,不顾及环境的承载力,一味向大自然索取,生产、生活产生的垃圾、污染物又排入大自然,生态环境遭到了严重的破坏,优质的空气、水源成了奢侈品。世界工业化与现代化的经验教训提醒我们,只有协调好经济发展与环境保护之间的关系,才能真正地把握好社会经济发展的最终目标这一方向性问题,即经济发展的最终目标是实现人类更好的生存和发展。需要特别指出的是,强调良好的生态环境并不意味着否定经济发展的重要性,其要旨在于消除经济发展与生态环境保护之间出现的不协调问题,确立起人在社会经济发展中的主体性地位,从而使社会经济发展更富有合理性和持续性。因而,我国的生态环境恶化问题如果不能得到有效解决,经济的可持续发展将无以为继,还会使经济发展背离以人为本的宗旨。

党的十八大以来,习近平多次强调社会主义国家不仅要让人民群众过上经济富足的生活,还要保证人民群众能够呼吸上清新的空气、喝上清洁的水、吃上绿色卫生的食品,让人民群众感受到社会经济发展带来的生态效益。为了能够更好地满足人民群众对良好生态环境的需要,习近平提出要"努力实现经济社会发展和生态环境保护协同共进,为人民群众创造良好生产生活环境"[1]、"努力形成人与自然和谐发展新格局,把我们伟大的祖国建设得更加美丽"[2]。习近平还将实现经济富裕和生态富足有机结合,指出"良好生态环境是最公平的公共产品,是最普惠的民生福祉"。绿水青山,享之不尽,生态富民,快慰人心。在社会主义新阶段,党和国家的重要任务就是满足人民群众对

---

[1] 《习近平谈治国理政》第2卷,外文出版社2017年版,第394页。
[2] 《习近平谈治国理政》第2卷,外文出版社2017年版,第397页。

美好生活的向往。

四、人的能动性决定了人是自然整体价值的保护者

多年来,对于传统人类中心主义和自然中心主义之争,学者们意见纷呈。要么抛弃、走出人类中心主义,而代之以自然或其他什么中心主义,要么维护、走进人类中心主义,并对传统的人类中心主义观念进行反思和修正。显然,这两种主张都既有其合理性,同时又有其明显的弊端。这两种观点实际上可以实现一种有差别的统一,即一种有效互补基础上的辩证统一。这种统一的最终结果,应该是一种"合理形态"的人类中心主义新观念的生成。这种当代形态的人类中心主义主张从自然、社会(历史)、文化、价值等角度,对人与自然关系做一种深刻透视和全面把握,这就是现代人类中心主义。

当代全球性的生态危机的出现客观上已经为不同利益主体的行为设置了一个伦理界限,那就是在处理与生态环境的关系时人们对自身特殊利益的追逐不得损害人类的共同利益,否则,地球上的生态环境将不再适宜人类的生存和发展,从而也就根本谈不上什么各种特殊利益的实现。正是在这样一种背景下,才产生了要求以人类的共同利益即有利于整个人类的生存和发展作为人们处理与生态环境关系的根本价值尺度的现代人类中心主义。也正是在这样一种背景下,当代人类才提出了以克服生态危机、解决当代的生态问题为主要关注点的可持续发展战略。在这里,以人类的共同利益为价值取向的现代人类中心主义之所以能够现实地规范人们处理自身与生态环境关系的活动,从而有利于实施可持续发展战略和实现可持续发展,就在于它所强调的这种人类的共同利益并不是一种超出各种特殊利益之外或者之上的东西,这种人类的共同利益就存在于各种特殊利益之中,并且是各种特殊利益得以实现的最低限度的保障。因为所谓的人类共同利益实际上就是使一切人得以生存和发展的最基本条件,而各种特殊的利益则是指满足不同的生存和发展的需要;人们只有首先能够生存和发展,才能够进一步提出满足不同生存和发展的需要。

在全球性的生态危机出现的情况下,要想克服这种生态危机,就必须坚持全人类的共同利益以便求得继续生存和持续发展。原因在于:一是长期以来,特别是近代以来,各种不同的利益主体为了最大限度地追逐自己特殊的、眼前直接的利益,利用手中掌握的越来越先进的技术手段向大自然展开了残酷的掠夺,结果使得人与自然、人类与生态环境之间的对立和矛盾日益加剧,并最终导致当代人类面临大量的且严重的生态问题。现代人类中心主义本身是人类面临的当代全球性问题,对人与自然、经济与环境关系进行反思的结果,因而也是人类走出困境,摆脱危机,求得永续生存和健康发展所应确立的价值目标。二是现代人类中心主义坚持以人为目的、以人类利益为中心,这是以承认和尊重自然规律为前提的。它强调在人与自然的全面关系中,不仅包含主体与客体关系、改造与被改造关系,而且还包含整体与局部、系统和要素之间的关系。人对自然界的能动性、主导性、创造性,意味着人在自然界面前的自我权利和责任意识;人在自然界中的受动性,意味着自然界整体的规律性已构成了人类实践活动的绝对限度。所谓人类受到大自然的惩罚,乃是由于人对自然界认识的局限以及人在改造自然过程中的错误行为所致。因此,为了人类的长久生存和永续发展,我们需要遵循自然规律来正确地改造自然,更需要依靠科学技术的生态化来保护资源,恢复环境质量,从而有效地维护生态环境系统对经济社会发展持久的支撑力。可见,我们在价值观上坚持现代人类中心主义与承认生态科学所揭示的生态系统规律并不矛盾。三是现代人类中心主义作为某种立足于人类生存与发展利益需要及其满足来看待人与自然界之间关系的价值观念,对于人们克服有关人与自然关系的片面理解,摒弃那种不考虑生态系统平衡而任意掠夺攫取的行为,合理地利用和改造自然,实现可持续发展具有积极意义。

人类的一种实践态度和人类生存的永恒支点,作为人类的最基本的和最高的价值观,是不可超越的,而传统人类中心主义经过解构之后,具备许多合理的因素,那么重构一种科学形态的"现代人类中心主义",对于建构具有中国特色的生态伦理,对于指导解决当代世界性的生态危机,则是非常重要和必要的。首先,现代人类中心主义坚持人类整体利益是人们实践活动选择的唯一的、终极的价值尺度,这里所谓的人类整体利益,包括两方面的内容:一是代内间人类的整体利益,它要求所有国家、民族和地区走协同发展的道路,尤其要使现实世界不同利益主体之间享有平等的生存权;二是代际间人类的整体利益,它要求当代人类在发展中,既要满足当代人的需要,又要有利于后代人的利益,达到现代与未来的统一。其次,人类中心主义在昭示人类存在统一的全球利益之时,并没有否认人们合理的局部的和暂时的利益存在及其满足的必要性,它要求人们具体地对待人类整体利益问题,尊重各主体对生存利益的合理要求,明确不同国家、不同民族有区别的环境责任和现实能力,通过协调类与各群体之间涉及自然资源的利益差异和矛盾,规范人类对生态环境的行为,以达到促进人类持续生存和健康发展的最终目的。可见,现代人类中心主义作为一种在人的个体与群体、部分与全体、族与类、现实与未来的辩证统一中把握和揭示人类利益的价值观,不仅有助于人们克服对利益理解的狭隘性,而且有助于人们从道义上谴责西方环境利己主义者的生态侵略、生物侵权、转嫁污染等不道德行为,自觉调整彼此之间涉及自然资源的利益关系,呼吁并促使发达国家承担主要的环境治理责任,建立发达国家和发展中国家在自然资源分配和消费方面的平等关系,从而逐渐扭转全球性的生态环境恶化趋势,以促进人与自然的协调发展。再次,在当代世界,世界共同体在实施现代人类中心主义价值观,维护全球生态平衡、维护全人类的生态利益方面,应当发挥核心作用。必须建立普世生态伦理准则,调节不同国家、不同民族、不同利益群体的关系,公平合理地维护发展中国家的生态利益,积极敦促发达国家承担治理全球性生态危机的主要责任。最后,我国作为发展中国家,积极倡导以现代人类中心主义的价值观为宗旨,从全人类的整体利益和长远利益出发,立足于我国的生态环境的实际,坚持"可持续发展"的战略,把治理和优化我国的生态环境与治理和优化全球性的生态环境有机结合起来,对维护全球性的生态环境和人类的整体利益做出应有的贡献

第三节　新时代生态文明建设的伦理意蕴

作为一个发展中国家,我国在探索生态文明建设的进程中,不但关注资本主义生态文明建设的理论和实践,而且善于从中国传统文化和实践中汲取营养,同时,在马克思主义生态文明观的基础上,不断推动经济建设和生态文明建设的协调发展,逐步形成了中国特色社会主义生态文明建设理论。

一、生态和谐:新时代生态文明建设的伦理价值目标

人类自诞生以来,就为实现其自身的平等权利而不懈追求,也正是在对此目标的追求进程中不断促进着人类社会的可持续进步和发展。"权利,就它的本性来讲,只在于使用同一尺度;但是不同等的个人(而如果他们不是不同等的,他们就不成其为不同的个人)要用同一尺度去计量,就只有从同一个角度去看待他们,从一个特定的方面去对待他们"①。这里,马克思无疑主张,人人生而平等,无论哪个民族、哪个国家的人都应该享有平等的政治地位和社会权利,无论是同代人或是隔代人都应该得到平等的尊重和保护。伴随日益严峻的生态危机,人类社会的平等观念要突破人和人之间的关系,从时间和空间上拓展至整个自然生态系统,必须从整个自然生态系统出发,培育一种有机整体的生态观。

在生态伦理学家看来,人不仅仅具有社会性,也具有自然性,"与其他生物一样都是地球生命共同体的一员"②,而且"人靠自然界生活","人是自然界的一部分"③,与自然界是统一而不可分割的,二者是相互包容的。同时,人与自然也是荣辱与共的,与自然界的其他生存物之间没有本质上的贵贱之分,

---

① 《马克思恩格斯文集》第3卷,人民出版社2009年版,第435页。
② [美]保罗·沃伦·泰勒:《尊重自然:一种环境伦理学理论》,雷毅等译,首都师范大学出版社2010年版,第62页。
③ 《马克思恩格斯文集》第1卷,人民出版社2009年版,第161页。

"人既不在自然界之上,也不在自然界之下"①,"道无贵贱"。因此,自然界也理所当然地有从人类那里获得平等的关心的道德权利,我们要以"一种道德态度尊重自然的某些方面"②,遵循自然规律,合理地利用自然和改造自然,建立起与之相适应的伦理规范,调节人与人、人与社会以及人与自然之间的关系,促进人与自然的永续和谐发展。无数的实践证明,一旦我们将赖以生存的自然作为了征服对象,那么我们就会破坏甚至割裂人与自然之间的和谐关系,就会适得其反。正如恩格斯所说,"美索不达米亚、希腊、小亚细亚以及其他各地的居民,为了得到耕地,毁灭了森林,但是他们做梦也想不到,这些地方今天竟因此而成为不毛之地,因为他们使这些地方失去了森林,也就失去了水分的积聚中心和贮藏库"③。因此,人类要"学会尊重生命,赞赏物种的进化和生态系统的相互依赖,学会与大自然息息相通"④,坚持人与自然和谐相处。

我国是一个人口大国,各类资源人均占有量小,人口与资源的矛盾严重制约了生态和谐社会的建立。党的十二大以来,党中央从中国国情出发,提出了要坚持保护优先的原则,实现自然资源的开发与保护相统一,要坚持走可持续发展道路,对自然资源进行合理有效的开发。党的十六届三中全会上,提出了科学发展观,这是一种和谐的生态发展理念。科学发展观强调的不仅仅是人与人、人与社会的发展,还包括了人与自然的协调发展。科学发展观要求人们遵循自然的客观规律,维护生态系统的平衡,实现人与自然的和谐共存,避免人类现在以及将来陷入社会风险与生态危机中。党的十六届四中全会提出将人与自然的和谐作为了和谐社会的题中之义。和谐社会坚持以人为本,实现政治、经济、社会、文化、自然的协调、可持续发展,是一种整体的、综合的、全面的、协调的可持续发展社会,这个"社会是人同自然界的完成了的本质的统

---

① [美]R.T.诺兰等:《伦理学与现实生活》,姚新中等译,华夏出版社1988年版,第454页。
② [美]保罗·沃伦·泰勒:《尊重自然:一种环境伦理学理论》,雷毅等译,首都师范大学出版社2010年版,第56页。
③ 《马克思恩格斯文集》第9卷,人民出版社2009年版,第560页。
④ [美]霍尔姆斯·罗尔斯顿:《环境伦理学》,杨通进译,中国社会科学出版社2000年版,第161页。

一,是自然界的真正复活,是人的实现了的自然主义和自然界的实现了的人道主义"①。

党的十七大以来,中国特色社会主义生态文明建设理论在实践中不断拓展,尤其是党的十八大、十九大报告上提出的"美丽中国"。"美丽中国"的提出是站在生态整体主义的立场,认为人和自然界中的所有生物包括动物、植物等都是平等的,"山水林田湖是一个生命共同体,人的命脉在田,田的命脉在水,水的命脉在山,山的命脉在土,土的命脉在树"②。因此,我们要珍惜自然,在向自然索取的同时,也要平等地对自然界以及整个地球生态系统给予生态关怀,尽我们应尽的责任,不对它们造成任何伤害,"要像保护眼睛一样保护生态环境,像对待生命一样对待生态环境"③,在发展过程中的"每个细节都要考虑对自然的影响,更不要打破自然系统"④,建设一个天蓝、地绿、水清的美好家园。习近平强调自然界是一个有机的整体,是一个生态共同体,所以,我们要尊重自然,与自然和谐相处,"如果破坏了山、砍光了林,也就破坏了水,山就变成了秃山,水就变成了洪水,泥沙俱下,地就变成了没有养分的不毛之地,水土流失、沟壑纵横"⑤,就会影响"美丽中国"建设。党的十九大报告进一步明确地提出要"坚持人与自然和谐共生",充分体现了中国特色社会主义生态文明蕴含着的生态平等与生态和谐观。

二、生态理性:新时代生态文明建设的伦理实践手段

人类自诞生以来,对赖以生存的大自然开始了无节制地开发,对自然的破坏越来越严重,导致生态危机的发生。恩格斯就曾对人类这种毫无生态理性

---

① 《马克思恩格斯文集》第 1 卷,人民出版社 2009 年版,第 187 页。
② 《习近平谈治国理政》,外文出版社 2014 年版,第 85 页。
③ 新华社:《习近平、张德江、俞正声、王岐山分别参加全国两会一些团组审议讨论》,载《人民日报》2015 年 3 月 7 日。
④ 人民日报记者:《中央城镇化工作会议召开》,载《人民日报》2013 年 12 月 15 日。
⑤ 陈二厚等:《为了中华民族永续发展——习近平总书记关心生态文明建设纪实》,载《人民日报》2015 年 3 月 10 日。

地无节制地发展提出了警告："我们不要过分陶醉于我们人类对自然界的胜利。对于每一次这样的胜利,自然界都对我们进行报复。每一次胜利,起初确实取得了我们预期的结果,但是往后和再往后却发生完全不同的、出乎预料的影响,常常把最初的结果又消除了。"①随着社会的发展与进步,人类开始以一种生态理性来追求社会的发展与进步,进一步促进了生态道德与生态文明建设。中国特色社会主义生态文明建设的发展也逐渐要求以生态理性为核心的生态发展,由此才能促进全面小康社会的建成。生态理性是生态文明社会的哲学基础,也是生态文明社会的时代呼唤。近代启蒙运动以来,人性得到了彻底的解放,同时人也成为单向度的人,而自然界的神秘感也逐渐在人类面前褪去,人对自然界的敬畏也慢慢消失,开始将自然作为了征服的对象。在经济理性与科技理性的驱动下,人类在认识和改造自然的过程中,也开始了对自身利益最大化的追逐,"剥夺了整个世界——人的世界和自然界——固有的价值"②,结果导致在理性的旗帜下,人类对自然界却实施了各种反理性的行为。生态环境被破坏,人与自然界之间的有机的新陈代谢过程被割裂,加剧了人与自然的矛盾,进而引发生态风险与生态危机。于是,人类面对一直以来视为标尺的资本主义的理性产生了疑虑,开始反思生态的重要性和必要性,尤其以生态理性的主张最具批判性与合理性。法国存在主义哲学家高兹在充分反思经济理性的合理性基础上,认为,"生态学有一种不同的理性,它使我们知道经济活动的效能是有限的,它依赖于经济外部的条件。尤其是,它使我们发现,超出一定的限度之后,试图克服相对匮乏的经济上的努力造成了绝对的、不可克服的匮乏。但结果是消极的,生产造成的破坏比它所创造的更多。当经济活动侵害了原始的生态圈的平衡或者破坏了不可再生的自然资源时,就会发生这种颠倒现象"③。

因此,我们要克服在经济理性的驱动下对利润的疯狂追逐,对大自然的肆

---

① 《马克思恩格斯文集》第9卷,人民出版社2009年版,第559—560页。
② 《马克思恩格斯文集》第1卷,人民出版社2009年版,第52页。
③ A.Gorz:*Capitalism*,*Socialism*,*Ecology*,London:Verso,1994,p.16.

意掠夺而导致我们生活的地球陷入风险中,这种风险可以"理解为这样一种现实,它进行自我侵害的程度超出了我们的想象"①,各种生态风险如空气、水和土壤污染等导致了多种疾病,根据世界卫生组织发布的数据,缺乏洁净水和卫生设施导致每年有 84.2 万人死于腹泻病,其中 97% 在发展中国家,如果任其发展下去,甚至会毁灭我们生活的地球中的生命。因此,在社会发展过程中要考虑到自然承受能力的有限性,要坚持生态理性。因为"生态理性在于,以尽可能好的方式,尽可能少的,有高度使用价值和耐用性的物品满足人们的物质需要,并因此以最少化的劳动、资本和自然资源来实现这一点"②,追求更少但更好的社会,是以整体主义为基础的,而这正与生态文明建设的目标不谋而合。所以,我们在生态文明建设实践过程中,要坚持以生态理性为核心的生态发展,追求经济、社会和生态效益的统一,毕竟"当前的危机并不意味着现代化的过程已经走到了尽头"③。

伴随生态文明建设的深入,在社会发展过程中还会面临着许多问题,需要坚持生态理性发展观。生态文明建设需要全社会参与,每一个人都有责任,但人是具有理性的社会人,在面对自然时要坚持生态理性,做事之前要理性地思考是否会破坏生态环境,有没有必要去做,因为如果"没有自然界,没有感性的外部世界,工人什么也不能创造"④,我们在发展过程中"既要绿水青山,也要金山银山。宁要绿水青山,不要金山银山"⑤。为此,我们在建设中国特色社会主义生态文明过程中,要坚持适度的原则,切忌毫无节制地掠夺大自然,切忌毫无节制地发展经济和消费。要树立生态生产观,坚持可持续发展,这是一个社会保有生态理性的根本标志。改革开放以来,伴随经济社会快速发展,我们也付出了惨痛的代价:资源被大量地浪费,森林被大片地毁坏,一些不可再生资源急剧减少,湖泊干涸,生物多样性逐渐丧失,沙漠化现象严重,导致生

① [德]贝克:《自由与资本主义》,路国林译,浙江人民出版社 2001 年版,第 226 页。
② A.Gorz:*Capitalism*,*Socialism*,*Ecology*,London:Verso,1994,p.33.
③ A.Gorz:*Critique of Economic Reason*,London:Verso,1989,p.1.
④ 《马克思恩格斯文集》第 1 卷,人民出版社 2009 年版,第 158 页。
⑤ 《习近平关于生态文明建设论述摘编》,中央文献出版社 2017 年版,第 21 页。

态系统的平衡被破坏,像沙尘暴、雾霾等极端天气和自然现象频发,不仅给我们造成了巨大的经济损失,还严重影响了人们的身心健康。党和政府及时发现了这一问题,在深入分析经济发展与生态问题现状的基础上,提出要实施可持续发展战略,"不仅要安排好当前的发展,还要为子孙后代着想,为未来的发展创造更好的条件,决不能走浪费资源和先污染后治理的路子,更不能吃祖宗饭、断子孙路"①。

我们要坚持生态理性,尊重自然,从实际出发,"把节约放在首位,提高资源利用效率。统筹规划国土资源开发和整治,严格执行土地、水、森林、矿产、海洋等资源管理和保护的法律,实施资源有偿使用制度。加强对环境污染的治理,植树种草,搞好水土保持,防治荒漠化,改善生态环境。控制人口增长,提高人口素质,重视人口老龄化问题"②。同时在生态保护过程中要有长远的眼光,"要注意算大账",不能"只算局部的眼前的小账,而不算全局的长远的大账"③,不能急功近利,否则就会损害经济社会的和谐发展,而且,要重视对资源的可持续利用,要坚持理性、有序的原则。随着经济社会的发展,党的十六大进一步提出了要走一条科技含量高、经济效益好、资源消耗低、环境污染少、人力资源优势得到充分发挥的新型工业化路子,使可持续发展能力不断增强,推动整个社会走上生产发展、生活富裕、生态良好的文明发展道路。党的十七大提出了科学发展观,强调我们在经济发展过程中要放弃粗放型的经济增长方式,坚持"五个统筹",力求实现经济效益、社会效益和生态效益的协调统一。可以说,这种"新的发展形势追求适度,而不是更多。它必须以人为本,特别是要优先考虑穷人而不是利润和生产,必须强调满足基本需求和确保长期安全的重要性"④,要坚持以生态理性为核心的发展,实现从"经济人"到"生态理性经济人"的转变,力求从"又快又好"的发展向"又好又快"的发展

---

① 《江泽民文选》第 1 卷,人民出版社 2006 年版,第 532 页。
② 《江泽民文选》第 2 卷,人民出版社 2006 年版,第 26 页。
③ 《江泽民论有中国特色社会主义》,中央文献出版社 2002 年版,第 281 页。
④ 俞可平:《科学发展观与生态文明》,载《马克思主义与现实》2004 年第 4 期。

转变,确保"广大人民群众喝上干净的水,呼吸上清洁的空气,吃上放心的食物,在良好的环境中生活"①,"使我们的祖国天更蓝、地更绿、水更清、空气更清洁,人与自然的关系更和谐"②。正是基于这样的理念,党中央将生态文明建设上升到了"五位一体"的高度,并作为我国全面建成小康社会的重要内容之一。

党的十八大强调,在社会经济发展过程中,我们"面对资源约束趋紧、环境污染严重、生态系统退化的严峻形势,必须树立尊重自然、顺应自然、保护自然的生态文明理念,把生态文明建设放在突出地位,融入经济建设、政治建设、文化建设、社会建设各方面和全过程"③。党的十九大进一步强调,"必须树立和践行绿水青山就是金山银山的理念,坚持节约资源和保护环境的基本国策,……形成绿色发展方式和生活方式,坚定走生产发展、生活富裕、生态良好的文明发展道路","我们要建设的现代化是人与自然和谐共生的现代化,既要创造更多物质财富和精神财富以满足人民日益增长的美好生活需要,也要提供更多优质生态产品以满足人民日益增长的优美生态环境需要。必须坚持节约优先、保护优先、自然恢复为主的方针,形成节约资源和保护环境的空间格局、产业结构、生产方式、生活方式,还自然以宁静、和谐、美丽"④。这充分彰显了中国特色社会主义生态文明建设过程中的生态理性与生态发展,我们追求的发展不是盲目的无限制的,哪怕把经济发展的步伐放缓一点,也不能竭泽而渔,不能再简单地以 GDP 论英雄,要坚持以生态理性为核心的绿色发展,"保护生态环境就是保护生产力,绿水青山和金山银山绝不是对立的"⑤,创新

---

① 胡锦涛:《爱护环境保护环境建设环境 努力实现人与自然和谐发展》,载《人民日报》2005 年 4 月 2 日。

② 胡锦涛:《持之以恒抓好生态环境保护和建设工作 切实为人民群众创造良好生产生活环境》,载《人民日报》2006 年 4 月 2 日。

③ 《胡锦涛文选》第 3 卷,人民出版社 2016 年版,第 644 页。

④ 习近平:《决胜全面建成小康社会 夺取新时代中国特色社会主义伟大胜利——在中国共产党第十九次全国代表大会上的报告》,人民出版社 2017 年版,第 24、50 页。

⑤ 新华社:《习近平、李克强、张德江、俞正声分别参加全国两会一些团组审议讨论》,载人民日报 2014 年 3 月 7 日。

发展理念,培育有生态理性的公民,切实做到经济效益、社会效益和生态效益
的有机统一,努力建设天蓝地绿水净的美丽中国。

三、生态责任:新时代生态文明建设的伦理道德选择

随着人类对自然的不断掠夺与消耗,自然逐渐从人类敬畏的神灵成为人
类的奴仆,人类在"解决'如何'一类的问题方面相当成功,但与此同时,我们
对'为什么'这种具有价值含义的问题越来越变得糊涂起来,越来越多的人意
识到谁也不明白什么是值得做的。我们发展速度越来越快,但我们迷失了方
向"①。于是,人类面对满目疮痍的生态环境,开始对当前的社会发展进行审
视反思,意识到"我们决不像征服者统治异族人那样支配自然界,决不像站在
自然界之外的人似的去支配自然界"②,意识到生态危机的根源不是别人而是
人类自己,意识到"在现代世界中,精神与肉体、人与自然之间的割裂产生了
一种新的瘾嗜:我们的文明实际上是对消耗地球上了瘾。我们失去了对自然
界的另一部分的生动活泼的直接体验,而这种瘾嗜能使我们逃避这种损失引
起的痛苦。人与世界的交流能提升人的精神,使人的知性中充溢生活本身的
丰富性和即时性,但我们却远离了这种交流,而工业文明的喧嚣又掩盖了人类
深刻的孤独。"③对自身灵魂的拷问,使人们清晰地认识到,在改造自然界的过
程中,"人不应采取从同自然对立的立场上来理解自己文化活动的意义,不应
该采取对自然消极顺从或肆意征服的态度,而应该把在人与自然和谐的基础
上优化自己的生命存在看作自己文化活动的基本特征"④,要与自然和谐共
生,要遵循生态理性的发展,但更要有生态意识,与自然和解,将自身融入自然
并使之成为自然的一部分,成为荒野的一部分,将自然的还给自然,回到自然,
与自然实现和谐统一,才能不再孤独,在自然中寻求内心与精神的平衡,找回

---

① [波]奥辛廷斯基:《未来启示录》,徐元译,上海译文出版社1988年版,第193页。
② 《马克思恩格斯文集》第9卷,人民出版社2009年版,第560页。
③ [美]阿尔·戈尔:《濒临失衡的地球》,陈嘉映译,中央编辑出版社1997年版,第190页。
④ 李鹏程:《当代文化哲学的沉思》,人民出版社1994年版,第83页。

本真,超越人与自然之间的差异,自觉自发地对自然产生一种善念,进而滋生出生态良知的意识。

生态良知是指人类自觉自发自愿地尊重、保护、关爱与其共同生活在一个生态圈的自然界的一种生态意识,并在此基础上从伦理道德上对自身的实践进行深刻的反思与评价。它是人类在不断思考人与自然的关系的基础上产生的一种对自然的"善"的观念,是人对人与自然关系的类认同,是人自身道德内化的升华。在中国儒家思想里一直就存在着这种生态良知,如"克己复礼为仁""民胞物与"等。在西方生态伦理学者那里,生态良知是作为道德主体的人从生态学的角度,对自身的行为做出的善恶判断和评价,这是衡量人的行为的标尺。"当它有助于保护生命共同体的完整、稳定和美丽时,它就是正确的;反之,它就是错误的。"①另一方面,作为一种道德的观念,生态良知是一种理性的认同,人类在认识和改造自然的过程中,会逐渐产生一种道德自律,认识到人与自然之间的矛盾需要通过情感的发挥才能弥补,认识到只有自觉自愿地对自然渗入情感,才能释放自己的激情,才能更加积极地去认识自然和改造自然,才能与自然和谐相处。而这种情感是需要人类通过自身的道德体验才能体会出来的。这种体验"是从生态体验的视界去观照的,即从三重生态去领悟世界的关系存在,去感受生活世界、自然之境和自己的内心世界,以致达到互惠共生的生态状态,逐渐领悟到'我在世界之中,世界也在我之中',最终生成万物与我的内心世界达于和谐、互惠共生的状态"②。只有人类亲自体验了,他才能正确地做出善恶的判断与评价,从而正确地处理人与自然的关系。因此,生态良知要求人们从自身改造自然界出发,树立起生态负责的态度,要为人类在自然界中的所有行为承担一定的责任。只有担负起生态责任,我们人类与自然共同生活的这个共同体才能更好地发展,才不再是"机械世界观描绘的那样是一个冷冰冰的机器,也不是工业主义者的原料场、武器库、工具箱和垃圾桶。世界的形象既不是一个有待挖掘的资源库,也不会是避之

---

① [美]利奥波德:《沙乡年鉴》,侯文蕙译,吉林人民出版社1997年版,第194页。
② 刘惊铎:《道德体验引论》,载《陕西师范大学学报》(哲学社会科学版)2003年第1期。

不及的荒野,而是一个有待照料、关心、收获并爱护的大花园"①,人也在其中成为全面自由的人,从而摆脱种种困境。

中国特色社会主义生态文明建设的目标是实现可持续发展,建设美丽中国,实现百姓富、生态美的有机统一,这就要求我们树立生态良心,清醒地认识到"生态环境保护是功在当代、利在千秋的事业。要清醒认识保护生态环境、治理环境污染的紧迫性和艰巨性,清醒认识加强生态文明建设的重要性和必要性",②自觉自愿地承担起生态责任,一方面要想办法为我们以及前人破坏生态环境的行为还债,另一方面还要以对子孙后代高度负责的态度,为后人留下一个生态良好、可持续发展的生存空间。改革开放以来,我们为经济发展付出了沉重的生态代价,沙尘暴、洪水、雪灾、雾霾、泥石流等自然灾害犹如悬在我们头上的达摩克利斯之剑,时刻警醒我们;资源枯竭、水污染、大气污染等犹如阿喀琉斯之踵,时时在追问我们。经济发展与生态环境的矛盾已经严重制约了社会的发展。

为此,如果一味地追求经济的粗放型发展,环境污染会加剧,广大人民群众的幸福感也会大打折扣甚至产生强烈的不满,所以,生态文明建设是一项政治任务。为了完成好这项政治任务,我们在建设中国特色社会主义生态文明过程中要切实履行生态责任,要深刻地认识到加强生态文明建设的重要性。中国特色社会主义生态文明建设的社会主义性质决定了我们要克服资本主义自身不能克服的种种弊端,科学地认识、合理地利用和保护自然,要从改造自然的过程中"加深对自然规律的认识和把握,从中得出有益的结论,从而更加科学地利用自然为自己的生活和社会发展服务"③,实现经济建设和生态环境协调发展。党的十八大以来,习近平多次在不同场合提到了生态文明建设的重要性,如森林"是人类生存发展的重要生态保障",而且强调山水林田湖草的整体统一性,它们是一个生命共同体等。这种从可持续发展的角度出发,高

---

① [美]大卫·格里芬:《后现代科学》,马李方译,中央编译出版社 1995 年版,第 121 页。
② 《习近平谈治国理政》,外文出版社 2014 年版,第 208 页。
③ 《江泽民文选》第 2 卷,人民出版社 2006 年版,第 232 页。

瞻远瞩的判断分析是我国政府勇于承担生态责任的表现。正如美国学者格里芬所言:"中国政府是世界上第一个把建设'生态文明'作为主要目标的政府。"①改革开放以来,我国先后制定了旨在保护环境、保护生态与资源的有关的法律法规,还出台了一系列保护生态环境的制度,例如,提出环境和发展综合决策的机制、节能减排制度、生态补偿制度、环境损害赔偿制度等,很好地将政府在生态文明建设中的执行者和监督者的责任落到了实处。同时,还提出了企业的生态责任,指出"企业是环境保护的一支重要力量。所有企业都要遵纪守法、文明生产,树立良好的企业形象"②,要坚持"五大发展"理念,大力发展循环经济,实现又好又快的发展。党的十八大以来,还在生态文明建设中提出了发展"绿色银行"、建设"海绵城市"、制作"空气罐头"等新的生态文明建设理念。这些制度和机制的构建及理念的更新都说明了我国在社会主义生态文明建设中立足自身国情,切实承担了"民有所呼,我有所应"的生态责任,为建设美丽中国在努力。

生态文明建设不仅仅是一个国家一个地区的责任和问题,还具有地域性和全球性,需要世界各国共同行动、携手合作。因此,我们必须有全球观念和世界眼光,积极提倡国际合作,主动承担国际生态文明建设责任。习近平提出"中国将继续承担应尽的国际义务,同世界各国深入开展生态文明领域的交流合作,推动成果分享,携手共建生态良好的地球美好家园"③,并且将"积极参与全球环境治理,落实减排承诺","为全球生态安全作出贡献"④。我们也切实按照这一承诺,在生态文明建设中承担了自己应尽的生态责任,体现了大国的担当。从1992年联合国环境与发展会议上做出履行《21世纪议程》的承诺到2016年联合国环境大会上发布《绿水青山就是金山银山:中国生态文明战略与行动》报告,中国特色社会主义生态文明建设理念逐渐走向世界,正在

① 转引自李惠斌等:《生态文明与马克思主义》,中央编译出版社2008年版,第7页。
② 《江泽民文选》第1卷,人民出版社2006年版,第535—536页。
③ 《习近平谈治国理政》,外文出版社2014年版,第212页。
④ 习近平:《决胜全面建成小康社会 夺取新时代中国特色社会主义伟大胜利——在中国共产党第十九次全国代表大会上的报告》,人民出版社2017年版,第51、24页。

130

为全球可持续发展做出自己的贡献,承担着作为一个发展中大国的生态责任。或许这句话最能说明我国在生态文明建设中承担的生态责任:"地球及其人类居住者(还包括其他居住者)的前途,取决于中国正在制定的种种政策"①。

四、生态正义:新时代生态文明建设的伦理保障

自由之于人就是一部不断探索的历史,因为自由关乎人的尊严、人的价值与人的权利。但随着人类理性的增强,在所谓追求完全的自由的驱使下,人类开始了对自然的无限制掠夺。而随着生态危机的爆发,证明人类并没有获得征服自然的自由,相反陷入了生存与发展的两难。连人类的生存与发展都存在问题,又何谈自由? 作为人类解放的标志,人类追求从必然王国进入自由王国,首先需要实现人在自然面前的真正自由,认识到自由是有限度的,是一种相对自由,并不是无限制的绝对自由。而对于自由的限度,法国启蒙思想家孟德斯鸠认为,"自由是做法律所许可的一切事物的权利;如果一个公民能够做法律所禁止的事情,他就不再有自由了,因为其他的人也同样会有这个权利"②。在此意义上,人类所追求的有限制的自由是不能脱离自然规律的,但自然规律独立于人类的意识之外,只有认识了自然,遵循自然的规律,人类才能摆脱自然的束缚,并真正获得自由。正如恩格斯所言:"自由不在于幻想中摆脱自然规律而独立,而在于认识这些规律,从而能够有计划地使自然规律为一定的目的服务。……自由就在于根据对自然界的必然性的认识来支配我们自己和外部自然;因此它必然是历史发展的产物。"③这才是我们追求的自由,因为它使自由与必然得到了统一,这种自由是通过对自然规律的认识来改造和利用自然,实现人与自然的统一的自由,如此才能保障人在社会中的自由以及人与人之间的自由。

因此,我们须使自由受限于自然,让人类正确地看待自己作为生命共同体

---

① 李惠斌等:《生态文明与马克思主义》,中央编译出版社 2008 年版,第 172 页。
② [法]孟德斯鸠:《论法的精神》(上册),张雁深译,商务印书馆 1961 年版,第 154 页。
③ 《马克思恩格斯文集》第 9 卷,人民出版社 2009 年版,第 120 页。

中的一员,才能实现人与自然整体和谐统一的生态自由,才能保证地球上每个自然存在物的权利,保障他们的生态正义。而这种生态正义正是确保人类实现自由,实现自由王国向必然王国转变的保障。现代工业的发展使人类更加轻易地征服自然,也让人类忽略了对自身行为合理性的审视,最终导致人类在不断牺牲自身生存环境中换取了经济的发展,使人类的生存与发展陷入了困境。为此,人们开始重新从道德上审视人类与自然的关系,对引起生态危机与生态风险的不正义行为进行批判、矫正,认为"社会正义和环境保护的议题必须同时受到关注。缺少环境保护,我们的自然环境可能变得不适宜居住。缺少正义,我们的社会环境可能同时变得充满敌意。因此,生态学关注并不能主宰或总是凌驾于对正义的关切之上,而且追求正义也必定不能忽视其对环境的影响"①。虽然目前人类还没有对生态正义进行统一的界定,但"一个绿色社会,在某种程度上,不仅要解决生态可持续问题,而且要能保证和平与大部分的社会公正"②,这个社会必定是一个生态正义的社会。因此,坚持生态正义是我们确保自然界中每个物种的权利和生态自由的保障,是建设中国特色社会主义生态文明的时代呼唤。

改革开放以来,我国的生产力得到了极大的解放,社会经济取得持续飞速的发展,但一些深层次矛盾逐渐凸显,社会不公的现象也逐渐突出。尤其是在生态环境领域。由于片面追求经济发展,忽视了对生态环境的监管与治理,导致现阶段我国生态环境存在的不公正现象还没有得到很好的解决,例如,东部地区四季分明、气候温润,而西部地方干旱少雨、风灾频发,但西部地区较之东部地区自然资源丰富,这种情况导致我国区域环境发展不平衡,这种不平衡不仅仅体现在自然资源上,更多的是由于东部地区经济较发达,所以,西部地方的资源被不断地运往东部地区,成为东部地区的原材料基地,而西部地区却没

---

① [美]彼得·温茨:《环境正义论》,朱丹琼、宋玉波译,上海人民出版社2007年版,第2页。

② A.Naess:*The Third World*,*Wilderness and Deep Ecology*,Boston ：Shambhala Press,1995,p.397-407.

有得到相应的补偿,这种恶性循环导致的结果就是西部地区的生态环境越来越恶劣。虽然国家相继实行了西部大开发、南水北调、退耕还林等政策,以期通过相关政策来积极促进西部地区经济发展和保护西部地区的生态环境,但最直接的受益者还是东部地区。

同时,由于长期以来的城乡差距的存在,在生态环境治理过程中,城市的投资力度也比农村更大,农村的环境保护工作被忽视,例如,通过实行转二产促三产,虽然城市的空气质量得到改善,但城市周边的农村污染却在不断加重。而且随着近年来经济的发展,农村生态环境除了受到城市工业外污染源的威胁,还受到自身的内源污染的威胁,例如,为了给城市提供更多的米、菜等,在生产种植过程中使用了大量的化肥和农药等,结果导致农业生态环境和农产品污染;又如农作物秸秆的焚烧造成资源浪费,还造成环境污染,诸如此类的农村生态环境的恶化一方面导致农村生态退化,也从另一方面给城市带来了各种潜在的生态威胁。更为重要的是,由于社会财富的不平衡,人们在生态问题上的不平衡也逐渐得到反映,贫困人群经常要承受过多的环境污染,比如要在有毒化学品或者被污染的地点工作,为生活所迫呼吸不干净的空气等,而且还不能享受到更好的医疗保健,而富裕人群的工作生活环境相对要环保得多,还能享受到更好的医疗保健以弥补生态环境的污染所带来的危害。另一方面,改革开放以来,一些发达国家往往利用我们急于发展经济的心理,将一些污染严重的工业项目转移到我国,甚至将一些洋垃圾输入我国,严重地破坏了我国的生态环境,加重了生态治理的负担。这些不公正的现象如果不解决好,人与自然之间的和谐就是一句空话,生态自由与平等也无法实现。

改革开放以来,我们在建设中国特色社会主义生态文明过程中,提出了要建设"四个现代化"、实施可持续发展、发展循环经济、建设"两型社会"、坚持科学发展观、建设社会主义和谐社会、构建和谐世界、建设美丽中国、全面建成小康社会等,无一不渗透着生态正义的理念。例如,我们提出要建设美丽中国,这就蕴含着生态正义的理念。美丽中国建设要求我们从人与自然的关系出发,尊重每个人与其他生物的自然权利与自由,自觉保护自然,"担当起自然管理者的责任,以维护和发展自然,使之向着有利的方向前进",①进而实现人与自然的和谐。同时,美丽中国是一个可持续发展的中国,这就要求我们不仅现在要建设一个天蓝地绿水净的家园,还要将这个家园一直延续下去,"必须把我们与尚未成为现实'我们'的我们的后代,或者是还没有权力和我们竞争获得幸福的后代作为一个整体,要考虑到我们的欲望的满足有可能剥夺了对他们的关心,我们的满足有可能夺走了他们生存和发展的资源"②,要让我们每一个人以及未来的每一个人都能记得住乡愁,实现中华民族的永续发展。为了实现生态正义,加快推进中国特色社会主义生态文明建设,我们还制定了一系列法律、法规和行业标准等,确保我们生活共同体中的每一种生物都得到统一的有效的保护,从各方面对城乡、区域和社会各阶层的生态发展与保护进行了规定,确保了生态正义。生态文明建设不仅仅是一国的问题,全球携手坚持民主、平等、正义,建立公平有效的应对机制,才是人类未来发展的道路,正如习近平在第七十届联合国大会一般性辩论时讲话中说的:"国际社会应该携手同行,共谋全球生态文明建设之路,牢固树立尊重自然、顺应自然、保护自然的意识,坚持走绿色、低碳、循环、可持续发展之路。"③为此,我国也确实在生态文明建设过程中,坚持共同但有区别的责任原则,自觉履行着在国际社会中的生态责任,维护了生态正义。

---

① J.Passmore:*Man's Responsibility for Nature*:*Ecological Problems and Western Traditions*,New York:Charles Scribner's Sons,1974,p.200.

② 陈鸿清:《生存的忧患》,中国国际广播出版社 2000 年版,第 169 页。

③ 《习近平谈治国理政》第 2 卷,外文出版社 2017 年版,第 525 页。

第四章　生态文明与资本逻辑批判

　　建设生态文明是当今世界和当代中国共同面临的重大现实课题。现代社会普遍遭遇的"自然之死"情状是生态文明话语凸显的存在论境遇。而资本逻辑则是导致现代"自然之死"的罪魁祸首。因此，切实加强中国特色社会主义生态文明建设，不能缺失对资本逻辑的深入批判，以及历史地揭示资本文明与生态文明之间的辩证张力关系。资本逻辑是资本追求价值无限增殖的逻辑，资本的逐利本性是资本逻辑最为深刻的体现。马克思通过对资本本性、资本主义生产逻辑和消费逻辑进行激烈的生态批判，深刻揭示了资本逻辑与资本主义生态危机之间的内在关系，这对加快推进中国特色社会主义生态文明建设具有重要镜鉴的作用。

　　生态文明建设之所以越来越紧迫和重要，根本原因在于生态危机不断演化并日益成为人类生存和发展的严重威胁。生态危机的根源虽不能完全归咎于资本逻辑，但资本逻辑无疑是一个重要因素，甚至是根本因素。因此，生态文明建设必须面对资本逻辑，是在资本逻辑视域下展开的一种救赎，或者说，生态文明建设面临着两难处境，即既与资本逻辑相对立，又以资本逻辑为前提。在这种背景下，生态文明建设何以必要，又何以可能？这是中国特色社会主义建设面临的一个重要课题。习近平绿色发展理念是对马克思主义生态哲学思想的丰富和发展，为实现资本逻辑和新时代中国特色社会主义生态文明建设协调统一提供了科学指南。

第一节　资本逻辑与生态危机的内在关联

资本逻辑是"资本运动的内在规律和必然趋势,它以一种必然如此的方式贯穿于资本的发展过程之中,并通过一系列经济环节及其相互作用而得以具体体现"①。资本作为现代社会占支配地位的生产关系,已经成为一种客观强制力量,它通过生产扩张逻辑和消费扩张逻辑将各种自然资源纳入资本的体系中,使之服从于资本的支配、整合和调动。资本追逐增殖的本性,全然不顾自然的价值,破坏人类安身立命的资源、生态和环境。

一、资本逻辑与生态环境之间的矛盾

在《资本论》及其手稿中,马克思深刻揭示了资本的本质,认为"资本不是一种物,而是一种以物为中介的人和人之间的社会关系"②,"是一定的、社会的、属于一定历史社会形态的生产关系,后者体现在一个物上,并赋予这个物以独特的社会性质"③。也就是说,资本不是一般的物,而是一种社会存在物,是人与人之间的社会关系,但这种社会关系以物为中介或核心,从而使物成为一切社会关系的统治者。这种认识是深刻的,它把资本的本性暴露无遗,"资本只有一种生活本能,这就是增殖自身,创造剩余价值,用自己的不变部分即生产资料吮吸尽可能多的剩余劳动"④。这就是资本逻辑。在以资本为原则的现代社会中,资本逻辑是一切社会关系的根本逻辑,它是"普照的光"和"特殊的以太",是整个社会的世俗的"上帝"。

马克思对资本逻辑的批判是辩证的,既揭露了资本的野蛮性,也充分肯定了资本的文明面。我们可以从"物的增殖和人的价值的贬值"等方面来理解

---

① 丰子义:《全球化与资本的双重逻辑》,载《北京大学学报》(哲学社会科学版)2009年第3期。
② 《马克思恩格斯文集》第5卷,人民出版社2009年版,第877—878页。
③ 《马克思恩格斯文集》第5卷,人民出版社2009年版,第922页。
④ 《马克思恩格斯文集》第5卷,人民出版社2009年版,第269页。

资本的两重性,但实际上,马克思主要是立足于生产力发展亦即在人与自然界的关系中来考察资本的两重性,特别是资本文明的一面,因为资本的任务就是"疯狂地发展生产力"。马克思看来,尽管一切生产力包括物质生产力和精神生产力,但生产力主要指的是前者,即人类改造自然的能力。在《1857—1858年经济学手稿》中,马克思深刻地分析了资本"疯狂地发展生产力"而引起的人与自然关系的变化。"如果说以资本为基础的生产,一方面创造出普遍的产业,即剩余劳动,创造价值的劳动,那么,另一方面也创造出一个普遍利用自然属性和人的属性的体系,创造出一个普遍有用性的体系,甚至科学也同一切物质的和精神的属性一样,表现为这个普遍有用性体系的体现者,而在这个社会生产和交换的范围之外,再也没有什么东西表现为自在的更高的东西,表现为自为的合理的东西。因此,只有资本才创造出资产阶级社会,并创造出社会成员对自然界和社会联系本身的普遍占有。由此产生了资本的伟大的文明作用;它创造了这样一个社会阶段,与这个社会阶段相比,一切以前的社会阶段都只表现为人类的地方性发展和对自然的崇拜。"①从表面上看,这是对资本文明的肯定,这种肯定在《共产党宣言》中已经提出并加以论证。但细加分析,可以发现,肯定之中包含着否定。资本在使人类从"地方性发展和对自然的崇拜"中解放出来的同时,又使自然成为"普遍有用性体系",并"服从于人的需要"。或者说,资本"疯狂地发展生产力"的目的不是使人类从"地方性发展和对自然的崇拜"中解放出来,而是落脚在自然的"有用性"或"有用性"的自然上。这样,以资本为基础的生产在建构一个人的对象世界的同时,又在疯狂地破坏或瓦解这个世界。因为资本对利润的追逐是无止境的。

资本的逻辑就是无限增殖,"资本与增殖几乎是同义词,可以说资本就是增殖"②。资本的增殖逻辑与生态环境之间存在对抗性矛盾,并导致了生态危机的形成。这一矛盾包括以下三个环节:

①　《马克思恩格斯文集》第 8 卷,人民出版社 2009 年版,第 90 页。
②　陈学明:《资本逻辑与生态危机》,载《中国社会科学》2012 年第 11 期。

（一）资本逻辑与生态环境之间的对抗性矛盾以资本逻辑对自然界的统治为前提

资本逻辑对自然界的统治意味着，只要能够促进资本增殖，就可以无所顾忌地开发和利用自然界。这首先需要资本逻辑消灭自然界的独立性价值，使之成为工具性价值。在资本主义社会之前的时代，自然界有着自身的独立性价值，甚至是神圣性的价值，从而使人们保持着对自然的敬畏和崇拜态度，对自然界的开发和利用也总是维持在一定的限度之内。而在资本逻辑的主导下，自然不再具有自身的独立性价值，不再是一种"自为的力量"，只是用来满足人类需要的手段，自然界的价值就转变成了工具性的价值。资本的基本属性对自然界产生的影响就是使之成为工具。既然资本总是在有用性的意义上看待和理解一切存在物，当然它也要在有用性的意义上看待和理解自然界，自然界只能在资本这一抽象的形式中表现自己的存在，这样，自然界就失去了"感性的光辉"。自然界也就成了"真正是人的对象"，"真正的有用物"，它不再被认为是一种"自为的力量"。资本逻辑消灭了自然界的独立性价值，肯定了自然界的工具性价值，打破了开发和利用自然的第一种限制。

资本逻辑还进一步扭曲了自然界的工具性价值。自然界对人类的生存和发展具有多重的工具性价值，良好的自然环境是人类生存的前提。自然界对人类具有多重价值，这也维护着自然界的独立性，从而制约了资本对自然的开发和利用。但资本逻辑则斩断了人类与自然之间的直接关系，建立起资本对人类和自然的直接统治关系。一方面，资本对人类的统治体现在把人类的多重需要转变成单向度的货币化需要，这意味着人类的需要如果不以货币的形式体现出来，就无法得到资本的重视，所以，自然界对人类的多重价值不再重要。另一方面，自然界的工具性价值从满足人类的多重需要转变成了满足资本增殖的需要，自然界成为了满足资本增殖的手段。这样一来，自然界对人类的多重价值被异化为对资本增殖的单向度价值，这就打破了开发和利用自然的第二种限制。

因此，当资本逻辑建立起对自然界的统治的时候，人类开发和利用自然的依据不再是自然界的独立性价值,也不再是自然界对人类的多重价值,而是自然界对资本增殖的工具性价值。资本逻辑本身是一种盲目性的力量,在开发和利用自然的时候,不会顾及是否对自然界本身造成损害。所以,资本逻辑对自然界的统治孕育着资本逻辑与生态环境之间的对抗性矛盾。

(二)资本逻辑与生态环境之间的对抗性矛盾以资本的私人占有性质与生态环境的社会性质之间的矛盾为核心

资本增殖与生态环境之间的矛盾之所以是对抗性的关系,是因为资本增殖以工业化生产为载体,而工业化生产则以大规模的物质资源消耗和废弃物排放为支撑,从而具有反生态的性质。也就是说,资本增殖与生态环境之间的对抗性矛盾,根源于工业化生产与生态环境之间的对抗性矛盾。那么,只要改变反生态的工业化生产方式,建立生态化的工业生产方式,就能解决资本增殖与生态环境之间的对抗性矛盾。而且,确实存在着这样的可能性,随着现代科技的飞速发展,有可能把反生态的工业生产方式改造成生态化的工业生产方式。只要实现这一点,资本增殖甚至能够改善生态环境。

这种前景毫无疑问是鼓舞人心的,但这实际上只是一种乌托邦幻想。因为这种观点成立的前提是,资本逻辑会选择生态化的工业生产方式,而不是反生态的工业生产方式。但是,资本的私人占有性质与生态环境的社会性质之间存在根本性的矛盾。所谓的资本的私人占有性质是指,资本由排他的利益主体所占有,从而单个资本只为自身的增殖服务,而不会考虑其他因素。而生态环境的社会性质是指,生态环境往往是人们所共享的,不具有排他的性质,生态环境的占有主体是不明确的,从而难以体现为资本的成本。

这就决定了资本只能选择反生态的工业生产方式,不可能选择生态化的工业生产方式。在反生态的工业生产方式中,资本逻辑与生态环境之间的关系体现为,本来是由社会所占有的环境收益被资本所占有,本来应该由资本所承担的环境成本则被社会所承担,反生态的工业生产方式促进了资本增殖,与资本逻辑具有天然的契合性。而生态化的工业生产方式与资本逻辑是不相适应的,一方面,生态化的工业生产方式需要资本承担起破坏生态环境的成本,这违背资本的增殖逻辑,而且生态环境的社会性质很难迫使资本承担起环境成本。另一方面,生态化的工业生产方式将会生产生态产品,但是生态产品的社会性质使其难以转化为生态商品,且资本也难以通过生态产品获取利润。所以,资本的私人占有性质与生态环境的社会性质之间的矛盾决定了资本主义生产方式必然具有反生态的本质。

（三）资本逻辑与生态环境之间的对抗性矛盾以资本增殖的无限性与生态环境的有限性之间的矛盾为最终表现

资本的无限增殖直接体现为资本主义生产规模的无限扩张。资本的增殖逻辑具有绝对性和无限性,这决定了资本主义生产规模的扩张具有绝对性和无限性。只要存在资本,那么资本就会寻找增殖的机会,尝试扩大生产规模,也就是说生产规模的扩张只受到资本本身的限制,而不会顾及其他的限制。"资本主义生产的真正限制是资本自身,这就是说:资本及其自行增殖,表现为生产的起点和终点,表现为生产的动机和目的;生产只是为资本而生产"[1]。

资本的增殖逻辑还导致消费规模的无限扩张。资本增殖的实现不仅仅依赖于商品的生产,还依赖于商品的交换,而商品交换能否成功,则由其消费规模决定,所以,资本逻辑必须要扩张其消费基础。而资本逻辑扩张其消费基础是通过异化消费来实现的。正常消费的目的是为了消费商品的使用价值,但异化消费是"人们为补偿自己的那种单调乏味的、非创造性的,且常常是报酬不足的劳动而致力于获得商品的一种现象"[2]。这是因为,在资本主义社会中,人们不能在劳动中确证自身的价值和本质力量,只能在消费中体验到自身的价值和本质力量。在异化消费中,人们进行消费的目的不再是为了满足自己的真实需要,而是为了消费而消费,消费本身成为目的,这使人类的消费需求无限扩张起来。

总之,在资本逻辑主导下,资本主义的生产方式会无限制的扩张,而且资

---

① 《马克思恩格斯文集》第 7 卷,人民出版社 2009 年版,第 278 页。
② ［加］阿格尔:《西方马克思主义概论》,慎之等译,中国人民大学出版社 1991 年版,第494 页。

本主义生产方式又以大量地索取自然界的物质资源和向自然界排放废弃物为特征,所以,资本逻辑最终导致向自然界无节制地索取物质资源和排放废弃物。但自然界所能提供的物质资源、所能承载的废弃物数量及其自身的修复能力都是有限的。资本增殖的无限性与自然界的有限性之间形成了对抗性矛盾。资本的增殖是绝对的,由此必然会突破自然界的限制,最终导致生态危机。

二、资本逻辑造成经济发展与环境保护的两难境地

从根本上讲,中国现代化与西方资本主义现代化走的不是同一条道路,其重要原因在于,社会主义不是以资本为基本原则的社会形式,而是"以每一个个人的全面而自由的发展为基本原则的社会形式"[①]。这就决定了两者在生产与消费、人与自然关系问题上的不同态度和不同状态。在资本主义生产方式中,资本"作为价值增殖的狂热追求者,他肆无忌惮地迫使人类去为生产而生产,从而去发展社会生产力,去创造生产的物质条件"[②],因而,人与自然之间必然是对立的。共产主义社会则是"人同自然界的完成了的本质的统一,是自然界的真正复活,是人的实现了的自然主义和自然界的实现了的人道主义"[③],因为在这个社会中,"社会化的人,联合起来的生产者,将合理地调节他们和自然之间的物质变换,把它置于他们的共同控制之下,而不让它作为一种盲目的力量来统治自己;靠消耗最小的力量,在最无愧于和最适合于他们的人类本性的条件下来进行这种物质变换"[④]。尽管这个论述是对未来共产主义社会的期许,但对当代中国实践的重要指导意义是毋庸置疑的,因为社会主义是共产主义的初级阶段,它的终极目标同样是"每一个个人的全面而自由的发展"。也就是说,资本主义生产方式造成生态危机,而社会主义生产方式则

---

①　《马克思恩格斯文集》第5卷,人民出版社2009年版,第683页。
②　《马克思恩格斯文集》第5卷,人民出版社2009年版,第683页。
③　《马克思恩格斯文集》第1卷,人民出版社2009年版,第187页。
④　《马克思恩格斯文集》第7卷,人民出版社2009年版,第928—929页。

以生态文明为显著标识。

但是,我们也看到,社会主义初级阶段的一个显著特点是生产力不发达。生产力不发达,意味着人们合理地调节他们和自然之间物质变换的能力还不强,还不能在最无愧于和最适合于人类本性的条件下来进行这种物质变换,从而不能为一个更高级的、以每一个个人的全面而自由的发展为基本原则的社会形式建立现实基础。按照马克思《资本论》的致思路径,考察人们的日常生活现实,必须承认,生产力不发达则意味着人们基本的、合理的物质生活需要尚不能得到满足,还没有达到真正意义上的人的自由而全面的发展。这正是社会主义初级阶段发展生产力的根本因由。如果把马克思的上述理想看成是"自由王国"的话,那么,我们现在仍然处在"必然性的王国"之中。在这个"必然性的王国"中"像野蛮人为了满足自己的需要,为了维持和再生产自己的生命,必须与自然搏斗一样,文明人也必须这样做;而且在一切社会形式中,在一切可能的生产方式中,他都必须这样做"①。在这个"必然性的王国"之中,我们必须同自然界搏斗,因此,必须大力发展生产力。

在马克思看来,资本伟大的文明作用在于"去发展社会生产力,去创造生产的物质条件",从而"为一个更高级的、以每一个个人的全面而自由的发展为基本原则的社会形式建立现实基础"。由此观之,在社会主义初级阶段必须借助和利用资本的力量来发展生产力。也就是说,在建设中国特色社会主义过程中,不能没有资本这个因素。在一个相当长的历史时期,由于对中国社会发展阶段缺乏清醒的认识,对历史唯物主义的真精神缺乏准确的把握,我们拒绝了资本,把资本当作洪水猛兽。改革开放以后,我们开始认识到资本作为推动生产力发展手段的巨大杠杆作用,开始引入市场经济以及资本。由于中国特色社会主义制度的开放性和包容性,资本已经在我国社会生活的很多方面扎下根来并在不断地壮大自身。资本一旦与中国特色社会主义这种优越的社会制度联系起来,其神奇的魅力便得到了充分发挥,演绎了一场举世震惊的

---

① 《马克思恩格斯文集》第7卷,人民出版社2009年版,第928页。

生产力革命的神奇话剧。短短 30 多年的时间,我们基本上跨越了资本主义用几百年才走过的生产力发展的历程,从而在真正的意义上跨越了资本主义"卡夫丁峡谷"。目前,我国的经济总量已经跃居世界第二位,人们的生活已经从贫困中摆脱出来并正在全面实现小康。在人与自然的关系问题上,随着科学技术的不断进步,人们对自然界的认识和改造有了质的提高。

　　人与自然的关系日趋紧张,这是一个全球性问题,但无须讳言,作为世界上最大的发展中国家,生态问题日益凸显并成为制约我国经济社会全面发展的一个瓶颈。生态问题之所以如此集中爆发,原因是多方面的,但资本逻辑是怎么也绕不开的一个因素。正是由于资本的力量,"现代社会如同置身于朝向四方疾驰狂奔的不可驾驭的力量之中,这种力量必然将现代社会带入被人为制造出来的大量新型风险之中,这其中包括生态破坏和灾难"①。毫无疑问,我们正面临着这种风险,而且这种风险正在演化为危机。尽管中国特色社会主义制度给资本逻辑划定了边界,即把资本逻辑限定在经济领域,但资本在面对利润时"狼一般贪婪"的本性并没有改变,为了获取利润,生态文明建设被弃之不顾。因此,从总体上来讲,生态危机是资本扩张的结果。具体来说,有主观和客观两个方面的原因。在客观上,经济全球化实质是资本全球化,资本全球化意味着整个世界都落入到资本的掌控之中。马克思从来不用玫瑰色描绘资本,因为自从资本来到世间,每个毛孔都滴着血和肮脏的东西。毫无疑问,在当代西方发达资本主义国家中,资本逻辑所创造的生产力以及科学技术都达到了相当高的水平。应该说,他们有足够的资金和技术还世界一个"朗朗乾坤"。然而,既然生态危机是资本逻辑负面效应的必然结果,也就是说,生态危机是资本主义生产方式内源性的危机,因此,指望西方资本主义引领人类走出生态危机是不现实的。美国学者理查德·罗宾斯也看到了这一点:"仅美国一国就使用了世界 20% 多的能源,其二氧化碳的排放量超过了世界总排放量的 20%,而二氧化碳是导致全球变暖的罪魁祸首。美国和加拿大是

①　[英]吉登斯:《现代性的后果》,田禾译,译林出版社 2000 年版,第 38 页。

世界上人均能源消耗最多的国家，也是地球上二氧化碳排放量最高的两个国家。但是，它们也是最坚决的抵制《京都议定书》的两个国家。"①

在主观上，我们对资本的强烈渴求和不加限制地利用，加剧了生态危机。随着改革开放的不断深入，我们越来越意识到中国现代化需要资本的助力，离开资本的现代化只能是纸上谈兵。在人们的大脑中逐步形成一种思想观念，即资本是万能的，是解决一切问题的灵丹妙药。一方面，外资大量进入中国。资本来到中国，它奉献的绝不是玫瑰，因为它以攫取利润甚至是高额利润为自己的最高使命，它看中的是资源、环境以及廉价劳动力等，所以，在利润的诱惑下，资本完全可以置生态环境于不顾。另一方面，在实际工作中，这种观念助长了唯 GDP 主义。所谓 GDP 主义，就是把经济增长看作是一切工作成败的唯一标准。这里所讲的 GDP，是指单纯经济量的增长，而没有把生态因素纳入其中，是一种外延式的、粗放式的增长方式的统计方法。长期以来，GDP 在经济发展过程中居于灵魂或核心的地位，即使在今天经济新常态下，在一些地方和一些官员心目中，它的地位也并没有实质性降低，只是退居幕后。GDP 是一把双刃剑，它一方面表现为庞大的商品堆积，另一方面又表现为资源消耗和环境破坏。也就是说，GDP 的增长是以牺牲生态环境为代价的。有外国学者曾断言，一些发展中国家的经济，包括中国和印度在内，如果扣除资源消耗和环境破坏的因素，实际上是负增长。这个论断虽然言过其实，但也并非毫无根据的妄语。

所以，资本逻辑使我们陷入两难处境之中。一方面，中国道路不能没有资本作为铺路石，不能没有生产力的巨大发展。没有生产力的发展，中国道路不是越走越宽，而是越走越窄。另一方面，资本又不断地在中国道路上设下拦路石，使资源短缺和环境破坏成为中国道路进一步发展的严重障碍。走出这个两难处境是推动中国道路进一步发展的重要前提。习近平指出："走向生态

———————

① ［美］理查德·罗宾斯：《资本主义文化与全球问题》，姚伟译，中国人民大学出版社 2013 年版，第 289 页。

文明新时代,建设美丽中国,是实现中华民族伟大复兴的中国梦的重要内容。"①也就是说,没有生态文明,就没有中国梦的真正实现。因此,我们"既要绿水青山,也要金山银山。宁要绿水青山,不要金山银山,而且绿水青山就是金山银山。我们绝不能以牺牲生态环境为代价换取经济的一时发展。"②习近平的这个重要论断,既表明我们面临着经济发展与保护生态环境的双重任务,又表明我们克服两难处境的信心、决心和美好前景。

三、资本逻辑向全球的扩张与生态危机的关系

全球化的本质就是资本逻辑在全球的扩张。全球化是把双刃剑,一方面强化了资本逻辑与自然环境之间的对抗性矛盾,从而加剧了生态危机;另一方面也为全球生态治理,解决生态危机创造了条件。

（一）资本逻辑在全球不断扩张

资本逻辑在全球的不断扩张首先体现为贸易全球化。在资本增殖的过程中,生产与消费之间存在着内在矛盾,一方面资本的增殖需要消费基础的支持,资本主义的生产规模与消费规模必须保持适当的比例。另一方面资本主义的生产规模又总是会超越消费规模,正像马克思所说:"生产力越发展,它就越和消费关系的狭隘基础发生冲突。"③这一矛盾无法在单个资本主义生产体系内部得到解决,要解决这一矛盾,只有依赖于外部市场,寻找新的消费基础。"不断扩大产品销路的需要,驱使资产阶级奔走于全球各地。它必须到处落户,到处开发,到处建立联系。资产阶级,由于开拓了世界市场,使一切国家的生产和消费都成为世界性的了。"④所以,"资本"这个概念包含了塑造世界市场的趋势,推动着贸易的全球化。

资本逻辑在全球的扩张还体现为投资的全球化。贸易全球化让资本主义

① 《习近平关于社会主义生态文明建设论述摘编》,中央文献出版社2017年版,第20页。
② 《习近平关于社会主义生态文明建设论述摘编》,中央文献出版社2017年版,第21页。
③ 《马克思恩格斯文集》第7卷,人民出版社2009年版,第273页。
④ 《马克思恩格斯文集》第2卷,人民出版社2009年版,第35页。

国家获得了超额利润,这为资本主义国家实施福利国家政策奠定了基础。福利国家政策提升了工人工资水平,改善了工人生活条件,缓和了国内阶级矛盾。但是,福利国家政策与资本增殖又是相矛盾的,福利国家政策要求分配给工人阶级更多的劳动成果,但分配给工人的越多,用于资本增殖的就越少,福利国家政策就成为了资本增殖的限制。另外,对于工人阶级来说,如果他还不能满足自身的基本生活需要,那么他就不太关心生态环境的好坏。但是当工人阶级的基本生活需要得到满足之后,他就会把注意力转移到生态环境的改善上来。对改善生态环境的诉求越强烈,破坏生态环境的成本也就越高昂。所以,福利国家政策导致资本同时面临国内劳动力成本上升和环境成本上升的问题,从而严重影响了资本的增殖。为了规避本国劳动力成本和环境成本的上升,寻找更加廉价的劳动力和降低环境成本,资本必然寻找机会向外部扩张。只是这种扩张不再局限于塑造世界市场和推动贸易全球化,而是进展到塑造世界工厂和推动投资全球化的阶段。

(二)全球化时代的资本逻辑加剧了生态危机

在全球化时代,当人们看到发达国家生态环境日趋好转时,往往会认为资本逻辑包含着解决生态危机的可能性,但这只是对表面现象的片面认识。实际上,贸易全球化和投资全球化的交互作用加剧了生态危机,并增加了全球环境治理的难度,因此,从资本逻辑出发不可能解决生态危机。

第一,资本逻辑在全球的扩张直接加剧了生态危机。全球化时代,资本逻辑对生态环境的破坏是通过生态帝国主义手段实现的。生态帝国主义是指发达资本主义国家为了改善本国生态环境和获取超额剩余价值,通过资本和技术力量控制发展中国家,从而把生态危机转嫁到发展中国家,并掠夺大量资源和利润的行为。易言之,一是资本主义国家通过投资全球化,把高耗能、高污染的产业转移到了发展中国家,从而完成了环境污染的转移。二是资本主义国家通过贸易全球化,凭借其强大的资本和技术力量,迫使发展中国家廉价出售本国的各种自然资源,使发展中国家的生态环境遭到破坏。三是全球化时代的资本逻辑通过掠夺利润,还造成发展中国家的贫困,而人们越是贫穷,也就越愿意以更低廉的价格出卖当地的生态环境。这样,全球化时代的资本逻辑在空间上塑造了一个生态和经济的双重"中心—边缘"结构。中心地区的发达国家享受着在发展中国家生产的产品,却不用支付环境成本,而且自身的生态环境好转。边缘地区的发展中国家只能得到很少的环境收益,却遭受着严重的环境污染。而且,因为全球化导致资本逻辑总体运行规模的不断扩张,对物质资源的消耗总量和向环境中排放的废弃物总量也在持续增加,这进一步加剧了资本增殖的无限性与生态环境的有限性之间的矛盾,使全球生态危机越发严重。

第二,资本逻辑在全球的扩张也增加了全球环境治理的难度。全球化提升了资本的流动性,这直接增加了全球环境治理的难度。简言之,一是增加了主权国家内部进行环境治理的难度。对于资本来说,当一个国家或地区管制严厉或者环境成本上升时,资本就会逃离这一国家或地区,转移到管制宽松和成本较低的地方。而且在竞争性条件下,如果单个资本承担过高的环境成本,那么,在与其他资本的竞争中就会处于劣势地位,资本为了生存必然会从高环境成本地区流向低环境成本地区。对于主权国家来说,为了促进经济发展,各国政府不愿意降低本地区资本的竞争力,也不愿意使资本从本地区流出,各国政府不得不放松管制和降低资本所承担的环境成本。所以,全球化提升了资本的流动性,使资本在与政府的博弈中往往会处于优势地位,增加了主权国家进行环境治理的难度。二是增加了国际环境合作的难度。国际环境合作从本质上来看,就是对于环境责任的再分配。但是,因为全球发展的不平衡和资本流动性的提升,哪个国家承担的环境责任越多,哪个国家在经济发展中就越处于不利地位,所以,世界各国对环境责任的分配难以达成共识,"共同但有区别的责任"很难落到实处。

(三)全球化本身可以为解决生态危机创造条件

全球化既加剧了生态危机,也在为解决生态危机创造条件。"从历史辩证的观点全面考察全球化与生态环境的关系,可以说,全球化既是造成今天全球生态环境急剧恶化的深层次原因,又是克服生态危机、实现生态文明所不可缺少的前提和条件。"①

第一，全球化面临着自身的边界，从而也为解决生态危机创造了条件。资本逻辑在全球扩张的结果是不断在后发国家和地区产生新资本，当国家的管制力度和环境成本上升的时候，新资本又不断投入到其他的国家和地区，从而形成不断从资本高地溢出流向资本洼地，而资本洼地又会不断形成新的高地的态势。但全球空间是有限的，随着全球化的推进，资本逻辑会逐步扩张达到其边界，也就是说随着全球化的逐渐完成，恰恰意味着资本将会丧失扩张的空间。在全球化进程中，资本总是能够通过向低环境成本地区进行投资来规避高环境成本。但当全球化逐步接近完成的时候，全球的环境成本都将上升，那么一方面大量的资本必须寻找新的投资机会，另一方面资本已经难以找到环境成本低廉的投资地域，这促使资本只能接受相当于或者高于环境价值的环境成本。所以，在全球化进程中，对资本的约束将更加困难，但随着全球化的拓展，对资本的约束将成为可能，这也就为解决生态危机创造了条件。

第二，在全球化过程中形成了全面的全球交往，在为全球生态治理创造条件。在全球化进程中，随着全球生态交往逐步加深，人们也在努力推动全球生态合作，从而为解决全球生态危机创造条件。概言之，一是国际环境保护机构不断发展，联合国、世界卫生组织、世界银行等国际组织都设立了专门的环境评估和保护机构，而且民间的非政府环境保护组织也大量出现。二是国际环境保护机制的逐渐完善，多年来世界各国相继协商制定了诸如《联合国气候变化框架公约》《京都议定书》等许多具有一定软约束力和号召力的环境保护规则。三是国际环境保护行动持续进行，例如，在许多国家共同努力下，推动了全球环境保护峰会的召开，筹集了大量的环境保护基金，开展了环境评估和环境保护宣传工作等等。当然，在全球生态治理的过程中总是存在着曲折和反复，但大趋势是全球生态交往越来越深入，交往主体越来越多样化，交往行动越来越频繁，交往规则越来越完善，这无疑会有力推动全球生态治理的进步。

---

① 陈志尚:《论生态文明、全球化和人的发展》,载《北京大学学报》(哲学社会科学版)2010年第1期。

第二节　"绿水青山就是金山银山"的新财富观

2021 年 4 月 26 日,中共中央办公厅、国务院办公厅印发了《关于建立健全生态产品价值实现机制的意见》(以下简称"《意见》"),这对于切实推动绿水青山向金山银山转化无疑是引领性的关键文件。习近平指出,"我们既要绿水青山,也要金山银山。宁要绿水青山,不要金山银山,而且绿水青山就是金山银山"①。这一重要论述是对资本与生态矛盾的譬喻式解答,是在"人与自然和谐共生"的生态价值观基础上对经济社会发展与生态环境保护之间关系做出的新界定。"绿水青山就是金山银山"为全球性生态危机诊疗、对我国生态文明建设做出方向性规定,蕴含着超越资本逻辑的属性。

"金山银山和绿水青山的关系,归根到底就是正确处理经济发展和生态环境保护的关系。这是实现可持续发展的内在要求,是坚持绿色发展、推进生态文明建设必须解决的重大问题。"②习近平的"两山理论"等重要讲话,体现了新的历史时期党和政府积极倡导绿色发展理念,大力推进社会主义生态文明建设的鲜明态度和坚定决心,是一种新型的财富观,即绿色财富观。可以说,形象生动的"两山理论",浓缩了习近平关于环境保护和经济发展的核心思想,是我国协调生态与经济、保护与发展、人与自然关系,将生态优势转变为发展优势的思想指南与行动纲领,彰显了当代中国全新的执政理念。

一、"两山理论":科学破解经济发展和环境保护的"两难"悖论

绿水青山强调的是生态优势,金山银山强调的是经济优势。生态优势并不是直接的经济优势,关键是如何将之转化为经济优势。习近平明确提出,如果能够把这些生态环境优势转化为生态农业、生态工业、生态旅游等生态经济

---

① 《习近平关于社会主义生态文明建设论述摘编》,中央文献出版社 2017 年版,第 21 页。
② 《习近平新时代中国特色社会主义思想三十讲》,学习出版社 2018 年版,第 244—245 页。

的优势,那么绿水青山也就变成了金山银山。这就科学指明了"两山论"的实践途径:一是实现产业的生态化,产业结构不合理,是造成生态问题的重要原因,因此,必须按照生态文明的原则、理念和要求,调整和优化产业结构;二是实现生态的产业化,这就是要把自然优势转化为产业优势,实现生态效益和经济效益的统一。无论是山川秀美的地方,还是生态脆弱的地方,都可以按照这一原则在产业上做出生态创新选择;三是大力发展生态产业,在实现产业生态化和生态产业化相统一的过程中,关键是要将生态农业、生态工业和生态第三产业作为生态文明产业结构的基础和核心。优美的生态环境,是人民群众健康绿色生活的体现,同时能够给人民群众提供更多更好的发展机会。

(一)发展初期,片面追求金山银山,忽视绿水青山

良好生态环境的需要不仅体现人民群众的生存权,也体现人民群众的发展权。人民群众在物质条件和生存权利得到保障后,必然会对优质的生态产品和优美宜居生态环境提出新的要求。如果不能满足人民群众关于优质生态产品和优美宜居的生存环境的需要,那么人们日益增长的美好生态环境的需求同落后的生态环境保护工作之间的矛盾将带来更多的社会问题。因此,立足于经济社会发展和人的全面发展,生态环境应不仅仅满足人民群众最基本的生存权,还要为人民群众创造进一步发展的机会。改革开放初期,由于受客观历史条件的制约,人们对生态环境的保护的重要性认识不清,重视不够,片面强调了经济发展的重要性和紧迫性,结果陷入了只重视金山银山,而忽视绿水青山的误区。随着经济社会的发展,在反思以往发展理念和发展方式的基础上,面对经济发展所带来的一系列社会和生态问题,在对"两山"关系的认识上有所反思和改变,在实践上进行纠偏和矫正。认为金山银山与绿水青山之间不是相互对立的,而应该是统一的,应该坚持走既要金山银山也要绿水青山的发展道路,实践上也开始探索实现两者统一的路径。党的十八大以来,以习近平同志为核心的党中央审时度势,及时调整发展理念与发展战略,在继续坚持以经济建设为中心的同时,重点关注"两大污染"问题,即社会环境污染和自然环境污染。对金山银山与绿水青山关系的认识发生了深刻变化,认为

绿水青山就是金山银山,并在实践中切实践行"两山"理论。

在生产力尚不发达的农耕时代,我们虽然享受着"绿水青山",却饱受物资匮乏的困扰。人们把"绿水青山"看作天经地义的天赐之物,而不计代价地牺牲资源,去追求"金山银山"。但由于当时生产力水平低下,制约了人们对"金山银山"的获取,也使人们没有强大的改变"绿水青山"的能力,人们充其量只能改造自然的表层,而无法干扰自然的系统运行。人们靠天生产,靠天生存,在尝试创造"金山银山"的同时,竭力挣扎着试图改造"绿水青山"以期更多地摆脱自然对生存的控制。

当历史的脚步迈入工业文明时代,工业文明的发展和科技进步极大地提高了人们征服改造自然的能力,也放大了我们用"绿水青山"换取"金山银山"的欲望。伴随着科技进步和人们征服改造自然能力的增强,人们不仅可以破坏自然的表层,而且可以干扰自然的系统运行。进入工业文明时代,伴随生产力的进步给人类带来巨大物质财富的同时,也使"两山"之间矛盾开始突显出来。在人们大肆追求和获得"金山银山"的同时,"绿水青山"的消失却给人类带来了新的困扰。

在改革开放初期我们提出了"效率优先,兼顾公平""经济发展是执政兴国的第一要务""发展才是硬道理"的发展理念,而对于发展的深层次问题,即应该怎样发展才是合理的,发展为了谁的深层次问题却无暇顾及。当然提出这样的发展理念是符合当时的时代背景和要求的,因为每个历史时期都有亟待解决的突出矛盾和问题。

发展理念决定发展方向、发展道路和发展方式,所以,中国在改革开放的初期便实行了高投入、高消耗、高污染、高排放,低效率的"四高一低"的粗放型经济发展方式,这种发展方式在短期内切实推进了经济的快速发展,使中国的经济总量迅速增加,物质财富日益丰富,中国一跃成为世界第二大经济体,综合国力迅速增强,国际地位大幅提升,取得了令世人瞩目的经济成就。但这些发展成就的取得,使我们付出了沉重的代价,具体表现就是"两污"问题的凸显,即社会环境污染(是指贫富差距加大,社会风气变坏,腐败盛行)和自然

环境污染。自然环境污染,表现为资源短缺、空气质量下降、地上地下水污染
严重、森林面积大量减少、草原沙化严重、突发性自然灾害频发等一系列问题。
这些问题不仅成为经济发展的严重瓶颈,而且威胁人类自身的生存与健康。
现实使人们清醒地认识到改革开放以来我们取得巨大经济成就一部分是以牺
牲资源环境为代价换取的,发展的代价是十分沉重的。

这样的发展方式说到底就是用绿水青山换取金山银山,即只要金山银山
而不要绿水青山。这种发展方式以及所带来的发展后果已经受到社会有识之
士的普遍质疑。习近平曾明确指出:"我们在生态环境方面欠账太多了,如果
不从现在起就把这项工作紧紧抓起来,将来会付出更大的代价。"①

(二)随着经济发展,认识到既要金山银山,也要绿水青山

面对中国经济发展所带来的一系列后果,党中央及时反思我们过去的发
展理念和发展方式,对发展的深层次问题进行深入思考:我们到底应该怎样发
展? 采取什么样的发展方式才是合理的? 发展的根本目的和宗旨是什么? 通
过对以往发展理念和发展方式的反思,我们党及时调整了以往的发展理念、发
展战略和发展方式,提出我们不仅要发展得快,还要发展得好。这是对我国改
革开放和社会主义现代化建设实践经验总结的结晶,是发展理念的根本转变。
在党的十六届五中全会上,党中央明确提出"建设资源节约型社会与环境友
好型社会"战略任务,着力解决我国经济发展与资源环境的矛盾,不断提高资
源环境保护能力,实现国民经济健康持续、又好又快地发展。党的十七大第一
次将生态文明建设写在中国特色社会主义建设的旗帜上,这表明我们党对生
态文明建设的重要性与紧迫性认识又上一个新台阶,达到一个新境界。同时
也表明我们对经济发展与环境保护关系的认识又进一步深化。

(三)进入新时代,认识到绿水青山就是金山银山

党的十八大以来,以习近平同志为核心的党中央审时度势,及时调整经济
社会发展战略,在继续坚持以经济建设为中心的同时,把集中解决"两大污

① 《习近平关于全面建成小康社会论述摘编》,中央文献出版社 2016 年版,第 164 页。

染"作为这个时期的工作重点。有关生态环境的治理,党的十八大报告第一次将生态文明建设作为一个独立篇章加以系统阐述,并将其纳入中国特色社会主义建设的总体布局之中,使中国特色社会主义建设布局由原来的"四位一体"调整为经济建设、政治建设、文化建设、社会建设、生态文明建设的"五位一体",把生态文明建设摆在突出位置。同时进一步加强完善环境立法和环境执法,加大环境的监督检查力度,成立环保督察组,定期或不定期对地方进行环保检查与督察,对玩忽职守拒不执行环境法律者严惩不贷,坚持用最严格的制度和最严密的法治保护生态环境。中央环保督察覆盖全国31个省份。同时,改变传统的政绩观,对地方领导干部的考核指标,由原来单一的GDP指标,又加上环境质量指标,对环境保护不达标的实行一票否决制。

习近平还针对当前中国经济发展状况,对我国面临的经济发展态势进行研判,指出由于国内外经济发展形势与趋势的变化,我国经济的快速发展时期已经过去,未来经济发展进入到经济发展"新常态",经济发展将面临发展速度放缓、经济结构调整、发展动力转换、发展方式转变的新态势、新局面。经济"新常态"是一个具有特定含义的概念,是对当下中国经济社会发展特征和本质,对未来经济发展趋势与方向的最新概括。在经济"新常态"的九大特征中,明确提出了我国环境承载能力已达到或接近上限。经济新常态为生态文明建设提供新的契机,我们必须尽快推动形成绿色低碳循环发展新方式,建设美丽中国,让人民群众有权利享受健康绿色的生活环境。

党的十八届五中全会进而又提出"创新、协调、绿色、开放、共享"的新发展理念。在新发展理念的指引下,我国经济发展方式开始由过去的粗放型向集约型转变、由外延型向内涵型转变、由资源依赖型向科技创新型转变。这就是习近平所讲的"腾笼换鸟,凤凰涅槃",必须从根本上转变经济发展方式。未来经济发展必须走科技创新的发展道路,因为国际竞争日趋激烈,国际竞争说到底就是科技发展水平的竞争,产品的国际竞争力主要是由产品中的科技含量决定,只有科技含量高的产品才会有国际竞争力。另外,由于资源日趋紧张,仅仅依靠人力、物力资源和生产要素投入经济发展是不可持续的。因此,必须转变经济发展方式,即由资源依赖型向科技创新型的根本转变。

习近平在党的十九大报告中,回顾过去五年的工作时提出,"生态文明建设成效显著。全党全国贯彻绿色发展理念的自觉性和主动性显著增强,忽视生态环境保护的状况明显改变"①。在阐述新时代中国特色社会主义思想和基本方略时提出,"建设生态文明是中华民族永续发展的千年大计。必须树立和践行绿水青山就是金山银山的理念"②,"建设美丽中国,为人民创造良好生产生活环境,为全球生态安全作出贡献"③。在报告中具体阐述加快生态文明体制改革、建设美丽中国时强调,"生态文明建设功在当代、利在千秋。我们要牢固树立社会主义生态文明观,推动形成人与自然和谐发展现代化建设新格局"④。

二、"两山理论":正确把握绿色现代化发展规律,创新科学发展战略

"两山理论"在浙江从提前实现小康社会迈向加快全面建设小康社会、提前基本实现现代化这一新阶段创立。在建设小康社会时期,浙江经济快速发展,人民生活水平提高,社会事业进步,从一个自然资源短缺的省份迅速成长为经济大省。人均国民收入进入中等收入阶段,这一时期既是"发展黄金期",又是"矛盾凸显期"与"增长方式转变期"。因为浙江虽然在经济社会发展上取得了长足的进步,但面临着"先天的不足"和"成长的烦恼"。习近平深有感触地说,我们"深深感受到'成长的烦恼'和'制约的疼痛'",必须抓住机遇,深入落实科学发展观,推动经济增长方式从粗放型增长向集约型增长方式转变。

---

① 习近平:《决胜全面建成小康社会　夺取新时代中国特色社会主义伟大胜利——在中国共产党第十九次全国代表大会上的报告》,人民出版社2017年版,第5页。
② 习近平:《决胜全面建成小康社会　夺取新时代中国特色社会主义伟大胜利——在中国共产党第十九次全国代表大会上的报告》,人民出版社2017年版,第23页。
③ 习近平:《决胜全面建成小康社会　夺取新时代中国特色社会主义伟大胜利——在中国共产党第十九次全国代表大会上的报告》,人民出版社2017年版,第24页。
④ 习近平:《决胜全面建成小康社会　夺取新时代中国特色社会主义伟大胜利——在中国共产党第十九次全国代表大会上的报告》,人民出版社2017年版,第52页。

　　"两山理论"是治理发展中"成长的烦恼"和"制约的疼痛"的一把钥匙,其更深远的意义是要为浙江加快全面小康社会建设、提前基本实现现代化指明正确发展道路。加快建设全面小康社会、提前基本实现现代化是浙江发展进入新阶段的新目标,也是当时中央要求和浙江人民世代愿望。然而,如何加快建设全面小康社会、又如何提前基本实现现代化,这里有一个道路、战略的选择问题。习近平坚持调研开局、调研开路,在坚持继承与创新统一、中央精神与浙江实际统一的原则下,提出了著名的"八八战略",把进一步发挥生态优势,创建生态省,打造"绿色浙江"作为加快建设全面小康社会、提前基本实现现代化的重要战略。探寻习近平理论创新轨迹,可以领会到"绿色浙江"建设、生态文明建设在其战略结构中统领地位和中心化取向。在"两山理论"中,习近平为浙江设计了一条现代化新道路,即绿色现代化道路,通过发展方式绿色转型,加快全面小康社会建设,达到提前实现基本现代化目标。

　　"两山理论"对现代化发展战略创新贡献,主要体现在三方面:第一,正确把握发展方式转型规律,创新绿色发展战略。党的十四届五中全会提出:经济增长方式从粗放型向集约型转变,要求企业改变生产要素组合结构,改善生产要素质量来促进经济效益增长。这是我国发展方式第一次绿色转型。党的十七大提出:转变经济发展方式,既要转变经济增长方式,还要促进经济增长由主要依靠投资、出口拉动向依靠消费、投资、出口协调拉动转变,由主要依靠第二产业带动向依靠第一、第二、第三产业协调带动转变,由主要依靠增加物质资源消耗向依靠科技进步、劳动者素质提高、管理创新转变。这是我国发展方式第二次绿色转型。党的十八大提出:着力推进绿色发展、循环经济、低碳经济,形成节约资源和保护环境的空间格局、产业结构、生产方式、生活方式,这是我国发展方式第三次绿色转型。"两山理论"深刻揭示了发展方式绿色转型的内在逻辑:自然生态环境不仅是人类生存发展的物质条件,还是生产力要素和财富的存量形态;物质财富绿色生产和绿色财富生产是绿色经济发展动力,物质财富绿色效率生产和绿色财富效率生产是发展方式绿色转型的牵引力;不应该简单地将生态环境看作经济增长的限制或负担,关键采用何种增长方式,如果在生态环境阈值范围之内创新环境友好型技术,探索"生态经济化、经济生态化"形式,那么,将有助于开发生态环境使用价值的多重性和绿色经济增长空间,满足人们日益增长的物质资料、生态环境和人文需求。

第二,正确把握现代化转型规律,创新绿色现代化战略。生态文明是工业文明发展到一定阶段的产物,是现代化的高级形态。德国学者胡伯把人类利用智慧协调发展与环境矛盾、达到经济与环保双赢的发展形态称之为生态现代化。传统现代化是"先污染后治理"的"黑色"现代化,引发的环境问题严重威胁到人类生存和发展。"黑色工业"难以为继,以生态高效技术和环境友好型技术为主导、以知识密集型产业为主体的绿色现代化迅猛崛起。民众环境需求的强势增长和一系列环境保护法规相继问世,加速了"黑色"现代化模式消亡,促进了绿色现代化模式成长,在全球彰显竞争力和引导力,人类生态文明时代来临。而"两山理论"正是洞悉工业文明走向生态文明、传统现代化走向绿色现代化趋势,用中国话语体系改造欧美中心主义语境和逻辑,创立中国特色的绿色现代化理论和战略。中共中央、国务院《关于加快推进生态文明建设的意见》首次把"坚持绿水青山就是金山银山"作为生态文明建设的指导思想,这标志着中国绿色现代化中心战略取向。从生态环境学释义,"绿水青山"本身是生命共同体,具有全域性、共享性特征,人类任何生产和生活须臾不可分离。为满足人类日益增长的多元化的生态环境需求,绿色现代化战略必须体现统领性、整体性和中心化地位,引导其他发展战略。"绿水青山就是金山银山"要求政府生态环境治理方式转型和现代化,从重在末端治理转向前端治理和全过程治理,降低传统工业化引发应急式治理、末端式治理的高风险和高成本代价。

第三,正确把握绿色技术进步增长规律,创新现代化跨越战略。习近平反对发展中国家模仿西方"先污染后治理"传统现代化模式,主张可持续发展的现代化道路。环境经济学研究表明,欠发达国家如果采用绿色技术屏蔽传统现代化"先污染后治理"路径,可以缩短时间直接进入低污染稳定增长的相对发达阶段。习近平将这一研究成果应用到中国现代化阶段跨越实战中来,力求清除西方传统现代化模式影响。从全球视域看,方兴未艾的绿色现代化并无工业化国家先行或新兴经济体后行之别,也无欧美国家先行或东亚国家后行之差,只有先发国家和后发国家之分。新兴经济体完全可以凭借科学的发展理念和正确的发展战略,创新绿色技术,先发优势地先于他国蝶变成为绿色现代化国家。从理论层面讲,把握绿色技术进步增长规律、实现现代化绿色跨越,是发展中国家跳出传统现代化狭隘经验和标准误区的科学发展战略创新。从实践层面讲,绿色现代化孕育着一轮新的国际竞争,发展中国家走绿色现代化跨越道路不仅可以大大降低"先污染后治理"模式高成本、高风险代价,赢得效率优势,而且可以在绿色现代化国际竞争中占得先机、赢得主动。

三、"两山理论":主动引领生态文明建设新时代,创新科学发展方略

孙中山先生曾著有《建国方略》,这是中华民族最早的一个现代化规划。毛泽东在新中国成立初期提出社会主义"四个现代化"和建立"一个独立、自由、民主、统一、富强的中国",这是中华民族第一个付诸实施的现代化方略。改革开放后,邓小平提出社会主义现代化建设"三步走"战略,这是中国从一个贫穷国家起步迈向现代化国家的方略。江泽民以"三个代表"思想为理论指导、胡锦涛以"科学发展观"为理论指导开创社会主义现代化建设事业,这是中国完成从一个中低收入国家迈向中等收入国家、夺取全面建设小康社会新胜利的现代化方略。如今,中国已经进入中等收入国家历史新方位,需要全面建成小康社会、基本实现现代化新方略。可以说,"两山理论"正是引领中国生态文明建设新时代、全面建成小康社会、基本实现现代化的新方略。

(一)引领浙江提前基本实现现代化新方略

从方略意境理解"两山理论"在浙江的实践,有两方面深远意义:一是浙江作为全国经济发展的先发地区,其问题和解决方案在全国的启示意义;二是浙江现代化路径及其成就对于中国社会主义现代化建设的实证意义。回顾浙江全面小康社会建设和提前基本实现现代化历程,创造、总结的三条基本经验

具有普遍意义：

第一，一张蓝图绘到底。"八八战略"为浙江设计了绿色全面小康社会、绿色基本现代化宏伟蓝图，从"绿色浙江"到"创业富民、创新强省"，再到"建设美丽浙江，创造美好生活"。浙江"十一五"规划有经济社会发展指标18项，其中生态环境类指标3项；"十二五"规划有优化结构、创新发展、资源和环境、民生保障和社会公平指标四类28项，其中资源和环境类指标7项，增加了4项，绿色发展导向更清晰、行动方案更具操作性。

第二，以"腾笼换鸟""凤凰涅槃""浴火重生"的决心和勇气转变经济发展方式。为避免重蹈传统工业化"先污染后治理"模式，必须坚定地转变发展方式，走人与自然和谐的可持续发展道路。习近平指出，要始终坚持把执行宏观调控政策、主动推进增长方式转变作为落实科学发展观、实施"八八战略"的着力点。要坚持从实际出发，把宏观调控作为重要机遇和倒逼机制，以"腾笼换鸟"的思路和"凤凰涅槃、浴火重生"的精神，加快推进经济增长方式转变。近几年，浙江省委省政府"用'重整山河'的雄心壮志和壮士断腕的豪迈斗志"开展"五水共治""三改一拆""四换三名""四边三化""渔场'一打三整治'"等环境治理工作，消灭一批垃圾河，整治一批黑臭河，清理一片垃圾海湾，拆除一批违法建筑，淘汰一批落后产能，改造一批传统企业，倒逼发展方式绿色转型。全省单位生产总值能耗下降、污染物排放强度下降，雾霾天数减少，治山治河治海治气治土壤取得明显成效，为经济转型升级腾出了空间，为子孙后代发展留下了空间。

第三，在继承中创新，在创新中发展。从2003年起至今，浙江坚定不移地实施"811"环境整治行动计划、循环经济"911"行动计划、"千村示范、万村整治"工程、"山海协作工程"，保护和改善了生态环境，激发了潜在资源优势、促进了生态经济发展。近几年，浙江财富绿色生产和生产绿色财富的思路更清晰、政策工具更加系统化了。在绿色财富生产方面，以"建设美丽浙江、创造美好生活"为总体要求，完善空间规划体系，优化区域空间开发格局，加强重点区域生态保护，大力推进生态屏障建设，提升美丽乡村建设水平，通过抓

"五水共治"让水更清,抓雾霾治理让天更蓝,抓土壤净化让地更净;在财富绿色生产方面,以经济转型升级为主攻方向,大力发展高端制造业和现代服务业,大力发展信息、环保、健康、旅游、时尚、金融、高端装备制造业,加快发展电子商务、软件、信息产品制造业,加快培育云计算、大数据、物联网产业,加快发展生态经济,发展现代生态循环农业,大力推行绿色建筑和低碳交通,强化创新驱动发展,推动"浙江制造"转向"浙江创造";在绿色财富生产和财富绿色生产的服务体系方面,以生态环境治理现代化为制度保障,实行最严格的环境准入制度,实行节能减排总量管制,探索建立自然资源资产产权制度和环境空间管理制度,推进环境监管制度改革,完善资源有偿使用和生态补偿制度,建立完善协同治理机制,建立环境损害责任终身追究制度和惩治制度,探索建立"绿色银行"体系等。

(二)引领中国从经济大国迈向美丽中国新方略

改革开放40多年,中国从一个贫穷的发展中国家迅速地成长为一个经济大国,但还不是一个经济强国。人均生产总值国际水平、国内生产总值质量和效益、科技创新实力和品牌影响力、战略性新兴产业和现代服务业竞争力等与世界强国、与高收入国家仍存在差距。中国远不是一个绿色生态强国。中国物质财富生产所消耗的自然资源和生态环境资源量较大。2012年,中国经济总量约占全球的11.5%,却消耗了全球21.3%的能源、45%的钢、43%的铜、54%的水泥,原油、铁矿石对外依存度达56.4%和66.5%,排放的二氧化硫、氮氧化物、碳排放总量居世界第一。我国环境保护投入、绿色财富生产不足。中国经济要保持中高速增长,环境承载能力已经达到或接近上限,同样面临"成长的烦恼"和"制约的疼痛";不仅要面对人口红利逐步消失、"刘易斯拐点"加速到来等严峻考验,还须面对从经济大国迈向经济强国可能遭遇的资源约束型"中等收入陷阱"考验,需要经济发展方式绿色转变、现代化模式绿色转型。

"两山理论"是引领中国从经济大国迈向经济强国的宏伟方略。习近平指出:"我们既要绿水青山,也要金山银山。宁要绿水青山,不要金山银山,而且绿水青山就是金山银山。"①这段话形象地表达了我们党和政府强国富民的思路和坚定决心。建设美丽中国,不是放弃工业文明回归到原始生产生活方式,不是放弃生产力发展和人们日益增长的物质文化需求,而应该是以资源环境承载力为基础,以自然规律为准则,以可持续发展、人与自然和谐为目标,建设生产发展、生活富裕、生态良好的文明社会,把中国建设成为生态绿色的现代化强国。美丽中国至少包含三个方面愿景:一是中国如何从经济大国迈向经济强国;二是中国如何在迈向经济强国的征程中构建高级形态的人与自然和谐关系;三是如何构建高级形态的经济与社会和谐关系。实现这三方面愿景,中国的基本现代化模式必须将经济强国建设与生态文明建设统一起来,将生态环境治理与民众生活富裕统一起来。建设美丽中国必须以"两山理论"为指导,切实转变经济发展方式,形成绿色低碳循环的发展新方式,实现现代化的绿色跨越。

(三)引领生态文明建设彰显负责任大国新方略

近几年,在"两山理论"指导下中国生态文明建设国际方略态势发生重大变化,变被动为主动、变应对为引领,为国际社会提供更多公共产品,彰显负责任大国形象。要坚持共同但有区别的责任原则、公平原则、各自能力原则,正面宣传我国提出的大力推进生态文明建设的战略决策,用客观事实告诉国际社会我们是近年来节能减排力度最大的国家。制定并落实节能减排规划。依据经济增长速度7%和2005年碳排放强度两项因素测算,到2020年中国要削减70亿吨二氧化碳排放量。② 2014年11月,中国政府对外宣布到2030年左右二氧化碳排放达到峰值且努力早日达峰,计划到2030年非化石能源占一次能源消费比重提高到20%。从2005—2013年,中国关闭高能耗低效率的小火电机组9400万千瓦,淘汰能效低的炼铁、炼钢落后产能分别达1.5亿和1.2亿吨,小水泥产能8.7亿吨。"十二五"以来,全国化学需氧量、氨氮、二氧化硫、氮氧化物排放总量分别比2010年下降7.8%、7.1%、9.9%和2.0%;全国

---

① 《习近平关于社会主义生态文明建设论述摘编》,中央文献出版社2017年版,第21页。
② 司建楠:《减排任重道远 绿色创新有望异军突起》,载《中国工业报》2012年1月9日。

城市污水处理率由 2010 年的 76.9% 提高到 2013 年的 87.9%,脱硝机组占火电总装机容量比例由 11.2% 提高到 50%,脱硫机组装机容量比例由 82.6% 提高到 90% 以上。切实推进可再生能源和核能发展。2005—2013 年,新能源和可再生能源供应量增加了 2.3 倍,占一次能源比重由 6.8% 上升到 9.8%。预计到 2030 年,中国可再生能源和核能在一次能源供应比重中将达到或超过 20%,年供应量超过 10 亿吨标准煤计量当量,水电、风电、太阳能发电机组的规模达数亿瓦,非化石能源发电占电力总供应量的 40% 以上,新能源和再生能源将成为与煤炭、石油、天然气等化石能源相并列的在役主力能源,助推污染物和温室气体排放减量。中国的碳排放权交易市场在发展中国家中试点最早也最为有效,为其他国家利用市场机制治理大气污染、提高环境资源利用效率提供重要经验。

中国不认同"国强必霸"的陈旧逻辑,不认可中国发展会对全球带来"生态威胁"。中国坚持走和平发展道路,坚持正确义利观,更好地发挥负责任大国作用,更加积极有为地参与国际事务,提出中国方案,贡献中国智慧,为国际社会提供更多的公共产品,促进中国和世界各国良性互动、互利共赢。

第三节　新时代美丽中国的生态抉择与逻辑变革

党的十九大描绘了新时代中国特色社会主义的生态图景,提出了一系列生态文明体制改革举措,彰显了美丽中国的生态抉择,吹响了新时代发展方式和生活方式逻辑变革的号角,发出了走向生态文明新时代、建设美丽中国的时代最强音。以习近平同志为核心的党中央对生态文明建设提出了一系列新思想、新论断,是对资本主义生产方式的批判性反思和实践相结合的产物,宣示了新时代中国特色社会主义的生态抉择与逻辑变革。

一、树立新型绿色发展理念,对资本进行合理的利用和限制

无论是西方发达国家的现代化,还是后发国家的现代化,都是由资本扩张

所推动的历史过程。全球性生态危机空前复杂的国际背景下,当代中国在以马克思主义为指导的中国共产党的坚强领导下,在不断克服国内外资本力量所产生的各种危机中得到蓬勃发展。然而,我国经济社会发展取得举世瞩目的成就的同时,由于资源浪费、环境污染、生态失衡也让我们付出了高昂沉痛的代价。有学者指出,改革开放后的中国经济社会发展,是"资本的运营和扩张极大地推动了生产力的发展,带来了大规模的财富积累和社会的不断进步,但无论在动力上还是运行机制上同时都是一个生态环境不断遭到破坏的过程"①。改革开放以来,党和政府十分重视生态文明建设。尤其是十八大以来,以习近平同志为核心的党中央高度重视生态文明建设,习近平更是在多个场合提出和阐发了关于绿色发展的理念,党的十九大报告明确指出,要大力推进生态文明建设,坚定不移贯彻绿色发展理念。马克思对资本本性、生产和消费逻辑的生态批判,揭示了生态危机就是资本增殖本性、生产中技术不合理利用和消费异化共同作用的结果。习近平生态文明思想就是马克思主义生态哲学思想与当代中国发展现实和要求的有机结合,是价值取向与生产方式、生活方式的双重建构,体现了马克思主义生态哲学思想和中国共产党高度的历史和生态自觉,是对马克思主义生态哲学的丰富和发展,是马克思主义生态哲学思想中国化的最新理论成果,为新时期破解我国经济社会发展难题,实现资本逻辑和新时代中国特色社会主义生态文明建设协调统一提供了科学指南。资本虽然产生于资本主义生产方式,但资本作为一种社会关系,在不同的社会制度环境中,必然有不同的运行方式。资本不等于资本主义,鉴于资本逻辑对现代社会发展的巨大推动作用,在社会主义现代化建设进程中,要推动生产力的快速发展同样离不开资本逻辑。

在经济全球化发展的形势下,随着资本在时间、空间上的不断扩张,当代中国也不同程度地受到资本的双重逻辑的影响,生产和消费在相互促进中得到快速发展,但同时也使自然环境和人类自身的发展受到严重的威胁。中国

---

① 陈学明:《谁是罪魁祸首:追寻生态危机的根源》,人民出版社 2012 年版,第 596 页。

共产党领导下的社会主义生产的优越性就在于它突破了资本主义生产的狭隘性，可以更好的通过宏观调控利用资本、驾驭资本，从根本上维护好国家和人民的长远利益。因此，我们必须牢固树立绿色发展理念，正确认识资本的双重作用，将资本为社会主义建设所用，既要充分发挥资本逻辑的正面效应，又要最大限度的降低资本逻辑的负面效应，在发展资本和限制资本之间保持合理的张力，达到一种动态的平衡。在资本全球化发展的形势下，随着资本在时间、空间上的不断扩张，当代中国也不同程度地受到资本的双重逻辑的影响，生产和消费在相互促进中得到快速发展，但同时也使自然环境和人类自身的发展受到严重的威胁。绿色发展理念从国家战略层面为合理利用和限制资本的双重作用提供了重要指导，这就要求我们必须树立新型绿色发展理念，正确认识资本的双重逻辑。过去我们的发展观总的来说还是没有走出对"速度"模式的追求，事实也证明，在发展的初期阶段，这样的发展观也确实具有一定的合理性，然而，这种忽视生态后果的发展必然会带来对发展前提的自我否定。从根本上说，发展的最终目标是促进人的全面发展，而良好的生态环境是人生存和发展最重大的福利。当前，既要充分利用资本发展社会主义生产力，又要限制资本以避免资本积累和自然资源生态贫困之间的矛盾激化导致的生态危机，这是中国特色社会主义生态文明建设过程中必须正视且加以克服的问题。我们要在新的绿色发展理念的指导下，一方面，坚持发展是第一要务，正确地看待资本、发展资本，要承认资本推动经济社会发展的历史作用，充分发挥资本的正面效应，发挥资本创造文明的作用，提高生产力的"质"，促进生产力的快速发展，加快社会财富的积累。另一方面，要恰当地驾驭资本，限制资本，把资本限定在经济领域之内，限制资本增殖只重视"量"的顽疾，因为资本趋利和反生态的本性是不会改变的。我们必须清晰认识到，良好的生态环境对经济社会的健康发展至关重要，包含生态福利在内的"质"的提升比纯粹的"量"的增长对中国特色社会主义生态文明建设具有更为重要的意义。中国共产党领导下的社会主义生产的优越性就在于它突破了资本主义生产的狭隘性，可以更好地通过宏观调控利用资本、驾驭资本，从根本上维护好国家和人民的长远利益。因此,我们必须牢固树立绿色发展理念,正确认识资本的双重作用,将资本为社会主义建设所用,既要充分发挥资本逻辑的正面效应,又要最大限度地降低资本逻辑的负面效应,在发展资本和限制资本之间保持合理的张力,达到一种动态的平衡。

资本逻辑主导的传统资本主义现代性在社会发展的价值理念上,以物质财富的无限增长为中心,把一切价值都还原为经济价值,忽视了经济与社会的协调发展和人类精神文明的提升,导致对自然界的无限度掠夺和挥霍、国家之间资源争夺的加剧、消费主义的肆虐和功利主义价值观的膨胀。现代社会"颂扬金的圣杯是自己最根本的生活原则的光辉体现"①。货币内在的量的有限性和质的无限性的矛盾使市场经济具有了无限扩张、竭力追求经济增长的驱动力。在唯 GDP 论的发展价值观的支配下,无孔不入的市场机制加剧了社会成员的贫富差距,消解了对人生价值和意义的追求,从而造成了全球性的生态危机、经济风险和道德沦丧。马克思指出,资本积累"在一极是财富的积累,同时在另一极,即在把自己的产品作为资本来生产的阶级方面,是贫困、劳动折磨、受奴役、无知、粗野和道德堕落的积累"②。法国学者托马斯·皮凯蒂在《21 世纪资本论》中用大量历史数据证明,资本收益率持续高于经济增长率是一个历史性事实,其结果就是财富分配的不平等。"财富分配的历史总是深受政治影响,是无法通过纯经济运行机制解释的……经济、社会和政治力量看待'什么正当,什么不正当'的方式,各社会主体的相对实力以及由此导致的共同选择——这些共同塑造了财富与收入不平等的历史。"③由此防止贫富差距扩大以及收入不平等就成为长期的趋势,这"取决于资本遭受的冲击大小,也取决于控制资本和劳动关系所采取的公共政策和制度措施"④。党的十八届五中全会提出了"创新、协调、绿色、开放、共享"的五大发展理念,极大地

---

① 《马克思恩格斯文集》第 5 卷,人民出版社 2009 年版,第 156 页。
② 《马克思恩格斯文集》第 5 卷,人民出版社 2009 年版,第 743—744 页。
③ 托马斯·皮凯蒂:《21 世纪资本论》,巴曙松等译,中信出版社 2014 年版,第 21—22 页。
④ 托马斯·皮凯蒂:《21 世纪资本论》,巴曙松等译,中信出版社 2014 年版,第 367 页。

丰富了马克思主义的现代社会发展观,为通过全面深化改革、建构当代中国新现代性提供了基本价值理念,为在社会主义制度架构下驾驭资本逻辑提供了基本价值遵循。要言之,创新发展要求把资本逻辑的趋利本性导向创新驱动。协调发展要求充分发挥政府公共权力与文化价值观的巧实力,与市场运行中的资本权力耦合,推进中国特色社会主义事业的全面进步。绿色发展要求在人与自然关系中把生态资本化转化为资本生态化,发挥资本逻辑对生态文明建设的正能量。开放发展要求在资本全球化时代把引进来和走出去有机结合起来,使资本逻辑为中国特色社会主义健康发展服务。共享发展要求采取各种有效措施消除两极分化,实现共同富裕,促进公平正义,最终增进人民福祉,把资本逻辑导向促进人的全面自由发展的真正的人的生活逻辑。总之,以创新、协调、绿色、开放、共享五大发展理念规约全面改革和各项制度创新,引导资本逻辑为社会主义服务并朝着社会主义方向前进,才能实现马克思所说的利用资本本身来消灭资本的目的,在世界社会主义发展史上创造出中国新现代性的华彩篇章。

二、加快推进绿色技术创新和应用,推动形成绿色生产方式

马克思从辩证唯物主义的视角指出了技术在社会生产中的作用,他认为,科学技术是提高自然资源利用效率、减少生产废弃物和提高生态环境质量的重要途径。马克思指出:“化学工业提供了废物利用的最显著的例子。它不仅找到新的方法来利用本工业的废料,而且还利用其他各种各样工业的废料,例如,把以前几乎毫无用处的煤焦油转化为苯胺染料,茜红染料(茜素),近来甚至把它转化为药品。”[①]大力发展绿色技术是建立可持续发展的必由之路,是保护生态环境的重要途径。绿色技术是在对传统技术反思和改进的基础上形成的,它是一种既有利于节约自然资源、保护生态环境,又有利于提高生产效率、促进经济发展的新型技术。绿色的生产方式是一种技术含量高、资源消

---

① 《马克思恩格斯文集》第 7 卷,人民出版社 2009 年版,第 117 页。

耗低、环境污染少、经济效益好的生产方式,它不以损害生态环境为代价,旨在实现经济、社会和生态环境永续发展。要推动形成绿色生产方式,就要求我们在生产中贯彻绿色发展理念,科学运用资本逻辑,加快推动绿色发展。而推动绿色发展首要的动力就是绿色技术的创新和应用,变传统的要素、资源驱动发展为技术创新驱动发展。转变高能耗、高排放、高污染、低效率的经济发展方式需要实现技术的绿色转型。大力发展绿色技术,才能真正节约利用资源能源,提高资源能源利用率,减少污染物的排放,阻止生态环境恶化,实现经济和社会的绿色发展。

与资本主义相比,绿色发展理念下的社会主义中国可以摆脱资本逻辑对技术的支配和奴役,将技术从资本逻辑的束缚中解放出来,并有效地驾驭技术,使技术不受制于资本逻辑破坏生态环境,而是在推进社会主义经济社会发展的同时改善和保护生态环境。因此,我们必须加快推动形成绿色生产方式,加快推进绿色技术创新和应用,实现技术的绿色化,在生产中大力发展和应用绿色技术,为促进人与人、人与自然、人与社会之间关系的和谐共生,实现经济、社会和生态效益奠定坚实的技术基础。

中国市场机制的建立,是经济全球化的必然结果,也是中国融入经济全球化这个历史过程的决定性前提。我们必须认识到,当前经济全球化的实质是资本逻辑在全球扩张的结果,或者说,经济全球化根源于资本逻辑,是资本逻辑的必然展开。这是不可否认的客观事实。因此,我们必须面对资本逻辑,面对资本逻辑给我们带来的机遇和挑战。中国特色社会主义以人的自由而全面的发展为根本目标,因而它必须借助资本力量开拓出巨大的生产力,因为在历史唯物主义看来,生产力的发展是实现人的自由而全面发展的根本前提和基本路径。因此,任何脱离资本谈论中国现代化,脱离资本逻辑谈论中国特色社会主义建设,都是不切实际的。也就是说,我们不能超越资本这个阶段,这也正是"中国特色"的题中应有之义。直面资本逻辑,还意味着必须直面生态危机。中国实践正在开拓出具有世界历史意义的中国道路,但这条道路不是笔直的、平坦的,而是一条"之"字形的路,新的问题和困难层出不穷。生态危机就是一个突出的表现。有人一谈到中国道路的成就时,就不愿面对生态危机,更不愿把生态危机和资本逻辑挂起钩来,认为这有损中国道路的形象。这种想法和做法都是错误的,它有可能使我们失去消除生态危机、建设生态文明的历史性机遇。自然界的很多资源是不可再生的,一旦用光,就将永远失去。生态环境的自我修复能力也是有限的,一旦破坏,恢复起来很难,美丽中国可能就会与我们失之交臂。《中共中央国务院关于加快推进生态文明建设的意见》指出,总体上看,我国生态文明建设水平仍滞后于经济社会发展,资源约束趋紧,环境污染严重,生态系统退化,经济发展与人口资源环境之间的矛盾日益突出,已成为经济社会可持续发展的重大瓶颈制约。这是一个实事求是的判断,也是生态文明建设的一次历史性机遇,我们必须牢牢抓住。当然,承认资本逻辑及其作用的存在是有条件的,即把资本严格限制在一定的范围内,而且在任何时候,资本都只是工具,不是目的。这是中国道路与西方资本主义道路在资本问题上的根本不同。正是这个不同,才使我国的生态文明建设成为可能,也是我们讨论生态文明建设的必要前提。其次,生态文明建设离不开资本,必须借力打力。资本逻辑造成生态危机,但消除生态危机也需要借助资本的力量。这似乎是一个悖论,但有的悖论违反逻辑,却不违背现实。实际上,发展生产力和保护生态环境不是矛盾的。我们既要发展经济,又要保护环境,要把两者有机地结合起来,不可偏废。正如习近平所指出的:"要正确处理好经济发展同生态环境保护的关系,牢固树立保护生态环境就是保护生产力、改善生态环境就是发展生产力的理念。"①这是一个新的理念和发展模式。这个新的理念和发展模式应该成为中国道路的重要特征。在任何时候,我们都不能离开发展生产力这个主题。

生产力是唯物史观的一个基本范畴,是物质资料生产过程的重要组成部分。目前对生产力的普遍理解即生产力是人类改造自然的能力,包含劳动者、生产资料和生产对象,劳动者与生产资料结合对生产对象施加劳动力,将劳动

---

① 《习近平关于全面建成小康社会论述摘编》,中央文献出版社2016年版,第165页。

对象变为劳动产品,这种能力即为生产力。生产力会随着物质生产的积累、生产工具的改进,劳动关系的改变而不断发展。从理论上讲,生产力水平越高,既表明资本对自然的破坏性越强,也表明人们保护和改善生态环境的能力越强。所以,资本可以促进生产力的发展,当然也可以为生态环境的保护和改善创造条件。马克思明确指出:"资本的文明面之一是,它榨取这种剩余劳动的方式和条件,同以前的奴隶制、农奴制等形式相比,都更有利于生产力的发展,有利于社会关系的发展,有利于更高级的新形态的各种要素的创造。"①这里所讲的社会关系,包括人与人的关系、人与自然的关系等在内。这里所讲的新形态的种种要素,当然包括人与自然的和谐关系或生态文明观。"生产力的这种发展,最终总是归结为发挥作用的劳动的社会性质,归结为社会内部的分工,归结为脑力劳动特别是自然科学的发展。"②马克思的这个论述告诉我们,不同的"劳动的社会性质"对资本发展具有不同的规约性。在资本主义生产方式中,自觉地利用科学和管理是资本无限发展生产力的必然趋势。这个趋势,在中国特色社会主义制度的管控中,必然呈现出对资本的科学管理,从而使资本逻辑在一个合理的框架内运行。再次,要对资本加以引导和限制,抑制乃至克服"资本主义制度所创造的一切积极成果"的局限性。毫无疑问,资本创造巨大的生产力是"资本主义制度所创造的一切积极成果"中最大的成果。但是,资本逻辑具有追求利润最大化的趋势,从而具有明显的局限性。这个局限性体现出资本的野蛮性,亦即资本的反人性。资本在无限度地提高生产力的同时,又造成严重的生态危机,从而使人的发展受到限制。生态危机给人的发展所造成的限制,绝不仅仅体现在人与自然的关系上,它也是社会危机的根源之一。因此,我们必须改变生产力的发展方式,变以物为本为以人为本,即为了人的发展而生产,从而使生产不但能满足人的合理需要,又符合自然发展的规律性,是"按照美的规律来构造"。在生态文明建设中,应该把人民幸福作为一个矢志不移的目标。人民幸福是中国梦的重要内涵之一。当然,这里

---

① 《马克思恩格斯文集》第 7 卷,人民出版社 2009 年版,第 927—928 页。
② 《马克思恩格斯文集》第 7 卷,人民出版社 2009 年版,第 96 页。

所讲的人民幸福,既指当代中国的人民幸福,也指我们子孙后代的幸福。随着生产力的不断发展和社会的不断进步,良好的生态环境日益成为人们幸福指数中的重要指标。生态文明建设总体制度下,创造性地把生态与生产力紧密联系起来,生态生产力则是"绿水青山"与"金山银山"的辩证统一。

三、推行绿色生活方式,追求美好生活

人类社会发展史也是一部人类对美好生活的追求和奋斗史。不论从学理语境还是从实践探索层面,对美好生活的理解都离不开人,人既是美好生活的主体,又是美好生活的目标。在界定美好生活时必须与人的需要联系起来。而人的需要是一种心理现象和主观感觉,"美好"作为一种价值判断,依赖于人的主观需要;但同时人的需要的满足又必须以一定的客观物质条件为基础,这意味着美好生活绝不是纯粹思辨的抽象空洞的主观构想,它是可以实现的生活方式。随着时代条件的变化,人们对美好生活的理解也必将发生相应改变,不同时代的人对美好生活的认识必定不同。因此,美好生活是一个既具有共时性,又具有历时性的概念。在同一时代前提下,人们对美好生活的认识可以形成一个具有共识性与客观性的标准,这一方面取决于大致相同的客观物质水平;另一方面这里的美好生活不是单个个体的差异化需求,而是建立在客观基础上的社会普遍共同需要,是所有个体主观需要的"合力"。

因此,站在中国特色社会主义新时代的历史方位下,我们必须在主观与客观、个体与社会的辩证统一中实现对美好生活的正确认识,结合特定时代背景下人民群众的具体的共同需要来思考这一问题。随着我国改革开放40多年来经济社会的迅速发展,人民群众的需要层次不断提升,同时,人们也深化了对美好生活的认识。美好生活可以从两方面来分析,即"好生活"构成物质基础,概言之,"美生活"体现内容升华。在实现美好生活的过程中,面对人民日益增长的优美生态环境需要与更多优质生态产品的供给不足之间的突出矛盾,追求绿色发展、实现绿色生活成为新时代美好生活的必然选择。因此,绿色生活是新时代美好生活的"标配",也成为新时代美好生活的题中应有

之义。

绿色生活方式的"绿色维度"和"人的维度"决定了我们在推动绿色生活方式的全面形成中必须要准确把握以下三方面实践原则。

第一,坚持人与自然和谐共生。绿色生活方式以绿色价值观为导向,把人与自然看成一个有机整体,并以此作为认识和实践的出发点,坚持人与自然和谐共生。一方面,绿色生活方式反对以往单纯从"人"出发,把人类的生活欲求控制在自然界阈限内,要求人类不能贪恋自然资源而变为地球的"占有者",相反应该服从天地生生之德,把"延天佑人"作为自己的职责,以奋发有为的积极态度努力成为地球的"守护人",通过自觉调节人和自然之间的关系,实现两者的和谐共生。另一方面,绿色生活方式也反对单纯从自然出发,它并不是要人类在自然面前碌碌无为,完全回归到自然的"田园式生活",否定科技和现代化,更不意味着生活水平的降低。相反,绿色生活方式的形成需要建立在人类进一步发展的基础上。这里的发展已经不再是单纯对物质财富的追求,而是建立在人与自然和谐共生基础上的绿色发展。因此,从这一角度看,绿色生活方式本质上是一种实现人与自然平衡状态的可持续生活方式。

第二,坚持以人民为中心。一方面,人民群众的根本利益是实现绿色生活方式的终极价值目标。习近平指出,"人民对美好生活的向往是我们党的奋斗目标,解决人民最关心最直接最现实的利益问题是执政党使命所在"①。改革开放 40 多年来,随着温饱问题的解决,人们开始渴望生活品质的改善,特别是面对经济发展带来的环境污染和生态破坏,人们对生态环境和人居环境的要求越来越高。因此,绿色生活方式的提出本身就是"以人民为中心"的充分体现,它通过对以往建立在人与自然对立基础上的生活方式进行变革,有利于实现生活方式绿色化,进而遏制威胁人民身心健康的生态问题,积极回应人民日益增长的优美生态环境需要的价值诉求。另一方面,肯定人民群众在实现绿色生活方式中的主体地位。绿色生活方式的形成是人的活动,因此,只要是

---

① 《习近平谈治国理政》第 3 卷,外文出版社 2020 年版,第 359 页。

生活于社会环境中的人都必须参与到推动绿色生活方式形成的过程中,并在这一活动中承担起相应的责任和义务,充分发挥人民群众的主观能动性,把推进绿色生活方式内化为每个人的自觉行动,在生活中正确调节人与自然、人与人之间的关系。

第三,坚持统筹兼顾。一方面,绿色生活方式内部主要涉及人与自然之间的关系,统筹兼顾是实现两者和谐的必然选择。同时,统筹兼顾要求我们在实践绿色生活方式时必须将人与自然有机统一起来;作为一种价值方法,统筹兼顾在绿色生活方式形成过程中为人与自然之间的利益调整提供了原则指导。因为在人与自然之间的多重利益关系中,人类会根据自身需要做出各种选择,不同的选择带来的结果也迥然各异。实践表明,只有从统筹兼顾原则出发,正确处理整体利益与局部利益、眼前利益与长远利益之间关系才是正确的做法。另一方面,针对我国生态文明建设,习近平在不同场合多次强调必须按照系统工程的思路抓好这一问题,要求"统筹兼顾、整体施策、多措并举,全方位、全地域、全过程开展生态文明建设"①。绿色生活方式作为生态文明建设的重要内容,本身就是统筹兼顾的必然结果,而且绿色生活方式的形成需要多方位的配合,包括绿色发展方式、绿色生活理念等。因此,只有围绕着生态文明建设这一全局展开工作,并兼顾和协调好各方面的关系,绿色生活方式才能真正形成。

从根本上说,对资本逻辑的批判是一条从资本偏好到生态偏好的逻辑进路。对资本逻辑的批判不是单纯的理论批判,而是具有未来指向的"是"与"应当"的博弈。"是"与"应当"的博弈不是简单的现实与理想之间的距离,这涉及现代化发展理念的哲学层面的思考和经济学层面的现实可行性论证以及实践层面的真实的构建过程。在马克思那里,要建设一个新世界的理论自觉和实践路径,马克思试图使人类摆脱资本逻辑的统治,在资本偏好的逻辑之外,寻找人类追求美好生活的发展路径。

---

① 《习近平谈治国理政》第3卷,外文出版社2020年版,第363页。

　　在新时代的中国,是"人民日益增长的美好生活需要和不平衡不充分的发展之间的矛盾"①的解决,这关涉新时代的基于生态偏好的绿色发展理念的实施。在"是"与"应当"的博弈中,社会主义中国选择绿色发展理念的生态逻辑代替资本逻辑的现代化发展进路。绿色发展理念是马克思主义人的全面发展观点的实现途径,是对人的未来生存状态的真诚关切。马克思终生致力于改变资本主义的生产方式,以达到人的自由而全面的发展。迄今为止,人类由发达资本主义国家所主导的基于资本逻辑的现代化经济增长模式走到了尽头,并已经严重影响了人类文明的进程。人的全面发展才是人类发展的终极目标,经济指标的增长只是中间过程,或者说是物质手段,在发展过程中单纯追求经济指标,而放弃了对人类生存环境的保护和对我们内心的关照,便是舍本逐末了。对资本逻辑批判的未来指向是要跳出"是"的现状,为人类的"应当"而努力。人本来是属于自然的,随着人类生产力水平的不断提高,人类逐渐摆脱自然,站到了自然的对立面,利用各种科技手段征服自然、超越自然,而人类也一次次地遭到了大自然的惩罚,在人类与自然之间的一次次交流之中,人类终将明白,人类与自然之间应抛弃征服与被征服的关系,回归本真的互惠互利、和谐共存与协调共进的整体化状态。绿色发展理念从提出到实践的施行,将指导我国经济建设的全过程,走出一条以生态促经济增长的新的现代化发展道路。绿色发展理念破解了资本主义现代化的发展模式的难题,为人类提供了一个崭新的现代化的发展路径,是马克思对资本逻辑批判在当代的继续和新发展。

---

　　① 习近平:《决胜全面建成小康社会　夺取新时代中国特色社会主义伟大胜利——在中国共产党第十九次全国代表大会上的报告》,人民出版社 2017 年版,第 11 页。

第五章　生态文明与消费主义批判

　　文化价值观念是与环境问题的产生及其解决紧密相关的。有些价值观念,如关于消费方式的价值观念,虽然看来只是与人们对待生活的态度有关,但由于人们的生活与环境密不可分,这样的观念也就与环境问题紧密关联了。而且与人口危机、技术滥用相比较,大量消费对环境的影响不容忽视,只是由于大量消费表面上看似乎能够促进经济和社会的发展,给人们带来一时的幸福,因此,它对资源环境的影响就被普遍地忽视了。由此,也就非常有必要考察消费社会中消费文化与环境保护的关联,进而建构可持续发展的绿色消费文化,以达到推进可持续消费的目的。

　　长期以来,中国经济的发展始终建立在"满足人民不断增长的物质需求和精神需求"之上,故发展成为"硬道理"。而"消费增长是国家经济政策的首要目的"①,因此,消费始终被认为是促进经济发展的利好之事,人们甚至认为"拥有和使用数量和种类不断增长的物品和服务是主流文化可见到的、最确切地通向个人幸福、社会地位和国家成功的道路"②正是这样的文化氛围,使人们易忘却这样一个事实:人类的需求实际上是无限扩张的,致使消费最终不会使人们得到全部满足——这是被经济理论忽略的一个逻辑结果。并且,高消费的社会必然给资源环境带来极大的压力和极大的破坏,而中国特色社会

---

　　① ［美］艾伦·杜宁:《多少算够——消费社会与地球的未来》,毕聿译,吉林人民出版社,1997 年版,第 5 页。
　　② ［美］艾伦·杜宁:《多少算够——消费社会与地球的未来》,毕聿译,吉林人民出版社,1997 年版,第 15 页。

主义生态文明建设的重要前提不仅仅是经济模式绿色化,更重要的是消费模式绿色化。中国特色社会主义进入新时代以来,习近平大力倡导绿色消费模式,他指出:"生态文明建设同每个人息息相关,每个人都应该做践行者、推动者。要强化公民环境意识,倡导勤俭节约、绿色低碳消费,推广节能、节水用品和绿色环保家具、建材等,推广绿色低碳出行,鼓励引导消费者购买节能环保再生产品,推动形成节约适度、绿色低碳、文明健康的生活方式和消费模式。"①

第一节　消费主义文化泛滥的社会后果、生态后果

消费主义盛行改变了人们的消费观,将消费目的和意义寄予物质,人的主体性逐渐受控于物的世界,并对符号化的商品产生无止境的追求,消费的物质主义特征已经成为人们主要的生活形式。人的需要都建立在对物质的不断追求和没有得到满足的欲望之上,但人的金钱和生命是有限的,这种物质至上的狂欢现象,体现的是享乐主义,即希望通过物质的消费来达到精神上的满足,这种消费可以看作异化消费。而这种扭曲、错误的消费观不仅对社会资源造成了浪费,对精神文化领域也造成了一定程度的危害。

消费主义随着社会生产力的不断发展,从欧洲王室开始萌芽,随后在美国发展成熟,在 20 世纪初的美国社会,消费主义狂飙突进。与此同时,全球经济一体化使许多发展中国家卷入资本主义的漩涡中,消费主义也在发展中国家蔓延开来,成为其追求的消费方式和消费理念。消费成为经济发展的主要动力,过度消费成为当今世界的普遍现象,这也是消费主义推动下产生的后果。因此,对当今的过度消费的现象做出科学的分析,在此基础上对过度消费的弊端进行批判,并找出破解消费困境的途径,是我们必须要面对和解决的问题。

---

① 《习近平关于社会主义生态文明建设论述摘编》,中央文献出版社 2017 年版,第 122 页。

一、过度消费加剧经济危机

根据马克思的理论,产生经济危机的原因是资本主义制度的基本矛盾,表现为生产造成的大量商品过剩,以及消费能力的不足。马克思在《1861—1863 年经济学手稿》中指出,生产过剩是资本主义经济危机产生的重要原因。一方面,资本的逐利性决定了资本主义生产方式的最终目的是追求最大的剩余价值,因此,资本家要极力压榨工人的劳动,除了必要的休息时间以外,工人完全没有额外的自由时间来进行其他方面的消费。此外,工人们的消费能力也只限于消费生存必需品的范围。另一方面,通过大量的生产达到资本积累的目的是资本主义运行的根本方式,资本家在卖出一定产品的同时,还要注重自身的资本积累,如同滚雪球一般把财富不断地越滚越大,所以,当时的社会是不主张大量消费的。在这两方面的限制下,工人不能使自身的消费得到扩大,劳动人民对资本主义生产的大量商品无法进行有效的消费,也为后来的生产过剩埋下了伏笔。由此可见,生产与消费的不平衡是导致资本主义经济危机发生的重要原因,过去是消费不足,如今过度消费已经成为普遍的现象。

消费主义的表现之一就是不合理的超前消费,而超前消费最有效的途径就是通过借贷来实现。在生产过剩造成经济发展困难的时候,通过刺激消费确实可以在一定程度上缓解经济危机,但是过多的超前消费不是解决生产过剩造成的经济危机的最优解,从长远来看,它还会加剧经济危机。借贷消费能促进当前消费的实现,可以暂时减缓利润率下降的程度,能有效地保证短期经济的增长,延缓由于生产过剩带来的经济危机。但是信贷消费并没有真正地解决产品过剩的危机,当信贷消费不足以维持之时,生产过剩的问题就会全面爆发。可见,依赖于信贷消费增加国内消费的方式是极其危险而且是不可取的,美国的次贷危机就是因为无限制的信贷消费而导致经济危机的典型。消费债务的快速增长保证了美国经济的持续增长,但是具有偿还能力的消费者存在着偿付极限,这是由于消费债务的偿付能力取决于大众的最终收入,也就是工资,而工资的增长幅度是有限的,所以,消费债务的偿付能力也存在一个极限。当消费债务达到极限以后,美国经济增长已经完全依赖于消费债务所拉动的经济增长,如果消费债务停止不前,势必会造成经济下滑。因此,当消费不足的问题再次凸显的时候,美国政府通过对信用较差、收入较低的群体大量发放次级贷款来刺激消费,零首付的买房政策使许多人都有条件贷款买房,甚至无工作、无收入、无资产的人都可以轻松地买到房子,次级信贷刺激着房地产产业的繁荣发展,同时也带动了钢铁、家居制造业等相关产业的发展。美国经济在次级贷款的支撑下高速运转,由于次级贷款导致的强烈需求,遮蔽了有实际支付能力的有效需求的不足,也掩盖了美国房地产等相关产业产能过剩的问题,在这种虚假需求的推动下,工厂生产出更多的产品。可见,美国政府大量发放次级贷款并没有在根源上解决生产过剩带来的经济危机,反而促进了大量无偿还能力的贷款人不合理的超前消费和过度消费,当这种消费方式达到一定程度时,就会造成新形式的经济危机。

二、过度消费造成资源浪费与生态破坏

消费何以危及自然环境?何以成为生态危机的源头?这些问题必须通过解构消费主义找到答案。消费主义是指普遍存在于当今社会的一种毫无顾忌、毫无节制地消耗物质财富和自然资源,并把消费看作是人生最高目的和幸福的消费观、价值观。这具体表现在对物质产品毫无必要的更新换代、大量占有和消耗各种能源和资源,随意抛弃仍然具有使用价值的产品等,其实质是一种拜物主义——通过对物的消费和占有体现其生活方式、身份地位及优越感。

消费主义生活方式给人类环境带来的负面因素随处可见:环境恶化、土地沙漠化、水土流失、森林面积锐减、噪音等等。人类可以陶醉于消费主义无序的物质生活,但是无法逃避这种无序生活给人类环境造成的"恶"及"恶"的惩罚。马克思主义认为,由于人类独特的实践活动,把原本统一的自然分割成人化自然和自在自然。在最初的阶段,由于受到生产力的限制,自然资源相对于人类的消耗能力具有无限性。其实这是一种假象,地球只有一个,那么资源就不会取之不尽,丰富的资源所表现出来的无限假象实际上是人类开发能力不

成熟时期的一种幻想,也正是这种假象遮蔽了整个生产消费过程所导致的物质膨胀。人类只是一味地向自然索取,而这势必会造成环境恶化和生态危机。

首先,饮食消费对生态环境的影响。饮食消费对生态环境的影响是不可忽视的。消费者阶层的饮食结构主要包括肉类、加工和包装过的食品以及装在一次性容器里的饮料。这些食品的生产会消耗大量的资源,例如,过多的包装对生态环境造成的危害。充分的加工和包装能有效地防止食品变质,但是消费者阶层可以说是"精装食物阶层",他们不仅看重食物的新鲜和美味,且对食物的包装精美程度也有喜好。在精美包装食品中,饮料工业表现的是最为突出的。人类在以令人难以置信的速度大量消费饮料、酒类和瓶装水,这些商业饮料大量使用了一次性的包装容器,而这种塑料容器的自然分解过程是极其缓慢的,如果将垃圾进行集中焚烧,大量的有害气体会进入到空气当中,可以说,一次性容器的大量使用会给土地和空气带来污染。另外,消费者的饮食严重依赖长距离运输,同样会对生态环境造成危害。消费者阶层的食品供给链环绕了全球,这种全球性的供应对交通运输的基础设施需求也在逐渐增加,越来越多的高速公路、铁路以及飞机场的建设占用了大量的土地,日益增加的货运车辆也意味着更多的尾气排放,这些都加重了环境污染。

马克思在其著作中把人的需要分为生存需要、发展需要和享受需要。生存是人最基本的需要,也是人最起码的需要,是人与动物的联系在需要方面的表现,经常被马克思称之为"必要的需要""必需的需要"。生存需要是基于人的自然属性产生的需要,包括生理方面的需要和安全方面的需要。享受需要是人在生存需要满足后产生的提高生命质量的需要。例如,在吃的方面不再追求果腹,而是追求美味、营养、健康,等等。发展需要在马克思这里就具有丰富的内容和意义,它是人之为人的需要,包括提升自己的本质力量、确证自己的本质力量从而实现人生意义和价值的需要。生态安全问题的产生,从根本上来说就是由人的享受和发展需要引起的。享受需要和发展需要的满足造成巨大的物质消耗和生态环境破坏。在进入工业化阶段后,人的基本生存需要得到了较好的满足,享受需要和发展需要逐渐发展起来。享受需要主要指向物质,即主要通过物质产品量的增加和质的提高满足享受需要;发展的需要从人类整体来讲,征服和改造自然成了本质力量提升的目标和确证本质力量的途径。这两种需要相互作用,一方面,是对物质产品的强烈需求与消耗。汽车、各种家电、轻工业产品、丰富的食品等等消费品都是享受需要所指向的对象,并随之产生了对石油、电力、煤炭的大量需求与巨额消费,不但使自然资源不堪重负,这些产品的生产和消费还会对环境造成惊人的污染和破坏。例如,大量的生产和生活废料、废气、废水、垃圾被排放到自然环境中,使环境毒素远远超过人类生存、健康所能接受的正常水平。另一方面,为了满足人对物质产品的强烈需求,各种高科技工具被发明出来,在大规模地提高生产效率和对自然的改变能力的同时,也大幅度地提高了人类对自然资源、生态环境的破坏能力,导致资源、生态环境的巨大压力,生态危机和生态安全问题接踵而至。消费主义价值观中,人追求的是消费品和服务所具有的符号意义,必然会引起过度包装、资源浪费等等问题。对符号的追求还会导致一些人的极端行为,即消费不应该消费的东西,例如,食用野生动物和野生动物制品消费等。在消费主义意识形态中,消费其他人难以消费的东西,是自己"本质力量"强大的表现,从而也是其价值实现的方式,这种极端的甚至异端的消费行为给生态带来灾难。因此,人在满足生存需要提高"生活质量"的同时,不要忘记提升"生命质量",免遭野生动物的报复。美国学者伯格提出,残酷地对待活着的动物,会使人道德堕落,并变得野蛮起来。如果一个民族不能阻止其成员残酷地对待动物,也将面临危及自身和文明衰落的危险。

其次,出行消费对生态环境的影响。发达的汽车工业是消费社会的一个显著标志。汽车成为消费者阶层出行的第一选择。在北美和澳大利亚,几乎每个家庭都拥有一辆轿车,消费者阶层几乎进行着全世界的驾驶活动。大量的汽车除了带来大量的尾气排放污染空气以外,也需要更多的石油以保证汽车的正常行驶。当石油公司将易于开采地区的资源挖空后,他们就会在海洋或者雨林之类的生态环境脆弱的地区钻探,对这一区域生态造成严重影响,而且石油提炼过程的总的毒性发散在制造业中也是名列前茅。汽车除了消耗大量的能源而造成多方面的污染以外,对土地也产生了影响:汽车数量的增长需要更多的道路、停车场以及其他与汽车有关的用地。更令人担忧的是,即使在当今全球环境恶化的背景下,人们对于购买私人汽车的热情并没有消退,汽车在现代不仅仅是代步的工具,还成为了一种身份的象征,并且已经形成了一种文化。汽车制造商同时也在利用天马行空的广告来宣传各种汽车,不断刺激着人们的购车欲望,在发展中国家,拥有一辆汽车也成为了人们的人生目标之一。

最后,奢侈消费对生态环境的影响。在一定意义上,奢侈消费的出现推动了现代经济的发展,刺激了人们新的需要,奢侈消费与其他消费类型相比起来,其消费的量级和影响是其他消费所不能达到的,所以,奢侈消费在一开始是具有进步意义的。奥地利经济学派的主要代表人物米瑟斯在《自由与繁荣的国度》一书中也对奢侈消费进行了赞扬,他认为奢侈性的消费鼓励和推动了社会消费水平的提高,人们的消费需要也因此不断地增长,其为工业生产提供了新的动力,促进了工业的发展,提高了居民生活水平,也成为了当时经济增长的推动力之一。的确,经济的增长、居民生活水平的提高、就业机会增加和美好生活的建构,在一定程度上都依赖于激发欲望的高消费模式。我们不难看出,以欲望为支撑的现代经济增长的根本目的不是为了人自身的发展,而是经济增长本身。在这里,经济增长是首要目的,不需要任何的理由也不顾及任何的后果。当欲望成为大众的消费心理模式时,现代消费模式就把"人的需要"排除在人们的视野之外,大众消费的无限欲望使得人们的消费从使用价值消费转向对商品符号价值和意义的消费。当欲望消费导向消费模式形成之后,带来的问题将是无以计数的生存性矛盾、人际性矛盾、环境污染、经济危机等一系列危害。

消费文化更多地是把商品看作一种符号:身份代表或地位象征。人对于消费的需求由为了生存转变为对欲望的满足,并对消费品赋予身份地位等象征性意义,演化为一种符号意义的消费观。消费者将商品赋予情感和象征意义,人们拥有消费品的目的较之最初的使用价值发生了质的改变,如今消费品拥有了新的形象和符号含义,它能满足人们内心的各种深层的欲望,区别于其他消费个体,成为自我表达和社会认同的主要形式,并演变成以"符号"和"象征性意义"消费为主要特征的消费主义行为。

三、过度消费造成文化的同质化

随着社会技术的不断进步,人们获取信息的媒介也发生了改变,在传统社会,信息技术还没有发展起来,信息的传播主要是通过书籍或者是口头相传。到了工业社会,信息技术发展成熟后,信息传播的载体增加了报纸、刊物等印刷媒介,在电视、电影和互联网普及后,电子媒介也随之诞生了。工业社会信息传播方式的改版对人类社会的发展也带来了非常大的影响。大众传媒的出现缩短了信息的时空距离,大大提高了社会的经济效率,同时也对人们的思维方式和社会文化造成了影响。但是,现代电子传媒的发展也带来了一定的负面影响,消费主义奉行的价值理念对人们原有的传统观念和文化造成了巨大的冲击,消费主义的价值观通过各种现代媒体在不断地冲击着社会原有的价值观,节俭的传统观念逐渐被人们所淡忘,消费主义价值观的影响力不断增强,造成人类文化的同质化。

在消费社会中,"因为地球'变小了',消费者的口味在世界范围内极为相似"①。电视作为大众传媒的手段之一,电影、互联网等其他媒介有着同样的功能,它们都传播着大量的复制品,为世界各地的消费者传递着同样的价值观。比如在 20 世纪,在通过电视、电影等媒介了解到美国的生活后,很多国家的人们都羡慕和向往美国人的生活方式,并在现实生活中不断去追求。电视是我们了解文化最重要的媒介之一,当大部分电视节目表现出来的都是相似的价值观或价值取向时,电视中表现的世界就会变成这个世界存在的模型,"就像印刷术曾经控制政治、宗教、商业、教育、法律和其他重要社会事务的运

---

① [美]艾伦·杜宁:《多少算够——消费社会与地球的未来》,毕聿译,吉林人民出版社1997 年版,第 93 页。

行方式一样,现在电视决定着一切"①。电子传媒的兴起,使得消费主义的价值观传播如虎添翼。另外,大众传媒在现代文化中的广泛应用,使得艺术失去了独创性。马尔库塞认为艺术具有自律性,它是打破社会生活和个人单向度的重要手段。先进技术对艺术作品的独一无二的"灵魂"的漠视,造成了现代文化艺术独创性的缺失。现代的大众传媒对文化产品大规模的复制和传播,使得人们被迫选择那些已经成为事实的、大众的文化。无限的文化产品的复制和传播以及艺术价值的丧失使得人类的文化同质化或趋向同质。

四、过度消费阻碍人的全面自由发展

马克思认为,消费是人的自由能力的体现,"对自由实现方式的探寻,贯穿马克思理论活动之始终,这充分表明,人的自由发展是马克思全部理论活动的归宿"②。在资本主义社会,工人的消费只是勉强满足了生存性消费,这种消费是没有自由的,其原因在于资本家为了追求利润最大化而压榨工人,工人的自由时间很少,他们的大部分时间都是在为资本家创造剩余价值,而仅维持生存性的消费是没有自由可言的,因为人要活下去就必须满足吃穿住行的消费。自由消费只能在人的自由时间内完成。但是要实现自由消费,除了提高物质生产力以减少人的劳动时间,为人争取更多的自由时间这个必要前提之外,还依赖于消费主体的个人素质的提高。即使在财富呈正增长的社会中,工人的工资可能会提高,机器的普及也使他们有更多的时间进行消费活动,从表面上看,这似乎有利于工人的自由消费。但马克思认为,工资的提高会引起工人的过度劳动,"他们越想多挣几个钱,他们就越不得不牺牲自己的时间,并且完全放弃一切自由,在挣钱欲望的驱使下从事奴隶劳动"③。即使在那个工人消费普遍不足的时代,马克思已经敏锐地察觉到了这一点。工资的提高并不意味着工人获得了消费的自由,马克思认为要保障人们消费自由的实现,就

---

① [美]尼尔·波兹曼:《娱乐至死》,章艳译,广西师范大学出版社 2004 年版,第 121 页。
② 王南湜:《马克思的自由观及其当代意义》,载《现代哲学》2004 年第 2 期。
③ 《马克思恩格斯文集》第 1 卷,人民出版社 2009 年版,第 119 页。

要让人们先拥有更多的自由时间。人类的生产活动是必须要进行的活动,那么,从事生产活动的时间就是人的劳动时间,其他时间就是人的自由时间。社会生产力的提高会使人们的劳动时间缩短,拥有更多的自由时间来发展自身的兴趣爱好。人们只有从长时间的劳动当中解放出来,拥有更多的自由时间,才能把一部分精力转移到自己的兴趣爱好上来,以此提高自身的素质和社会活动能力。马克思指出,"自由时间,可以支配的时间,就是财富本身:一部分用于消费产品,一部分用于从事自由活动"①。因此,拥有足够的自由时间才是对人真正的全面的解放。

第二节　消费生态化的基本内涵

消费是人类生活的手段,而非人类生活的目的。但是,在现代社会中,消费成了目的本身,消费欲望的不断满足成为人的价值体现和社会进步的标志。消费的本质已被扭曲,其不再是为了满足人的生存和自由的发展,而是为了满足虚假的需求。消费生态化就是针对消费主义的弊端而提出的观点,这有利于克服消费主义所造成的人与人、人与自然关系的紧张。马克思很早就提出了类似的观点,"社会化的人,联合起来的生产者,将合理地调节他们和自然之间的物质变换……靠消耗最小的力量,在最无愧于和最适合于他们的人类本性的条件下来进行这种物质变换"②,质言之,尽量在减少物质产品消费的同时,提高生活质量,协调好生产与消费的关系。党的十八大提出建设社会主义生态文明,就是要从根本上变革工业文明时代的生产方式和消费方式,建立基于生态化的制度制约。所谓消费生态化,是指对自然生态结构和功能无害(或较少有害)的消费方式,是在满足人的合理需求的基础上,以维护自然生态系统的平衡为前提的一种可持续的消费方式。它以资源节约和环境友好为价值导向和实践取向。生态化消费方式是建立在对地球资源蕴藏、环境容量、

---

① 《马克思恩格斯全集》第35卷,人民出版社2013年版,第230页。
② 《马克思恩格斯文集》第7卷,人民出版社2009年版,第928—929页。

生态承载力有限性的科学认识之上,不是对前工业文明时代"原生态型"和"生态维护型"消费方式的简单认同与回归,而是对工业文明时代生态破坏或反生态型消费方式的扬弃与超越。就人与自然的关系而言,消费生态化的特征在于尊重自然、顺应自然,在利用自然的同时不突破资源环境的承载能力。换言之,消费生态化是用生态文明的理念规范人们的消费方式,倡导适度消费,反对铺张浪费,使人类的生产消费活动沿着与自然相互协调的方向进化。

一、用消费生态化破解消费主义

消费问题也是社会问题。消费是生活方式的重要内容和主要反映,"消费是人们生存和发展的最基本、最重要的条件"[①],也是事关自然—人—社会复合生态系统生死存亡的最基本、最重要的问题。当今世界面临自然资源枯竭,生态环境危机,人类的各类疾病蔓延(特别是"富贵病""城市病""奇特病"等"工业文明病"),这一切都严重威胁到自然—人—社会复合生态系统的生存和发展,而且都与人类不健康(甚至是有害的)生活方式密切相关,并直接反映在消费观念、消费内容和消费方式上。比如,地球上二氧化碳的排放,1/3 来自工业生产,1/3 来自个人和家庭生活,1/3 来自交通运输,其中相当一部分又来自私家车。可见消费问题是关联资源、环境和人类健康的问题,也是一种社会问题。

过去的一个世纪中,在欧美及其他发达国家流行典型的工业文明消费观念和模式,这就是:享乐主义、物欲横流;大量生产、大量消费、大量废弃、大量浪费(疯狂购物,即购即弃)。西方国家以此作为刺激消费、进而获得大量利润的有效途径。这实际上就是把地球上有限的资源通过消费(准确地说是浪费)变成垃圾。即使他们也在提倡和实施废物回收、循环利用,但都并非从根本上予以整治。科学家们测算,如果全世界都像美国那样消费,至少需要 20个地球来支撑。此外,被称为工业文明病的"城市病""富贵病""奇特病"等新

---

① 柳思维:《现代消费经济学通论》,中国人民大学出版社 2006 年版,第 67 页。

的病种将不断增加和蔓延。自然资源耗尽、生态环境危机、"工业文明病"成为严重威胁人类的三大杀手。工业文明的消费文化是造成美国 2008 年金融危机的深层原因之一。美国人在消费上过度享乐、互相攀比、大量浪费,不顾实际经济情况的超前消费和贷款消费,已经形成一种消费文化。我国经过 40 多年的改革开放,经济建设取得巨大的成就,人民群众生活得到根本性的改善,我国正经历着由温饱向全面小康社会的历史性转变。但是,西方国家的工业文明消费文化也随之侵入,严重影响到我国公众的生活方式和消费方式。所以,我们不但要变革工业文明的生产方式为生态文明的生产方式,而且也要变革工业文明的生活方式为生态文明的生活方式,这就是确立生态文明的消费观及其模式。生态文明消费模式是当前中国消费模式转型的必然选择,是生态文明建设的内在要求,是自然、社会、经济和人协调发展的现实需要。它是生态文明时代精神的体现,构建生态文明的消费模式,需要从中华民族的传统消费文化中寻求理论来源,需要重建我们的价值体系,需要完善各种消费制度,也需要各种组织机构和消费者个人在消费实践中共同努力。作为人类文明发展过程中的一种新事物,生态文明消费模式与其他消费模式相比有其历史进步性,有不同于其他消费模式的时代特征和基本内涵,更好地体现了生态文明的时代精神。

当今世界,学者们提出来多种消费模式,例如,绿色消费、可持续消费、生态消费、低碳消费等,它们各自都有积极合理的方面,但生态文明消费模式是更全面、更高层次的。绿色消费的内涵和外延都较窄,不仅存在只重视消费的"质"而忽视消费的"量"的问题,还存在忽视非物质性产品的消费和忽视消费的社会属性,没有考虑到消费行为中体现的人—社会—生态的关系问题。可持续消费是伴随着可持续发展理论的提出而出现的,但这个"可持续"仍然没有摆脱以人的利益之最大化为出发点的窠臼,所以,有学者提出这个定义"既没有深入探讨和厘清人与自然的关系,更没有揭示出'发展性'中的人本主义内涵,因而摆脱不了人类中心主义之嫌"[①]。生态消费虽然是以非人类中心主

---

① 汪玲萍、刘庆新:《绿色消费、可持续消费、生态消费及低碳消费评析》,载《东华理工大学学报》(社会科学版)2012 年第 9 期。

义为出发点,认为人类隶属于生态环境系统,强调人与自然环境的和谐性,但也忽视了社会这一维度,较多强调的是人类在消费过程中应遵循的生态伦理和道德,而往往忽略甚至牺牲人类的利益。低碳消费是为了减少二氧化碳等温室气体的排放而采取的一种消费模式,主要是围绕低碳做文章,对人类社会环境的恶化,如消费公平等问题考虑甚少。生态文明消费模式可以说是对这些消费模式的扬弃,吸收了上述消费模式的合理内涵,把以人为本和以自然为本有机地结合起来,它所倡导的消费观念、结构和方式既有利于自然资源的合理利用和生态环境的保护,还有利于提升人们良好的生态文明素质和较高层次的精神文化内涵,更符合生态文明的要求。这种消费生态化模式的基本内涵至少包括节约性、发展性、和谐性、可持续性、有效性和公共性。一是节约性,即资源节约和环境友好性。它提倡适度消费,反对过度消费,杜绝浪费和对生态环境的破坏。对个体而言,适度是指消费者应当根据自己的收入水平量入而出;对社会而言,适度是指与生产力发展水平相适应。二是发展性。节约不是表示消费停滞不前,而是不追求过度的物质享受,更注重人的精神享受,崇尚精神生活需求,满足社会交往、心理调适、精神高尚、娱乐审美等需求,让人得到全面的发展。三是和谐性。这是公平正义的具体体现,也是建设社会主义和谐社会的基本要求。既包括人与人之间的消费公平与和谐消费,也包括人与自然之间的和谐相处。四是可持续性。除了考虑生态资源的当代人的配置问题,还要努力促进代际消费公平,从而保证当代人和后代人的消费需求及其实现能力。五是有效性。论及消费消耗资源是无法避免的,重要的是要让有限的资源充分发挥其功效,注重使用结构的改善、使用效率的提高,以及消费废弃物的回收处理等。六是公共性。即注重社会公共消费和居民个人消费之间的合理关系,社会公共消费内部结构要合理,体现最广大人民的共同利益,保证广大群众能够享受公共财政资源。

　　农业文明消费模式受到落后的生产力水平的限制,是一种内容单一、结构简单、水平低下的模式,人们的消费主要是满足生存所需,总体上是节俭节欲的;生态文明消费模式是建立在生产力水平较高和物质资料丰富的基础之上的,人们的消费已不再满足于生存而是要不断地发展,所以,消费在数量和质量方面都有所提高。由于农业社会是个等级森严的社会,不同社会阶层的人的消费水平、消费方式等差异很大,这与现代文明社会所提倡的公平消费显然是不一样的。因为落后的生产方式与相对低下的发展水平,农业文明消费模式对生态环境的负效应开始初步显现但并不显著,人们主要是从自然界中索取生存所需要的基本物质资料;而生态文明消费模式要求人们不能一味地从自然界索取,还要反哺自然,让自然界保持自身的平衡。

工业文明消费模式现在已广为人们诟病。在资本追求利益的推动下,很多消费是为了满足虚假的需求,即马尔库塞所说的为了特定社会利益而从外部强加给个人身上的那些需要,于是人们大量消费,甚至将商品的符号意义和象征价值看得高于其交换价值和使用价值。这样,人越来越变成了纯粹的经济人,消费成为支配我们人类生存的异己力量。这不仅损害了人的身心健康,带来人格的分裂和道德的败坏,而且给环境造成了严重的负担,让人与自然的关系变得紧张起来。而生态文明消费模式不仅可以使消费成为有利于人的身体健康和提高生活质量的手段,而且在此基础上注重消费过程和消费结果的控制,把人类消费活动置于"人—社会—经济—自然"这一宏大的坐标体系之中,将环境道德、消费伦理、文明价值标准、消费责任和义务扩展到非人的自然生态系统,强调在消费过程中自觉秉承消费适度和合理原则,尽可能地减少对自然的破坏,实现人与自然之间的和谐相处,让自然真正成为人类的美好家园。

二、消费生态化是生态文明的重要内容

传统消费模式对物质消费的片面追求,不仅造成资源的极大浪费,而且也使消费需求不能得到有效满足,限制了人的全面发展,是一种不可持续的消费模式。不可持续的消费模式与不可持续的经济发展方式具有直接关系。不合理的经济结构和增长方式,是以不合理的消费模式为支撑的,改变不合理的增长方式和产业结构也要以消费模式的转变为条件。同时,实现消费模式的转

变也必须以经济发展方式的转变为前提。在经济发展中,要尽可能减少单位产品的资源消耗强度和能源消耗强度,减少污染物的排放,减少废弃物的产生。充分认识生产力演进过程中消费对于生产的能动作用,选择合理的消费模式,进而推动生态文明制度建设,从根本上建立起绿色消费的发展模式。而建立绿色消费模式可以从以下几个方面入手。

第一,加强宣传引导,建立中国特色的消费文明体系。消费文明体系是生态文明建设的重要组成部分。消费是促进发展的一种动力,可以创造出新的生产潜力。面对能源资源短缺、生态退化、环境污染、气候变化、灾害频发等问题,生态文明要求重新审视人类与自然的关系。政府应积极培育公民绿色消费意识和企业环境保护意识,加强绿色消费、低碳消费、适度消费的引导,使人们深刻认识到地球生态系统自净能力的有限性,转变消费观念,注重资源的循环利用。大力提倡和发展节能建筑、低碳建筑以及相关基础设施,以减缓能源消费的增长速度。从生态和公平的维度来看,生产和消费都不是单纯的个人行为,它涉及整个社会甚至后代的利益。生产者和消费者都必须履行自己的社会责任。通过宣传教育,引导消费者成为绿色经济的市场需求动力,使消费者逐步采取节能生活方式,比如购买节能设备、个人行为注重节能、绿色出行等,从而在倡导绿色环保的基础上,建立中国特色的消费文明体系,让更多的消费者自觉树立资源节约、环境友好的消费理念,杜绝不良消费行为。

第二,加强消费与资源环境承载关系研究,推进生态消费。扩大内需措施要因地制宜,针对不同地区、不同的消费群体采取不同的做法,推进适度消费,优化消费环境。由于我国区域发展不均衡,资源环境承载有限,在生产和消费之间构建科学的供需平衡,加强消费与资源环境关系研究,包括建立一套衡量生态文明、绿色经济的指标体系和评估体系。充分认识特定生态系统的自然资本与生态服务价值,使市场化机制成为国家生态补偿机制的有效补充。从"投入—产出"的角度,对不同生态功能区域资源消耗、环境损害做出评价,鼓励以市场化模式推动生态系统服务的可持续供给。探索基于资源环境承载力的国土资源用途管制,根据不同生态区域自然资源承载能力,制定和落实特定区域生态红线,以红线划定生产,以红线划定消费。

第三,加强消费政策调控,为促进生态文明建设提供市场条件和制度条件。推进消费方式生态化,我们必须对现行的消费政策(或与消费相关的政策)进行反思并做出相应修正、补充和调整,明确禁止什么、限制什么、鼓励什么。生态文明建设要求开展消费制度创新,推进生态消费模式的建立,为促进生态文明建设提供市场条件和制度条件。党的十八大明确指出要"深化资源性产品价格和税费改革,建立反映市场供求和资源稀缺程度、体现生态价值和代际补偿的资源有偿使用制度和生态补偿制度"。因此,推行生态消费有赖于政府、社会组织、企业和公民等各方面的共同努力。政府更应该综合各种手段,调整社会保障、产业、金融、税收政策,积极作为,在消费的各个环节对消费行为进行规范和引导。引导资金流向,促进绿色融资,利用资金杠杆支持自然保护与资源可持续利用,为绿色发展转型提供必要条件。比起传统的消费模式,生态消费需要法律、法规、政策等制度配套,以保证政府、企业和个人生态消费行为的实现。

第四,强调技术进步对生态消费的作用,增强可持续消费潜力。在一定区域内,用生产链条把工业与农业、生产与消费、城区与郊区、行业与行业有机结合起来,大力发展资源循环利用产业,实行可持续生产与消费,全面提高资源利用率,逐步建成循环经济社会,用生态学规律指导人类社会的经济活动,即建立"资源—产品—再生资源"的反馈式流程。发展循环经济必须改变传统经济的技术范式,构建新的资源节约和环境友好的技术范式。从这个意义上来说,生态消费作为循环经济中的一个重要环节,表现出了对技术更高程度的依赖。因此,我们需要积极发展节能产业,推广高效节能产品;加快发展资源循环利用产业,推动矿产资源和固体废弃物综合利用;大力发展环保产业,壮大可再生能源规模,促进生产、流通、消费过程中的减量化、再利用、资源化,从而能够相对减缓能源消费的过快增长,实现清洁低碳的可持续发展。

第五,加大生态消费的监管力度,为生态消费提供良好的市场环境。党的十八届三中全会通过的《中共中央关于全面深化改革若干重大问题的决定》

首次确立了生态文明制度体系,按照"源头严防、过程严管、后果严惩"的思路,用制度保护生态环境。生态消费作为生态文明建设的组成部分,国家应该加大绿色消费、环保方面的立法,用法律加强对生产经营非绿色产品企业的管理和限制,为实现绿色消费营造一个适宜的法律环境。以"加强环境监管,健全生态环境保护责任追究制度和环境损害赔偿制度"为契机,从消费到生产建立追踪溯源的管理制度,拓宽公众参与监督的有效渠道,以消费终端监督倒逼生产方式的转变。除此之外,我国政府的工商管理、技术监督、卫生防疫等部门应多方联动,建立有力的监管机制,加大违法违规成本,优化生态消费的市场环境。

三、实践消费生态化的主要目的

消费生态化立足于"自然—人—社会"是一个复合生态系统、人的生态生存是人实践生存的必要前提等根本认识,主张用生态学的观点和方法规范人类的消费活动。实践它的根本途径是通过变革消费结构引领经济发展模式的变革。消费生态化服务于实现资源、环境和生态对经济、社会和人的发展的可持续支撑。实践消费生态化的主要目的:一是张扬生态理性,培养生态思维;二是改善生态环境,提高生活质量。

首先,张扬生态理性,培养生态思维。按照马克思主义的观点,整个人类历史就是人的主观能动性与客观世界的物质制约性对立统一的历史。指导人改变世界的新思想不可能凭空产生,它是对现实批判反思的产物。按照新思想改变现实,还必须有实现它的物质力量。生态文明和消费生态化是对当今世界普遍存在的人口、资源、环境和生态问题进行理性思考的产物,实践它们,也不能仅靠主观热情。这种思考是对近代以来人们赖以推进工业文明的经济理性的辩证否定,张扬的是生态理性。德国哲学家伽达默尔指出,理性的基本要求是"能够在存在事物的全体中保持统一性"①。也就是说,它要求人们想

---

① ［德］伽达默尔:《科学时代的理性》,薛华等译,国际文化出版公司1988年版,第2页。

问题、办事情都要把握全局,讲逻辑,讲理由。法国启蒙运动的口号就是张扬理性,认为理性是判断一切事物正确或者错误的最高法庭。张扬理性为资本主义率先在欧洲推翻封建主义立下汗马功劳,资本主义工业文明所取得的一切成就,都可以说是在理性的指引下取得的。20世纪初,德国社会学家马克斯·韦伯在《新教伦理与资本主义精神》一书中对理性范畴进行了梳理和剖析,并把它区分为工具理性和价值理性,从而为资本主义文明向全世界扩张在价值上提供了较为合理的解释。按照韦伯的见解,理性在西方文明发展中得以张扬的过程,可以称之为社会的理性化和去除人性化的过程。近代以来得到不断张扬的理性主要是一种经济理性,因为它强调要利用各种机会去获取利润。只有在它的支配下,才会把实验方法和数学方法结合起来,催生出近代自然科学,而科学转化为技术进而转化为生产力才有持久的动力,才会设计出为资本主义生产方式和社会制度服务的法律制度和行政管理体制。要形成与消费生态化相适应的生态理性,就必须揭露上述经济理性的工具性和反生态性。经济理性鼓励尽量扩大生产以获取更多物质财富,鼓励用奢侈消费来满足不断膨胀的物欲,最终把自己同自然资源的有限性、人的认识的非至上性的矛盾转化成了对抗性的矛盾,造成了日益严重的资源、环境和生态问题,也使自己带上非理性色彩。因此,用生态理性取代经济理性的过程,就是对人类进行再启蒙的过程。在信奉生态理性的人看来,实践消费生态化就是要建设一个劳动和消费得更少但却生活得更好的社会。这样做的理由是:从必要性上讲,是因为受诸多外部条件的限制,在任何时候,人类经济活动的规模、深度和效能都只能是有限的。冲破这些限制的努力最终会达到一个界限。在这个界限之外,物质生产造成的破坏比它所创造的还要多。当今的资源、环境和生态问题就是这个界限存在的明证。从可能性上讲,现代科学研究已经证明,人的幸福感并非一直和所占有的物质财富、所消费的物质产品成正比地增加,因此,用尽可能少但使用价值大的耐用品来满足人的物质需要是可能的。

生态理性和经济理性的主要区别是:经济理性着眼于满足现实的经济利益和当下的物质享受,把自然资源和科学技术当成实现上述追求的手段,主张为刺激人的物质欲望、满足人的奢侈需求而发展科学技术，追求的是工具理性。生态理性着眼于"自然—人—社会"这个复合生态系统的和谐统一，既要促进经济社会和人的可持续发展，又要为上述发展在资源、环境和生态上提供可持续支撑，追求的是价值理性。生态理性提倡一种节约、知足的观念，拒斥奢侈和浪费，主张发展生态化的科学技术，用尽可能少的劳动和资源生产使用价值高的、耐用的物质产品，有效治理已产生的生态问题。经济理性所理解的自由是从个人出发的、讲究自我决定的绝对自由。它认为自由就是摆脱他人的意志。但是，由于近代以来市场经济塑造的社会关系是"以物的依赖性为基础的人的独立性"①，经济成了社会生活的指挥棒，个人自由实际上最终被定位在购买力之上。谁的购买力强，谁就越自由。普遍存在的贫富差距，必然使一部分人的自由以另一部分人的不自由为代价。所以，近代以来在西方国家，无论是在经济、政治、文化、社会上还是在个人事务上，人们都紧紧地被"财富"这一链条束缚着，在某种意义上可以说，我们是财富的奴隶，没有多少自由可言②。

生态理性把"自然—人—社会"这个复合生态系统当作哲学本体，不承认个人有所谓的绝对自由。过程哲学创始人、英国著名哲学家怀特海曾经说过，由于世界是相互联系的，人永远处于一定的限制之中，因此，"不存在绝对自由这样的事实；……自由、给定、潜能彼此预先假定，相互限制"③。生态理性首先强调，自由的本质就是人的自主活动，如果人们消费得少些，就可以劳动得少些，自主活动的时间就多些，就更能增加自我完善的可能性。由于"自然—人—社会"这个复合生态系统是一个有机的整体，自然界就不可能仅仅是人实现自己目的的工具。总之，由于追求自我完善具有社会和生态维度，生态理性所说的自由，是通过突破狭隘的小我，在与他人和大自然的"认同"中

---

① 《马克思恩格斯文集》第 8 卷，人民出版社 2009 年版，第 52 页。

② J. Passmore：*Man's Responsibility for Nature*：*Ecological Problems and Western Traditions*，New York：Charles Scribner's Sons，1974，p.200.

③ Whitehead：*Process and Reality*，New York：Free Press，1978，p.133.

获得的。要使生态理性发扬光大,必须把它贯彻到思维方式中,培养生态思维。在马克思主义的视野中,人的解放、发展、自由是相互支撑的系列范畴,都是为满足人的需要、发挥人的潜能服务的。从生态思维的角度看,实现人的解放、发展、自由,就不仅要认识自然、改造自然,摆脱他人的奴役,还要尊重他人、尊重自然,合理调控自身的欲望。在建设生态文明、实践消费生态化中培养生态思维,必须把系统思维和矛盾思维结合起来,突出以下三个方面。

第一,整体思维。要清醒认识到,建设生态文明、实践消费生态化不但关涉到人与自然关系的调整,而且牵涉到调整当代人之间的关系以及当代人与后代之间的关系;在调整中所遇到的问题,既和人口、资源、环境、生态直接相关,也和贫困问题、发展问题、和平问题密切相关;解决这些问题,必须进行综合治理,既要发展生态科学技术,也要进行政治和经济的制度创新,更需要改变人们的价值观念和生活方式。在评价行动的效果时,要讲究经济效益、社会效益和生态效益的统一,既考虑局部利益又考虑全局利益,既考虑眼前利益又考虑长远利益。

第二,尊重自然。所有自然物都是人类文明的根基,都具有内在价值。文明之所以起源于解决人与自然的矛盾,就是因为人的生态生存是人的实践生存的前提。马克思指出,资本主义制度所造成的人的异化,对工人来说,主要是因为:"第一,感性的外部世界越来越不成为属于他的劳动的对象,不成为他的劳动的生活资料;第二,感性的外部世界越来越不给他提供直接意义的生活资料,即维持工人的肉体生存的手段。"①当今的人口、资源、环境和生态问题之所以和人类的命运生死攸关,就是因为如果生态环境继续恶化,那就意味着人类将由于不断失去生产和生活资料,最终不得不走向自我毁灭。而尊重自然的核心是转变仅仅从"有无用处"的角度看待自然物的态度,真正把整个自然界都当成人类的合作伙伴。

第三,面向未来。建设生态文明、实践消费生态化是为了实现经济社会和

---

① 《马克思恩格斯文集》第 1 卷,人民出版社 2009 年版,第 158 页。

人的可持续发展,促进人与人、人与自然、人的物质生活与精神生活的和谐。但当下现实离上述目标还有很大差距。生态学马克思主义理论家约翰·贝拉米·福斯特在《生态危机与资本主义》一书中指出,如果全世界的物质生产总量每年增长3%,那将意味着每隔23年就翻一番,一个世纪内将增长16倍。地球上的资源不可能支撑几何式的经济总量增长,也没有任何高科技能在有限的生物圈内确保经济的这种无限增长。因此,经济社会和人的可持续发展同物质生产的无限扩大、物质财富的无限增长是不相容的。人类要创造美好的未来,必须立刻采取行动,改变对自然界的傲慢态度,改变一切不可持续的生产和生活方式。彰显生态意识、培养生态思维,还必须在世界范围内发掘各民族传统文化中的生态智慧,使它们在建设生态文明、实践消费生态化中发挥作用。

其次,改善生态环境,提高生活质量。倘若彰显生态理性、培育生态思维是实践消费生态化的思想条件;作为实践消费生态化的现实目标,改善生态环境则是提高生活质量的必要前提,理应受到格外重视。改革开放以来,特别是确立经济体制改革的市场经济取向以后,我国经济有了飞速发展,全国人民的生活有了显著提高,绝大多数人已解决温饱问题,我国正在沿着全面建设小康社会的道路继续前进。但是,我们也付出了沉重的生态代价。生态环境一旦受到破坏,治理起来就非常困难,且见效也很缓慢。西方发达国家环境治理走过的路是"先污染后治理"。但是,对广大发展中国家来说,这一路径基本不可复制。因此,包括中国在内的广大发展中国家要建设生态文明,必须坚决反对消费主义,坚定不移地走发展生态生产力、实践消费生态化的道路。马克思主义创始人把"物质产品的生产"和"人生产需要的能力"并称为人类的"第一个历史活动"[1],就是因为它们之间矛盾的不断产生和不断解决,制约着人与人、人与自然矛盾的解决。面对日益严重的人口、资源、环境和生态问题,人类必须而且完全有可能通过调控自身的需求结构,在减轻物质生产压力的同时

---

[1]　《马克思恩格斯文集》第1卷,人民出版社2009年版,第531页。

提高生活质量。如何提高人的生活质量？马克思主义的回答是：满足人的需要，发挥人的潜能。这个回答之所以正确，就是因为它囊括了人的生命表现的全部形式。马克思主义正是在这个意义上认为："富有的人同时就是需要有人的生命表现的完整性的人，在这样的人的身上，他自己的实现作为内在的必然性、作为需要而存在。"①人的各个层次的需要都可归结为物质需要和精神需要。因此，可以把生产归结为物质产品的生产和精神产品的生产，把消费归结为物质产品的消费和精神产品的消费。其中，人类对物质产品的需要是生存的基础，因此，在生产、占有和消费物质产品上展开的斗争，成了人与人之间关系不和谐的根本原因。马克思主义创始人正是在这个意义上坚持共产主义和人的自由而全面发展的实现，必须"以生产力的巨大增长和高度发展为前提"②。对精神产品的需要、生产和消费，是在物质产品的基础上产生出来的。它们一旦产生出来，就会反作用于前者并发挥引导作用。人的宗教、艺术、哲学、科技等活动，就是这样发展起来的。在这个过程中，实现自我、超越自我的精神需要，引导人们开发潜能、发展生产、调节需要、陶冶情操，并在这个过程中协调人与人、人与自然的关系。这样，人的生产和消费就不再简单地是对物质产品的生产和感性占有，而是为了让自己的生命活动更加丰富多彩，生存发展更有价值。

当今的生态危机向人类发出的警告是：自然资源的有限性决定了人类物质财富的有限性，人类必须从单一追求物质财富和物质享受中解放出来。人类的绝对需要是有限的，容易被满足的。人类的相对需要是会使我们产生凌驾于别人之上优越感的需要，是无止境的，永远无法完全满足。所以，相对需要是一种虚假需要，满足它并不能增加整个社会的幸福；其次必须认清消费的生态成本，大力增加对绿色产品和精神产品的消费。为了降低物质产品的消费总量又不降低生活质量，就必须在优化消费结构上下功夫。要在必要的物质生活得到保障的前提下，鼓励人们多增加对精神产品的消费，以开阔视野，

---

① 《马克思恩格斯文集》第1卷，人民出版社2009年版，第194页。
② 《马克思恩格斯文集》第1卷，人民出版社2009年版，第538页。

提升境界,激发创造力;鼓励人们多进行自主的创造性活动,使生活内容更加丰富多彩、物质生活和精神生活更加和谐。为了进一步减轻生态的压力,在消费物质产品时,要鼓励人们尽可能消费绿色产品。绿色产品的根本特征就是"尽可能多的天然,尽可能少的人为"。要扩大绿色产品在物质产品中的比重,就必须充分尊重自然界的自主运作,通过促进人的物质生产力与自然界的物质生产力的相互协调,大力发展生态生产力。只有这样,人类才能在经济和社会的持续发展中,满足需要,展现潜能,不断提高自己的生活质量,促进自己的全面发展。

第三节 新时代构建与经济社会发展相适应的消费文化

党的十九大报告强调,要"倡导简约适度、绿色低碳的生活方式,反对奢侈浪费和不合理消费",这为绿色消费文化的构建提供了基本遵循。消费是人类最基本的生活现象。进入新时代,中国社会的主要矛盾已经发生了转化,人民的生活水平和消费水平不断提高,消费已经从生产链条中挣脱出来,成了人们的一种生活方式。面对一系列的新情况、新变化,以习近平同志为核心的党中央,不忘初心、牢记使命,坚持以人民为中心,不断探索与经济社会发展相适宜的消费文化。

近年来,党和政府相继出台了《生态文明体制改革总体方案》《关于建设统一的绿色产品标准、认证、标识体系的意见》《"十三五"节能减排综合工作方案》《关于促进绿色消费的指导意见》《"十三五"全民节能行动计划》《循环发展引领行动》《促进绿色建材生产和应用行动方案》《工业绿色发展规划(2016—2020年)》《关于加快推动生活方式绿色化的实施意见》《企业绿色采购指南(试行)》《关于建立健全生态产品价值实现机制的意见》等一系列政策法规,对充分认识绿色消费的内涵、意义、要求和主要目标,培育和强化绿色健康消费理念,促进绿色产品供给和消费发挥了重要作用。文化具有世界性、民族性,中国文化是世界文化的一部分,欲求中国消费文化的新出路,必须坚持中国传统文化的传承,坚定文化自信,紧随世界文化发展的脚步。作为当今世界最大的发展中国家,我们要避免消费主义或是消费文化的弊病给中国传统文化带来的冲击,培养人们正确的消费观念,在吸收外来文化的过程中,建设与中国经济社会发展相适应的消费文化。

一、我国消费文化发展面临的机遇与挑战

消费社会的出现是社会进步的表现,它标志着消费成为社会生活和生产的目标和动力。消费社会具有以下四个特征:(1)以消费为主导,不同于以生产为主导的生产社会,消费的是商品的象征意义、符号价值,而商品的使用价值则退到次要的地位;(2)消费具有普遍性,所有的物品都有消费价值,都被商品化,日常生活和消费紧密相连,消费已经渗透到政治、文化等各个领域;(3)出现平等的表象,只要人们支付一定的费用,任何人都可以消费相同的商品,享受上层社会的生活;(4)消费的符号化,消费社会关注的消费不仅仅是商品的使用价值,更重要的是消费商品背后蕴含的象征意义和符号价值。此外,消费社会还有一个重要特征就是消费主义的盛行。随着科技的发展,社会产品变得丰富多彩,消费品通过大众传媒向人们进行传播满足自己物质或者精神上追求的诱导式消费,人们开始对商品符号进行无止境的追求并深陷其中,这就是我们所说的消费社会的意识形态。在我国,随着科技的进步,经济迅猛发展,物质产品极大丰富,人们的生活水平逐步提高,消费无时不有、无处不在,消费商品表达的象征意义和符号价值也成为国人追求的主要目的,当代中国社会无疑已经开始出现消费社会的端倪。

近年来城乡居民的消费观念转变与我国的经济社会发展、国人的精神生活追求息息相关。从新中国成立初期到改革开放前,这一阶段我国的消费观念受"勤俭节约"的传统文化与经济发展水平的限制,在消费观念上表现为节制俭省;市场经济的发展和国民的思想解放促使消费观念表现出从众消费、攀比消费等非理性消费,丰富多元的消费品扩张了个人的消费欲望;随着中国特

色社会主义进入新时代人们的消费观念正逐步摒弃利己的资本逻辑,树立起绿色发展理念,顺应了人民对美好生活向往的多样性。

但在全球化时代消费主义作为一种意识形态,通过国际间的经济文化交流和大众传媒向世界各地扩散和渗透,迅速从西方社会席卷而来,对我们的主流价值观和主流消费文化造成了巨大冲击,并在我国形成一种异化的消费价值观,造成奢靡浪费的现象。在张扬个性、追求时尚,通过奢侈品消费达到身份认同以及炫耀目的的同时,我们传统的重积累、轻消费、崇尚节俭的消费文化正面临着严峻考验。从生态文明的角度看,在一个人口大国过度地追求炫耀性、奢侈性消费不但引起资源的浪费、环境的污染,同时也不符合我国现阶段的国情,不利于人的全面发展,不利于生态文明的构建。马克思较早地阐述了劳动异化的概念,他认为,异化是指事物在发展过程中走向自身的对立面,消费异化则意味着消费行为不再以满足"整体的人"的需要为目的,而是为了满足虚假需要诱发的无"需"而"求"的消费。消费主义是异化劳动在特定时间的突出表现,是商品拜物教的深化。

随着经济全球化的拓展,西方的文化产品纷至沓来,在给人们提供多种文化体验的同时,也把其承载的消费理念、价值观念、精神信仰和生活方式传入国内。随着中西方文化交流不断加深,西方的文化产品凭借其高科技手段,通过电影、书籍、网络、广告等媒介形式进行大肆传播,对其他国家进行文化渗透,由此不可避免地对我国的思想文化造成冲击。西方发达国家尤其是美国对消费文化的传播,表面上宣扬和传播西方科学文化,实际上企图在我国开辟市场,并凭借经济强势推行文化霸权主义。由于我国正处于社会变革时期,原来占主导地位的价值观和消费文化也会受到强烈冲击,这对建设中国特色社会主义无疑是一种挑战。党的十八大以来,我国把生态文明建设放在十分重要的位置,提出了坚持节约资源和保护环境的基本国策,推进绿色发展。绿色发展是循环低碳、可持续的,使人与自然相互和谐的发展。绿色发展作为"五大发展理念"之一,也是生态文明建设、实现美丽中国的必然要求。促进绿色发展就必须提倡推广绿色消费,即倡导绿色低碳、节约适度、文明健康的消费方式。

二、构建中国特色的绿色消费文化

中国特色的绿色消费文化体系的构建必须根据经济社会发展的现状,正确处理生产与消费之间的关系,提倡适度消费、理性消费。消费受到文化的影响、驱动和制约,从一定意义上说,消费本质上也是一种文化。消费文化是人类文化在消费领域的拓展,已经日益成为整个文化中极为重要的组成部分,消费文化对现代社会文化价值的提升具有极为深刻的影响。文化包容并促进了绿色消费的发展,绿色消费本身也塑造了文化。关于消费文化的概念,国内学者从不同角度进行了探讨,结合学者们对消费文化的定义我们看到,消费文化即消费活动中表达、体现或隐含的某一社会或某一民族的某种意义、价值或规范,也是消费社会学中的规范性消费文化。消费文化具体的研究内容包括消费价值体系、消费习俗、消费习惯等。构建与经济社会发展相适应的绿色消费文化,主要包括以下四个方面:第一,培育合适、合宜、合道的消费价值观。这就要求增强人本意识、规范意识、极限意识和公平意识这四种意识;第二,促进消费习俗民族化。消费习俗的民族化,就是要重点保护具有明显民族特色的消费习俗,深度挖掘这些消费习俗的文化内涵,大力弘扬这些民族文化传统,维护人们的民族情结;第三,引导消费习惯理性化、个性化、科学化、生态化,绿色消费习惯能将社会、环境、他人和自我置于一个整体,充分彰显个人个性,又充分重视对社会、对他人、对环境造成的影响,还要求人们的消费理念、消费内容和消费方式贯彻科学性,进而平衡与消费相关的各种关系;第四,营造文明健康的消费社会舆论。这是在国家正确引导下形成的文明健康的社会消费风气,从而认可绿色消费价值观,对绿色消费方式的正面价值判断,同时,也对异化消费理念或消费行为进行批判,以形成关于消费的正确的、先进的、积极的符合经济社会发展和保护生态环境要求的、以人为本、公平正义的文化氛围。

中国绿色消费文化的构建,必定是文化全球化语境下的文化构建。文化全球化下,对于一个民族国家来说,要构建本民族的合度、合宜、合道的消费文化,不但要正确对待消费文化的民族性和世界性的关系,还要协调好传统文化和现代文化的关系。构建与经济社会发展相适应的消费文化是每个人的责任，但政府在文化建设中将发挥重要的引导、监管和保障作用。

（一）政府的文化职能在推进绿色消费文化建设中的引领作用

在当代中国，发展先进的文化，为社会主义现代化建设提供坚强的精神动力、思想保障和智力支持，是政府的一项重要任务。能否创造和发展先进的文化，能否形成促进先进文化发展的环境，这就在很大程度上取决于国家治理能力的现代化。政府在文化建设和文化转型中始终起着主导作用，政府发挥文化职能的重要性也越来越突出。具体言之主要体现在以下几个方面。

第一，不断完善促进消费文化发展的政策和法律环境。政策和法律环境是发展绿色消费的重要社会环境之一，也是引导和保障消费文化发展的重要环境。而这一环境的不断完善则是政府重要的文化职能之一。比如，对传统节日象征性食品的安全法律化；对媒体关于传统文化宣传工作的规范化和法律化；对于消费者消费行为的政策引导，等等。有了政策的引导和法律的保障，消费文化的构建便有了充分发展的空间，也巩固了意识形态阵地。

第二，优化推进消费文化发展的传播环境。一种文化的形成与发展，离不开对这种文化的传播，而政府在消费文化传播中的作用是极其重要的。文化的传播途径有很多，比如教育传播、媒体传播、公共关系传播、人际传播等。政府除了参与基础建设、规范传播行为，还要对文化传播的内容加以引导和规范。

第三，培育推动消费文化传播的网络环境。网络传播也是媒介传播的一种，但在这里要单独列出，主要是因为在当今时代网络所具有的重要地位和作用，网络给人们生活带来了极为深刻的影响。网络已经成为各种文化、意识形态、价值观念、生活准则、道德规范传播的重要途径。政府要加强对网络传媒的管理，大力开发高品质的网络教育软件，创造出有利于民族文化网络化的新形式，加强绿色消费文化的网络宣传力度，营造健康向上的网络文化氛围。

第四，形成有利于构建与经济社会发展相适应的消费文化发展的创新环境。文化全球化时代，每一民族的文化都会随着时代的发展不断丰富，既不能墨守成规旧有文化,也不能盲目照搬外来文化,文化发展需要不断创新,由是政府就要为绿色消费文化的发展营造一个良好的环境。

为了更好地贯彻绿色发展理念、践行绿色消费方式,需关注以下几个方面:一是要加强对绿色消费的宣传和教育,大力推动消费理念绿色化,要使绿色消费理念深入人心,在全社会形成勤俭节约的良好风气;二是严格规范人们的消费行为,引导人们形成绿色消费方式,使消费者转变为主动的绿色消费主体;三是要严格管控市场准入,提高消费品的市场准入门槛,不断地增加绿色产品的生产,加大绿色产品的有效供给,使绿色消费品得到大规模的推广;四是要完善政策体系,建设绿色消费的长效机制,为绿色消费提供政策保障。《关于促进绿色消费的指导意见》提出绿色消费的主要目标是到 2020 年绿色消费理念成为社会共识,长效机制基本建立,奢侈浪费行为得到有效遏制,绿色产品市场占有率大幅度提高,形成勤俭节约、绿色低碳、文明健康的生活方式和消费模式。

(二)融合先进的外来绿色消费文化

文化全球化时代,如何对待外来的消费文化亟待引起高度重视。概言之,一方面我们不能妄自菲薄,对中国文化缺乏自信,那种以文化的全球化取代本土化的民族虚无主义态度,只能使中国的民族特色文化丧失。持这种态度的人缺乏对中华民族消费文化的真正了解,甚至缺少对本民族文化起码的责任感。有学者曾对中国文化做了精辟的论述:"东方文化,特别是中国传统文化具有强烈的内敛性质,这是这种文化久经沧桑、反复历练的结果,东方文化与中国文化具有克制与超越的精神气质。"①再看看中国的消费文化,中国的消费传统、消费模式,无不昭示着文化的发展和进步。中国消费文化表达了最具特色的民族风情和最质朴的民族情感。另一方面,也不能盲目夸大、偏执固守。过分地强调文化的本土化,一味排斥外来文化。事实上,面对文化全球化的冲击,文化转型是世界各国需共同面对的问题,这就需要对外来消费文化,

---

① 周冰笑:《消费文化及其当代重构》,人民出版社 2010 年版,第 239 页。

去其糟粕,取其精华,兼收并蓄。

实践经验告诉我们,对于外来的东西,包括文化在内,都不能完全排斥或全盘吸收,不同的文化间有交流、碰撞和融合是不可避免的,也是应该被提倡的。面对全球化时代消费文化的侵袭,我们要认真研究其理论并加以借鉴。简言之,在保持本民族消费文化特色的同时,对人类共有的优秀文化应广泛吸纳并成为自己文化的一部分,实现和而不同,创新发展。

(三)继承优秀的传统绿色消费文化

对于中国传统消费文化,我们要本着与时俱进的态度进行客观地分析和把握,中国传统的黜奢崇俭的消费思想,其内涵在新的时代可赋予新的意义,提倡节约消费、保护生态、强调消费伦理等,都是对传统消费观念的继承和发展。中国的消费文化在每个历史阶段都有各自的特点,但勤俭节约是中华民族消费观念中不变的基因。

在我国古代社会,由于生产力水平低下,农业是主要的消费资料生产部门,是人们的衣食之源,但农业受气候和季节的影响较大,具有不稳定性,因此,在这种物质资源极为匮乏的情况下,人们为了能够生存就逐渐形成了一种"黜奢崇俭"的消费文化,并被作为一种传统美德世代流传。早在春秋战国时期,"崇俭"就是诸子消费思想的根本主张。例如,儒家提倡适度消费,俭不违礼;墨家重视强本节用,认为节俭则昌、淫逸则亡;道家主张消费要无欲、知足。到了汉朝,"黜奢崇俭"成了消费领域的基本规范。魏晋时期诸葛亮、贾思勰等许多思想家均推崇"以俭治国"。即便是在我国历史上最为繁盛的唐朝也十分反对奢侈浪费,提倡适度消费。宋元时期,由于受到理学的影响,其消费思想仍然以尚俭为主,提倡发展生产,满足人们的基本消费需要,实行开源节流。明清时期国家统一,专制统治日益强化,地区性商业开始形成,出现了资本主义萌芽。这一时期许多思想家专注于经济的发展,认为只有发展生产,消费才能得以顺利实现,因此,在消费领域提倡"黜奢崇俭"。直到近代以后,由于开始注重发展机器工业,人们才认识到了推进消费对生产及民生的重要作用,但是就整个中国古代史及近代史来看,"黜奢崇俭"的消费文化毫无疑问成了我国消费文化的主流。中国传统消费文化源远流长,尤其是消费习俗中包含了很多民族特有的文化意味,表达了丰富的民族情感。几千年来积淀下来的消费文化一直被传承至今。中国传统的消费文化与西方消费文化具有很大的互补性。尤其是 2008 年全球金融危机后,人们对美国的消费方式进行反思,认为中国的传统文化对解决西方工业文明带来的生态危机具有独特的优势。

中华文化是中华民族的灵魂,是中华民族团结奋进的不竭动力。新时代中国特色社会主义消费理论中所包含的推进绿色消费、树立勤俭节约的消费观、推动能源消费革命、加快形成能源节约型社会等内容都是对我国传统的"黜奢崇俭"的消费文化的继承和发扬。"黜奢崇俭"是中国古代消费思想的核心内容,是中国传统经济思想关于消费的一贯主张。它不仅符合我国不同历史时期社会发展的具体国情,也是继续弘扬社会主义道德和中华民族传统美德的一个方面。总而言之,艰苦奋斗、勤俭节约的中华民族传统美德是新时代中国特色社会主义消费理论的文化基因。传承并发扬中华民族优秀的传统消费文化,也是抵制西方消费主义文化扩张和侵蚀的必要手段之一,面对崇尚享乐主义、过分追求物质消费满足的消费主义文化的扩张,只有大力弘扬中华民族优秀的传统消费文化并营造良好的氛围,守住阵地,才能在两种不同文化的较量中取得优势地位,发挥主导作用。

(四)推进中国绿色消费文化的发展

人与自然的关系是人类在进化、发展过程中一直不断探索追问的问题之一。无论在何种社会形态、何种发展阶段下,人类对自然的伤害,都被自然反作用于人类自身。这使得人类开始认识到人与自然是"你中有我,我中有你"的和谐共生关系,人类只有在尊重自然、顺应自然、保护自然、遵循自然规律的前提下,才能获得真正全面的发展。

首先,绿色消费的内涵要从两个方面进行分析。一方面,从满足生态需要来讲,绿色消费既要节约资源又要保护环境。消费行为的主体是人,消费的客体是资源和环境,整个消费过程和结果都要符合资源的合理开发和利用、有利于生态环境的保护的原则。另一方面,从满足个人健康需求来讲,绿色消费指消费者对有利于自己身心健康的绿色产品的需求和购买行为。绿色消费的概念是两个方面的叠加,即绿色消费是以有利于人的健康和环境保护为标准的消费方式以及消费行为的统称。绿色消费,是指以保护环境和节约资源为特征的消费行为,主要表现为崇尚勤俭节约、不污染、不浪费,同时选择高效、环保的产品和服务,降低消费过程中对资源的消耗和污染的排放。绿色消费是一种可持续消费,体现着理性、节约和文明的理念。其逻辑起点是利用最少的生态环境成本,适度满足个体消费,最大化地满足各个阶层的精准需要。同时,绿色消费文化从生态意识维度考量,体现了一种科学的、文明的、适度的消费理念,是当代中国主流消费文化产生的理论基础。绿色消费文化是一种既不同于传统过度节俭的消费文化,也不同于西方推崇的过度物质享受的畸形消费文化,它是与经济社会发展方式相适应,与人们收入水平相匹配,兼顾环境影响、资源效率和消费者体验的一种全新的消费文化。

绿色消费文化涵盖了适度消费和可持续消费的核心理念。国家通过树立绿色消费意识,减少过度的、奢侈性和炫耀性消费,引导整个社会形成符合人们收入水平,精神享受大于物质享受的可持续的消费氛围,逐渐形成绿色消费文化。绿色消费不是介于贫困引起的消费不足和富裕引起的消费过度之间的一种折中调和,而是一种新的消费模式。绿色消费应该是在商品可以满足物质和精神共同需求的前提下,给人类带来最大的消费效益和最好的消费效果;在人们的物质消费水平不断有所提高的基础上,真正有利于人的身心健康,有利于人的全面发展;使人不但得到物质享受的满足,更得到精神境界的提高,从而达到人与人、人与社会、人与自然的和谐统一。

其次,推行绿色消费是由我国现实国情决定的。虽然我国幅员辽阔、资源丰富,但由于人口众多,资源的人均占有量在世界排名比较靠后。我国自然资源的总体特征是总量丰富、人均占有量不足。随着经济的快速发展、人口的不断增长,我国的资源与环境的承载力在不断地下降。发展绿色消费有利于降低资源消耗、减少环境破坏,从而能够促进社会主义生态文明建设。尤其是近年来随着城乡居民收入水平的提高,消费需求不断攀升,消费已成为拉动经济增长的新引擎。绿色消费作为一种新型消费方式和新的经济增长点,具有巨大的发展空间和潜力,因此,促进绿色消费能够实现经济的可持续发展。同时,推进绿色消费既是对中华民族勤俭节约传统美德的传承,也是现阶段消费升级、推动供给侧结构性改革的内在要求。倡导绿色消费文化的形成,有利于实现我国经济增长方式的优化转型,促进经济社会可持续发展。此外,绿色消费观念体现了人们消费层次的跃升,将线性消费转化为理性消费,增强了国民的生态意识,有助于实现个体真正的自由而全面的发展。

随着中国特色社会主义生态文明建设的深入发展,生态文明观的普及和世界环境保护运动的全球化,我国的绿色消费大众化时代已经到来,不少消费者开始愿意购买绿色消费产品,绿色消费产品逐渐从利己型的绿色产品向公益型绿色产品辐射,而绿色消费需求层次已日益超越以基本生活资料为主的阶段而进入多样化发展时期。构建符合中国国情的主流的消费文化即绿色消费文化势在必行。主流消费文化的建设需要执政党和主流媒体的共同努力,需要政策制度上的适时调整和社会责任的切实担当,需要每一个人的文化自觉,切实依靠绿色消费文化的主流价值观引导和规范自身的行为。

第六章　生态文明与生态治理的法制保障

　　生态环境是人类生存和发展的基础,保护生态环境需要法律制度保障。党的十九届四中全会审议通过的《中共中央关于坚持和完善中国特色社会主义制度　推进国家治理体系和治理能力现代化若干重大问题的决定》(以下简称《决定》),对坚持和完善生态文明制度体系、促进人与自然和谐共生做出了系统安排,阐明了生态文明制度体系在中国特色社会主义制度和国家治理体系中的重要地位,明确了坚持和巩固生态文明制度体系的基本内容,提出了不断发展和完善生态文明制度体系的重要任务和具体要求。

　　改革开放 40 多年来,我国环境保护法制建设经历了从初创到成熟、从不完善到逐步完善的过程,基本形成了中国特色社会主义环境保护法律体系,为保障和促进生态文明建设以及经济社会可持续发展做出了积极贡献。推进生态文明领域国家治理体系和治理能力现代化,是实现国家治理体系和治理能力现代化的重要组成部分,必须将生态文明建设提升到政治高度和中国特色社会主义事业全局高度予以重视。中国特色社会主义制度与中国特色社会主义事业的总体布局相契合,在内容上也呈现"五位一体"的总体架构。进入新时代,生态治理在理论和实践方面又不断取得突破创新,这就为完善生态文明法律法规制度,为当代社会主义生态文明建设提供了有力保障。

第一节　新时代生态治理的总体情况

　　从整体上看,自然资源和生态产品属于全体人民的共有财产,人口资源、能源、环境、生态和防灾减灾救灾等方面的工作具有公共性。这些情况决定了党和政府在生态治理中具有责无旁贷的责任,需要承担相应的政策制定、管理监督等职责,尤其需要对生态治理进行方向性把握和总体性设计。

一、生态治理的中国特色

生态治理,既指对生态问题的治理,又指生态文明领域的国家治理。前者主要是一个技术问题,后者则主要是一个政治问题。在这里,我们主要是在后一个意义上去讨论生态治理。

一是注重生态治理的政治性。改革开放 40 多年快速发展积累下来的环境问题进入了高强度频发阶段,这既是重大经济问题,也是重大社会和政治问题。随着经济社会发展和人民生活水平不断提高,生态问题往往最容易引起群众不满,也最容易引发群体性事件,所以,环境保护和生态治理要以解决损害群众健康的突出生态问题为重点。因此,要加大环境督察工作力度,严肃查处违纪违法行为,着力解决生态环境方面的突出问题,让人民群众感受到生态环境的不断改善;还要用最严格的制度和最严密的法治保护生态环境的治理,坚定马克思主义的政治立场。

二是注重生态治理的法治性。作为国家治理体系和治理能力现代化的组成部分,生态治理也必须将法制和法治贯穿始终,按照依法治理的方式推进生态治理。习近平强调:"保护生态环境必须依靠制度、依靠法治。只有实行最严格的制度、最严密的法治,才能为生态文明建设提供可靠保障。"①根据这一精神,党的十八届四中全会将建立和健全生态文明领域的法律体系作为全面推进依法治国的重要任务。党的十八大以来,我国也加强了生态文明领域的立法、执法和司法工作。

三是推动生态治理的制度化。2017 年 5 月 26 日,习近平在十八届中央政治局第四十一次集体学习时的讲话中指出,必须"完善生态文明制度体系。

---

① 《习近平关于社会主义生态文明建设论述摘编》,中央文献出版社 2017 年版,第 99 页。

推动绿色发展,建设生态文明,重在建章立制,用最严格的制度、最严密的法治保护生态环境。要加快自然资源及其产品价格改革,完善资源有偿使用制度。要健全自然资源资产管理体制,加强自然资源和生态环境监管,推进环境保护督察,落实生态环境损害赔偿制度,完善环境保护公众参与制度"①。将生态治理制度化是中国特色社会主义生态治理的基本要求,也是习近平生态文明思想的重要思路和重要做法。习近平生态文明思想主要突出了生态治理的政治性、法治性和制度性,从而为加强生态文明制度建设和生态文明体制改革指明了方向。

二、生态治理的基本原则

应当说,生态治理必须依据生态系统和人类社会的运行规律进行。正是在不断探索和推进生态治理的过程中,以习近平同志为核心的党中央确立了新时代我国生态治理的基本原则。

一是系统性原则。也可以说,系统性原则是生态治理的科学性原则。2014 年 2 月 25 日,习近平指出:"环境治理是一个系统工程,必须作为重大民生实事紧紧抓在手上。"②其中,山水林田湖草是一个生命共同体的系统自然观就是生态治理系统性原则的科学依据。根据这一自然观,国家行政机关层面由一个部门来负责领土范围内所有国土空间的用途管制职责,对山水林田湖草进行统一保护、统一修复是完全必要的。此外,系统性的改革是全面深化改革的内在要求,也是推进我国改革的重要方法,理应成为新时代生态治理系统性原则的动力来源。因此,统筹山水林田湖草系统治理,需要优化生态治理机制,维护生态链条的统一性、稳定性和协调性,确保山水林田湖草生命共同体的平衡和循环。正如习近平在全国生态环境大会讲话中指出的,要加快构建以治理体系和治理能力现代化为保障的生态文明制度体系,促进生态环境领域国家治理体系和治理能力现代化的全面实现。

---

① 《习近平关于社会主义生态文明建设论述摘编》,中央文献出版社 2017 年版,第 110 页。
② 《习近平关于社会主义生态文明建设论述摘编》,中央文献出版社 2017 年版,第 51 页。

二是公平性原则。可持续发展理念凸显了生态环境的代际公平维度,事实上,代际公平首先是以代内公平为重要前提和基础的,而生态环境的代内公平在中国特色社会主义生态文明建设中得到了充分的承认和肯定,并在新时代社会主义生态文明建设中,通过对生态治理的公平性原则的把握得以实现。按照绿色发展、协调发展、共享发展相互协调、相互统一的原则,我们必须统筹推进城乡生态治理和区域生态治理,以便真正达到维护生态公平正义的目的。

三是协同性原则。协同性原则是生态治理的方法论原则,具体表现在以下几个方面:首先,通过生态治理实现环境和经济的协调发展;其次,通过生态治理实现区域之间协同发展;最后,通过生态治理实现城乡的协调发展。2015年通过的《生态文明体制改革总体方案》中提出,必须坚持城乡污染治理并重的重要方针,加强农村生态治理。这是因为一方面,它可以满足农村人民群众对美好生活环境的需要;另一方面,农村的生态环境直接关系到城镇人口的米袋子、菜篮子、水缸子"工程",因而,环境与经济、区域、城乡之间的协同发展与治理至关重要。

四是开放性原则。改革开放以来,我国积极参与全球生态治理,全国人大批准加入了30多项与生态环境相关的多边公约或者议定书,在这一过程中,我们积极应对、引导气候变化国际合作,从而为气候变化和全球生态治理注入了新活力。习近平指出:我们必须要不断加强和完善全球治理体系。"《巴黎协定》的达成启示我们,应对气候变化等全球性挑战,非一国之力,更非一日之功。只有团结协作,才能凝聚力量,有效克服国际政治经济环境变动带来的不确定因素。"[①]

当前,加快推进生态文明建设实际上已成为我国应对气候变化、维护全球生态安全、参与全球生态治理的重大举措。上述生态治理的原则性之间相互依存、相互贯通,最终形成了新时代中国特色社会主义生态治理的原则体系。

---

① 《习近平关于社会主义生态文明建设论述摘编》,中央文献出版社 2017 年版,第 140—141 页。

三、生态治理中法制建设的必然性

生态文明社会的构建,离不开法律制度的保障作用。法律是一种体现国家强制力的社会规范,只有当生态环境关系最后转化为法律关系之后,生态文明建设才算获得了国家的强制力的保障,才会为人们所普遍遵从。现代社会环境污染和生态破坏等社会问题,导致了社会发展中的无序状态。随着人类社会的发展,生态危机已经给人类带来了深重的灾难,生态危机不仅破坏了人类的生存和发展环境,而且在社会秩序的意义上也带来了不稳定因素。而法律的一个主要的价值体现就是"秩序",它维护的是一个社会的最起码的秩序。生态文明社会的有序化、和谐化必然要以这种"秩序"作为基础,要实现人类社会与生态环境之间的和谐共存,必须在制度层面上运用一系列环境法律、法规来进行规范,通过直接地调整人与自然之间的关系以期达到间接调整人与人之间的关系的目的。

一是法制建设为生态文明建设提供法律依据。法制是指国家运用法律规范来调整各种社会关系时所形成的社会制度的总和。由于生态文明建设的政治上层建筑属性,理所当然需要以法律的形式加以确立,并以法制为依托,这也是生态文明建设发展的前提和依据。只有在良好的法制环境下,生态文明建设才能实现健康、有序、可持续地开展。法制有利于生态文明建设规范化,为了加强对环境资源的保护,我国先后制定和修改了《环境保护法》《水污染防治法》《环境噪声污染防治法》等多部环境资源保护类法规。2008 年,中国政府新设立了环保部以加大环境保护力度。以上这些都充分说明,我国对于生态文明的法制建设越来越重视。

二是法制建设为生态文明建设提供稳定前提。生态文明作为政治理念,在实施过程中,难免会受到决策者意志的引导,而且在中央与地方政府决策之间,原有的政策决策者与新一任的政策决策者之间,导向上也会有一定的不同。加之生态文明建设本身就具有周期长、见效慢等特点,就更加需要以法制建设为前提,避免政策的执行"变样"或不彻底,乃至朝令夕改现象的发生,从而推动生态文明建设健康、可持续的发展。法制的一致性、规范性和权威性有利于维持生态文明建设中政策执行的一致性和规范性,有利于克服实际工作中文件、讲话等在执行中产生的不规范、不协调、不一致行为,依靠国家的强制力作为坚强后盾,推行生态文明建设。

三是法制建设为生态文明建设提供基本遵循。法律主要包括以下几个职能:指导、评估、预测、教育、执法。因有了这五个基本功能,生态文明建设在法制层面才能够按照一定的规章制度进行。它指引人们有所为有所不为,惩戒破坏生态环境、触犯法律的违法分子;引导人们在法制规定的框架下进行生态环境保护。由于有了国家强制力的保障,使得生态文明建设在法律制度的框架下才能顺利开展。此外,法制还具有一定的引导功能和教化功能。

四是法制建设为生态文明建设提供制度保证。法制可以说是国家治理体系和治理能力的重要组成部分。党的十八大以来,以习近平同志为核心的党中央围绕生态文明建设开展了一系列根本性、开创性、长远性工作,污染治理力度之大、制度出台频度之密、监管执法尺度之严、环境质量改善速度之快前所未有,推动生态环境保护发生历史性、转折性、全局性变化,生态文明绩效评价考核和责任追究制度基本建立,生态环境和自然资源管理体制改革取得重大突破,生态补偿财政转移支付制度持续推进,自然资源资产产权制度改革、国土空间规划和用途统筹协调管控制度改革等重大基础性改革迈出重要步伐。法制有利于生态文明制度化。制度化是国际通行标准的重要原则,法制能够推动制度建设,促进政府生态责任机制的建立,通过建立科学的司法、执法和监督程序,使生态文明建设实现统筹管理、科学决策。此外,法制有利于生态文明建设中政策的稳定性。如前所述,生态文明建设周期长、成绩显现慢,政策稳定性是推进生态文明建设的重要因素。

综上所述,生态文明建设与法制建设二者相辅相成,辩证统一。法制建设是生态文明可持续发展的重要保障,而生态文明的发展则对法律制度的发展提出了更高的要求。两者是相辅相成的,共同促进了人类社会的进步。

第二节　建立和健全生态治理的法律体系

在坚持和完善中国特色社会主义制度,推进国家治理体系和治理能力现代化的新形势下,完善生态文明法律体系具有正当性和紧迫性。多年来,我国在环境资源立法上虽取得了很大成就,但依然存在立法工作不协调、不适应以及法律缺失、法律修订与解释工作跟不上等方面的问题。法治体系是国家治理体系的骨干工程,为此,我们应当坚决贯彻党的十九大和十九届四中全会精神,坚持人与自然是生命共同体的理念,坚持节约优先、保护优先、自然恢复为主的指导思想,结合我国国情,在环境污染防治、生态保护和修复、自然资源保护与违法责任追究等方面制定立法新方案,并总结立法经验,完善立法体制机制,为全面提高环境资源立法质量,促进人与自然和谐共生做出新贡献。

一、生态文明法律体系的建立与完善

《决定》明确指出,生态文明建设是关系中华民族永续发展的千年大计,必须践行绿水青山就是金山银山这一绿色发展理念,坚持节约资源和保护环境的既定基本国策,坚持节约优先、保护优先、自然恢复为主的方针,坚定走生产发展、生活富裕、生态良好的文明发展道路,建设美丽中国。贯彻《决定》的精神,需要从以下三个层面完善相关领域的立法。

（一）以环境污染防治为切入点

多年来党和国家在环境污染防治立法方面做了大量工作,到目前为止,已有 9 部关于污染防治的法律,以及与之相配套或者衔接的行政法规、地方性法规,这些法律法规对环境污染防治事业发展和环境质量的实际改善发挥了十分重要的作用,但在一定程度上也还存在立法质量不高、法律修订不及时、法律调整存在空白地带等问题。针对这些问题,要集中力量尽快解决。根据《决定》的精神,应从以下四个方面建立和完善相关法律法规。

1. 构建以排污许可制为核心的固定污染源监管法律制度

在立法指导思想方面,要能将过去分散发放排污许可证的思路转变为集中统一发放排污许可证。这是根据系统思维和系统管理思想,为优化环境管理而采取的重大改革措施。同时,要在合理确定排放指标分配的基础上解决排污许可证集中管理、集中发放、有效监督等重点问题,建立排污权交易制度,同时做好该制度与环境影响评价制度的衔接工作。

2. 完善环境污染防治区域联动的法律制度

环境污染防治的特点在于涉及地区众多,协调难度很大。对于跨流域、跨地区环境污染防治,各地有关部门面临着如何协调行使执法手段,如何为实现共同的治理目标而协同监督等问题,而这些问题的解决都需要体制机制和法制保障。例如,京津冀地区如何强化污染防治联动机制,如何形成合力协同进行生态治理,这是需要认真应对的重大挑战,需要及时立法。

3. 完善陆海统筹的生态治理体系

我国长期以来对陆地环境污染与海域环境污染进行分割管理。而海洋无法抵御来自陆地的污染,事实上已成为陆地污染物的"垃圾桶"。鉴于此,目前亟待抓紧制定"海洋基本法",加强陆海统筹,从而全面推进海洋生态治理。进一步建立地上地下、陆海统筹的生态环境治理制度。全面实行排污许可制,实现所有固定污染源排污许可证核发,推动工业污染源限期达标排放,推进排污权、用能权、用水权、碳排放权市场化交易。完善环境保护、节能减排约束性指标管理。完善河湖管理保护机制,强化河长制、湖长制。

4. 强化农村环境污染防治

现行法律对农村生态治理也有一些原则性的规定,但相关规定既不系统又缺乏力度,发挥的作用不够理想,总的来说,属于比较薄弱的环节。目前,很多地方的农村实际上已经成为环境污染的重灾区。因此,强化农村环境污染治理,完全有必要单独制定"农村环境保护法",协同推进农村环境保护工作与城市环境保护工作,使农村居民和城市居民能一起分享改革开放和生态文明建设的成果。

（二）以生态保护及修复为着力点

生态保护法是环境资源法的重要组成部分。多年来，我国环境立法更多是把精力放在环境污染防治领域，在生态保护方面的立法则缺失较多。在全面加强生态文明建设的新形势下，强化生态保护和修复立法已经成为一项十分紧迫和重要的立法任务。

1. 要建构以国家公园为主体的自然保护地法律体系

建立自然保护地体系，其目的在于通过科学配置各方面资源，对保护地建立新的体制和机制，建设优良的自然生态系统。当前对自然保护地进行立法，要重点采取四项基本措施：一是根据自然生态系统的原真性、整体性、系统性，将自然保护地按照其生态价值的大小和保护强度的高低，依次分为国家公园、自然保护区和自然公园三大类。二是根据各类自然保护地的特点，按照各自代表的生态系统的重要程度，将国家公园等自然保护地分为中央直接管理、中央和地方共同管理、地方管理三大类，在此基础上实行分级设立、分级管理。三是创新自然保护地建设和发展机制，实现各项权利主体共建保护地、共享资源效益，进而建立健全特许经营制度。四是强化自然保护地监测、评估、考核、执法和监督等制度，形成一整套体系科学完善、监督管理有力的制度体系。为此，首先要抓紧制定"国家公园法"，在条件成熟时再制定"自然保护地法"。构建自然保护地体系必须科学划定自然保护地保护范围及功能分区，加快整合归并优化各类保护地，构建以国家公园为主体、自然保护区为基础、各类自然公园为补充的自然保护地体系。严格管控自然保护地范围内非生态活动，稳妥推进核心区内居民、耕地、矿权有序退出。完善国家公园管理体制和运营机制，整合设立一批国家公园。实施生物多样性保护重大工程，构筑生物多样性保护网络，加强国家重点保护和珍稀濒危野生动植物及其栖息地的保护修复，加强外来物种管控。完善生态保护和修复用地用海等政策。完善自然保护地、生态保护红线监管制度，开展生态系统保护成效监测评估。[①]

---

① 国务院：《中华人民共和国国民经济和社会发展第十四个五年规划和 2035 年远景目标纲要》，载《光明日报》2021 年 3 月 13 日。

2. 要研究制定"长江法"

通过制定和实施完善的"长江法",规范长江的开发利用和保护行为,对长江不搞大开发,而是实行大保护。使长江成为我国最重要的生态屏障,成为全国人民的幸福之江。

3. 要研究制定"黄河法"

众所周知,黄河是中华民族的母亲河,历史上也是一条灾害多发的大河。从黄河流域生态安全来看,自 20 世纪 90 年代开展大规模水生态治理以来,局部地区水生态治理已经取得一定成效。但从整体上看,黄河流域水污染又呈现出由支流向主干延伸、由地表水向地下水渗透的趋势,部分河段水污染仍较严重,重金属、化学品、持久性有机污染物污染水环境的事件也经常发生,生态形势依然严峻。因此,根据黄河大保护的实际需要,抓紧制定"黄河法",依法保护好这条母亲河,对于维护黄河流域生态安全乃至保障全国经济社会高质量发展,有着十分重要的意义。

4. 要研究制定"湿地法"

湿地是一定区域或者流域生态系统非常重要的组成部分。多年来,我国湿地保护也取得了很大成就,但一些湿地遭受破坏的情况仍比较严重。特别是在城市急剧扩张的形势下,由于进行征地拆迁代价高昂、效率低下,一些开发建设单位往往就想方设法占用湿地,这是一些区域的湿地受到严重破坏的直接原因。当前,为有效保护湿地,抓紧研究制定"湿地法"是一项十分紧迫的立法任务。

5. 要研究制定"生物多样性保护法"

生物多样性是人类赖以生存和发展的物质基础,这是硬道理。多年来,我国积极推动生物多样性保护,但一些地方仍然流于形式,甚至将生物多样性保护"边缘化",如此,将对我们未来的生存和发展留下隐患。必须改变工作方式,强化法治保障措施,加大生物多样性保护力度,增强生物多样性保护实效,建议抓紧制定"生物多样性保护法"。

6. 要研究修订"野生动物保护法"

野生动物中存在有可能危及人类身体健康的大量细菌、病毒、寄生虫,如果人类对野生动物资源进行不当索取,就可能会导致一些传染病在人群中流行的隐患,引发公共卫生风险事件。在这种情况下,我们必须全面贯彻执行《中华人民共和国野生动物保护法》(以下简称为《野生动物保护法》),并不断完善这一法律,为确保国家生态安全和人民身体健康提供切实有效的法律保障和支持。

新中国成立以来,我国非常重视野生动物保护立法。1950 年,在百废待兴之时,中央人民政府就发布了《关于稀有生物保护办法》。在推进依法治国方略的过程中,1988 年,我国又正式颁布了《野生动物保护法》。2004 年、2009 年、2018 年,我国分别对之进行了三次修正、修改;2016 年,进行了一次修订。但是,这一法律仍然不尽人意,亟待进一步修正和修订。现行的野生动物保护法,虽然已经引入了"推进生态文明建设""维护生物多样性和生态平衡""野生动物资源属于国家所有""支持野生动物保护公益事业""不得虐待野生动物""尊重社会公德""促进人与自然和谐发展"等生态环保新理念,但仍没有完全处理好野生动物保护和利用的内在紧张关系,经济效益导向或者市场经济导向的痕迹仍然较为明显。因此,在坚持上述科学理念的同时,就非常有必要以习近平生态文明思想为指导,进一步完善野生动物保护法。法律的生命力在于规范实施和严格执行。我国《野生动物保护法》明确提出,"国家对野生动物实行保护优先、规范利用、严格监管的原则"。但在现实中,野生动物保护和利用的领域之所以会出现一系列乱象,出现危害人民群众的生命安全和身体健康的情况,很大程度上同执法失之于宽、失之于松有十分密切的关系。因此,必须全面推进野生动物保护领域的严格执法。在野生动物保护的范围和禁止利用野生动物的范围方面,我国现行法律覆盖的范围较为有限,亟须扩展。根据《野生动物保护法》,我国保护的野生动物主要包括以下两种类型:一种是珍贵、濒危的陆生、水生野生动物;另外一种是具有重要生态、科学、社会价值的陆生野生动物。很明显,这一规定存在着覆盖范围有限的问题。就前者来看,一些不属于珍贵、濒危野生动物的物种,却有可能是细菌、病毒、寄生虫的宿主或者中间宿主。当这些野生动物身上的细菌、病毒、寄生虫由于自然的或者人为的原因传播到人群中,就可能引发疾病甚至公共卫生风险事件。因此,应将这类野生动物也纳入保护范围当中。就后者来看,又可能存在着两个方面的问题。一是可能会将具有其他价值的野生动物排除在保护范围之外。在这个问题上,联合国《生物多样性公约》已经明确要求,要意识到生物多样性及其组成部分所具有的生态、遗传、社会、经济、科学、教育、文化、娱乐和美学等价值。"生态价值""科学价值""社会价值"不能包括和指代这些系统价值,如果这些系统价值逐渐丧失,不仅会影响到生物安全和生态安全,而且会影响到人类的生命安全和身体健康。为此,必须充分考虑将具有这些系统价值的野生动物纳入保护范围当中。二是"社会价值"有可能被简化或者降解为经济价值,这样,就有可能出现以社会价值为名义的捕杀、出售、购买、消费野生动物的各种违法乱纪现象,对生物多样性和生态安全造成破坏,对人类的安全和健康造成潜在的巨大威胁,甚至引发公共卫生风险。因此,我们必须将"社会价值"细化和具化为系统价值。

7. 要研究修订《海域使用管理法》

多年来我国对围海填海造地管理松弛。围海填海造地虽然在一定程度上可以满足对建设用地的一时急需,但却会对我国海岸带造成严重破坏,从而埋下了巨大的自然灾害隐患。任意围海填海的情况今后绝不能再继续下去。根据国务院颁布的《关于加强滨海湿地保护严格管控围填海的通知》的精神,要加强对围海填海的管理控制。除了国家重大战略项目需要,都不得擅自进行围海填海。此外,要尽快对《海域使用管理法》进行重大修改,从法律制度上遏制擅自围海填海造成生态环境严重破坏的行为,筑牢生态保护屏障。

(三)以自然资源保护为落脚点

自然资源保护法是我国环境资源法律体系的重要组成部分。多年来,我国对自然资源保护领域已经制定了 16 部法律,例如,《矿产资源法》《土地管理法》《煤炭法》《水法》等,这些法律多年来对于促进自然资源的合理利用和保护发挥了非常重要的作用。不过,自然资源保护领域的法治建设还存在一些问题。一些重要的法律尚未制定或者虽然已经制定了,但立法质量与实施效果却有待完善。随着国民经济和社会的高速发展,我国对自然资源的需求越来越大,但自然资源领域却大量存在开发利用不合理甚至严重浪费资源能源的问题,这就对国民经济和社会可持续发展构成了严峻挑战。因此,进一步建立和完善自然资源保护法律显然是十分必要的。根据《决定》的相关安排,主要应从以下四个方面强化相关立法工作。

1. 加快建立健全国土空间规划和用途管制的法律制度

建立健全国土空间规划和用途管制的法律制度是整体谋划国土空间开发保护格局,建立全国统一、权责清晰、科学高效的国土空间规划体系的必然要求,其目的在于体现国家发展规划的战略性,尽快制定"国土空间规划法",自上而下编制国土空间规划,优化城镇格局、农业生产格局、生态保护格局,确定空间发展战略,尽快将主体功能区规划、土地利用规划、城乡保护规划等这些规划纳入国土空间规划,真正实现"多规合一",解决各类规划之间目前尚存在的不衔接、不协调等问题,高质量、高标准地谋划国民经济和社会发展的空间布局,实现土地用途的合理规范和统筹协调管控。此外,还应当从更加宏观的视野,研究制定"国土开发利用保护法",全面规范政府和企业的国土开发利用行为,确保相关行为满足可持续发展的要求。要建立健全统筹划定生态保护红线、永久基本农田保护边界,管控城镇开发边界以及划定各类海域保护线的各种制度,完善主体功能区制度。

2. 加快修改《循环经济促进法》《节约能源法》等法律

《决定》也指出,要完善和确立绿色生产和消费的法律制度和政策导向。为此,要痛下决心,改变传统的大量生产、大量消耗、大量排放的生产模式和消费模式,把经济活动和人的行为控制在自然资源和生态环境所能承受的限度之内,使资源、生产、消费等要素相匹配,追求用最少的资源环境代价取得最大的经济社会效益,在此基础上,进一步形成新的资源利用和生产生活方式。这是一项十分重要的革命性的举措,也是一项重大的经济、社会变革。实行这一举措,首先,需要牢固树立节约循环利用的资源观,实行资源总量管理和全面节约制度,强化约束性指标管理,实行对能源、水资源、建设用地等资源的消耗总量和强度双向控制。其次,需要加快建立健全能够充分反映市场供求和资源稀缺程度、有利于推进资源节约循环利用的政策体系,建立健全体现生态价值和环境损害成本的价格机制,有效促进资源节约和生态环境保护。另外,要在法规清理的基础上,修改完善《循环经济促进法》《节约能源法》《清洁生产促进法》等法律,修改完善能耗、水耗、地耗、污染物排放、环境质量等方面标准,建立与国际标准接轨、适应我国国情的能效和环保标识认证制度,推行严格的环境准入标准和保护措施。

3. 全面建立资源高效利用的法律制度

《决定》强调,要全面建立资源高效利用制度。这是事关我国经济社会可持续发展全局和长远利益的顶层设计。一方面,它要求树立节约集约循环利用的资源观和高效利用资源的效能观;另一方面,也要求推进自然资源统一确权登记的法治化、规范化、标准化、信息化,落实资源有偿使用制度,强化资源能源消耗的约束性指标管理,建立有效的责任制。而全面建立资源高效利用制度的一项迫切、重要的立法任务是制定"垃圾分类回收和资源化利用法"。该法应当坚持减排回收量化的原则,要求单位、组织和个人尽量减少向自然界排放废弃物。确实需要排放的,实行生产者责任延伸制度,强化生产者承担废弃物回收处理等责任。要完善再生资源回收体系,实行垃圾分类回收,加快建立有利于垃圾分类回收和减量化、再利用、资源化、无害化处理的激励约束机制。采取以上措施,可以最大限度地节约资源、保护环境。

我国关于垃圾排放和处置管理的法律法规主要有《固体废物污染环境防治法》等,根据分类、科学处置垃圾的新形势,仅依靠现行法律很难对垃圾分类回收、处置和利用进行全面规制。目前,还应当借鉴德国、日本等国家对垃圾分类进行单独立法的经验。为此,建议我国制定专门的"垃圾分类回收和资源化利用法",系统规范垃圾分类回收处置和再生资源回收利用,促进生产系统和生活系统的循环连接,构建覆盖全社会的资源循环利用体系。同时,还应推进能源革命,构建清洁低碳、安全高效的能源体系。因此,要加快制定"能源基本法";健全海洋资源开发保护制度,以有效规范海洋资源开发利用和保护活动,使之符合可持续发展的要求。

4. 自然资源产权制度改革,为自然资源立法创造有利条件

何以有的法律被社会各界呼唤多年却迟迟未能够出台,或者应急制定却实施效果不理想?根本原因就在于,这些立法赖以存在的产权制度和相关体制机制还没有理顺。为加快自然资源立法,首先要通过改革,建立高效合理的产权制度。党的十八届三中全会提出健全自然资源产权制度,这是加强环境资源保护,促进生态文明建设的一项重要的基础性制度。长期以来,我国存在自然资源资产底数不清、所有者不到位、权责不明晰、权益不落实、监管保护制度不健全等方面的问题,导致出现产权纠纷多发、资源保护乏力、开发利用粗放、生态环境退化等严重后果,迫切需要通过建立健全自然资源资产产权制度加以解决。为落实《决定》的要求,首先,有必要在完善自然资源产权体系,落实产权主体、搞好调查监测和登记,促进自然资源集约开发利用,健全监督监管体系等方面,加大改革力度,创新体制机制,依法巩固体制机制改革的各项成果。其次,要加快建立自然资源统一调查、评价、监测制度,健全自然资源监督监管体制。在推行这些改革措施的基础上,加快制定不动产登记等方面的法律,为自然资源保护与合理利用创造良好的法治环境。

(四)以责任追究为支撑点

法律之所以有强制性和极大的权威性,根本原因在于法律具有责任追究功能,尤其是对严重破坏社会秩序等违法犯罪者有追究其刑事责任的功能。多年来,我国制定了多部重要的专门法律和党内法规,这对于严明纪律、强化法律责任、维护法律的权威性发挥了十分重要的作用。但在完善责任追究方面,还存在一定的规范短板。具体来看,主要有以下两个方面:一是法律责任不够明晰。一些条文确定的法律责任比较模糊,不能满足督促相关主体履行法定义务的实际需要,不能满足使违法者受到严肃惩处的迫切要求。二是缺乏一整套行之有效的确保违法违纪者受到责任追究的体制机制。这是一些法

律制定后得不到严格执行,有的违法行为难以受到责任追究的重要原因之一。根据《决定》的精神,要建立生态文明建设的目标考核制度,强化环境保护、自然资源管控、节能减排等方面的约束性指标管理。关于追究责任,《决定》明确提出了以下三个方面的立法任务。

首先,严格落实企业主体责任和政府监管责任。企业是环境污染防治的责任主体。企业的主要负责人是环境保护的第一责任人,为此,应全面负责企业的环境污染防治工作,落实各项环境保护法律要求,主动履行保护环境的责任。落实企业主体责任,有利于把环境保护的各项任务真正落实到企业,落实到企业负责人和各关键岗位的相关责任人员。我国环境保护法律规定了企业的主体责任,所有企业都应当建章立制,明确主要负责人和各工作岗位责任人员的具体责任。政府应当承担环境保护监管责任。所谓监管责任,是指政府应承担的监督管理促进企业守法的职责,如果企业在环境保护方面出现违法违规的问题,在企业承担主体责任的同时,政府也要承担监督管理者所应有的法律责任。落实政府监督管理职责主要应当坚持以下三项原则:一是"谁主管、谁负责"原则,各级政府及其主管部门对分管范围内的环境污染防治工作负责;二是"谁审批、谁负责"原则,政府相关部门根据行政审批和许可权限,对审批、许可范围内的环境污染防治负责;三是"谁执法、谁负责"原则,各级政府的相关职能部门要定期对主管范围内的环境污染防治工作开展执法检查,查找短板,解决突出问题;下属部门出现环境违法问题时,主管部门也应当承担相应的责任。我国各项环境保护法律都规定政府承担监管职责,但对如何追究监管失职者的责任方面还存在一定的漏洞,这就需要结合环境监管实际,进一步明确政府作为监管者的职责,尤其是明确政府及其主管部门以及责任人员的责任,将环境保护领域的"追责"规范化、法治化、程序化。

其次,加强生态环境保护督察。中央生态环境保护督察制度目前已经实现对全国各省、自治区、直辖市的全覆盖,及时发现并督促解决了大量生态问题,促进了各地生态环境质量的提升,也得到了人民群众的广泛认可。2019年6月,中共中央办公厅、国务院办公厅联合印发《中央生态环境保护督察工作规定》,要求各地区各部门认真遵照执行。该规定在性质上是属于党内法规。根据该规定,中央实行生态环境保护督察制度,设立专职督察机构,对省、自治区、直辖市党委和政府、国务院有关部门以及有关中央企业等组织开展实施生态环境保护督察。实践证明,中央生态环境保护督察制度发挥了十分重要的作用,有力推动了各级党委和政府认真履行环境保护职责,形成上下结合的环境保护合力,是一项符合中国国情、可行管用的制度。但该规定也还存在督察范围不够全面、内容不够具体、参与的部门有限等方面问题。为推动生态环境保护督察取得更大成效,应当进一步拓展督察内容,从仅督察生态环境保护向推动经济社会可持续发展延伸;加大省级生态环境保护督察力度,从着重纠正环境违法行为向纠正环境违法行为和提升环境守法能力相结合转变。与此同时,中央应当多管齐下加强生态环境保护督察、指导地方全面提高生态治理能力。

最后,健全生态环境监测评价制度。我国从 20 世纪 70 年代开始就展开了生态环境监测评价工作,但长期以来,生态环境监测的实施主体主要是在地方,各地监测数据指标也不一致、技术力量参差不齐,使得监测数据的科学性、系统性、权威性受到影响,难以遏制地方保护主义。环境监测监察执法难以适应统筹跨区域、跨流域环境问题的新要求。根据《决定》的精神,还应当围绕生态文明建设的新要求,深化生态环境监测评价制度改革,创新统一监测评价技术和标准规范,依法明确各方的监测事权,统筹实施涵盖环境质量、城乡各类污染源、生态状况的生态环境监测评价,加快构建全面、系统的生态环境监测网络,客观反映各地生态治理成效,强化对环境污染的成因分析、预测预报和风险评估。建议加快制定"生态环境监测和评价法"。

二、生态文明规范模型的方法论重塑

多年以来,我国致力于提高环境资源保护领域的立法质量,已经取得了很大成就。但从全国人大开展环境资源法律的执法检查的各项报告来看,我国环境资源保护领域立法仍存在立法质量不高、法律修改不及时、法律解释跟不上、法律实施效果不理想等问题。而生态文明建设事业要想取得更大的发展，必须有高质量的环境资源立法作为支撑。为此，建议采取以下措施，切实提高立法质量。

（一）健全立法工作格局

《决定》指出，必须坚持科学立法、民主立法、依法立法，建立和完善党委领导、人大主导、政府依托、各方参与的立法工作格局。根据《决定》的精神，建立和完善生态文明立法工作格局要做到"四个坚持"。第一，坚持党的领导。在我国，基于党在国家政治生活中的领导地位以及法律的极端重要性，必须加强党对立法工作包括生态文明立法工作的领导。第二，坚持人大主导。"主导"包含主要的、引导事物向某方向发展之意。在立法工作中强调人大主导，是指由人大常委会在立法中发挥主要作用，引导立法方向，克服长期以来政府部门过度影响立法的问题。而且，强调人大主导立法工作，明确了人大常委会在立法工作中的地位和作用，是我国立法制度的重大创新，对于防范部门利益固化等因素干扰立法，确保生态文明立法的有效性，必将发挥十分重要的作用、产生深远影响。第三，坚持政府依托。"依托"包含依靠、凭借之意。政府及其有关部门从事行政管理的经验十分丰富，法律的执行最终也要靠政府发力。为保证立法质量和法律的可操作性，在生态文明立法工作中也必须高度重视发挥政府依托作用。第四，坚持各方参与。在立法工作中强调各方参与，是指要高度重视发挥各方主体的作用，鼓励和支持人民群众和专家参与立法工作。涉及地方事务的，还应当认真征求并听取地方的意见。涉及行政管理方面的立法，除了征求管理者的意见，还需要注意征求行政管理相对人的意见。对于保证立法质量而言，人民群众参与的作用可以说是不可替代的。加强法制建设的初心和目的是服务人民，因此，立法工作一定要依靠人民，认真听取人民群众的意见。生态文明立法与人民群众的生产生活息息相关，为保证立法质量，要增加公民有序参与立法的途径，畅通公民表达和反映立法诉求的多种渠道，着力提高立法的精准性和有效性。要依靠人民群众和业内专家，对生态文明立法质量进行评估。立法机构及其人员通过接受立法质量评估，发现立法中存在的问题,认真改进立法工作。

（二）坚持立改废释并举

立改废释并举是指,应当制定法律的,就要及时制定法律;应当修改法律的,就要及时予以修改;有的法律已不符合实际情况,该废止的就要及时废止。如果启动立法程序比较困难或者没有启动立法程序的必要而仅需对法律的个别条文做出明确阐述,那就要启动立法解释程序,对法律适用中需要明确界限的问题进行解释。这是法律适用中解决实际问题的一个行之有效的方法。根据我国《立法法》第50条,立法解释在不违背法律的前提下,与立法具有同等效力。

（三）全力维护法制统一

应当加强备案审查制度和审查能力建设,依法撤销、纠正违宪违法的规范性文件,从而使一切违犯宪法法律的行为都要受到追究。这也是提高立法质量的一个重要方面。上级立法机关一旦发现下级立法机关"违法立法",就需要追究立法责任,否则难以维护社会主义法制统一。要切实防范部门利益对生态文明立法的干扰。要重视依法立法和人民群众参与立法,发挥防范部门利益、地方利益干扰立法的监督作用。

（四）坚持中国特色生态立法

根据《决定》的要求,切实提高生态文明立法质量要从三个方面做出努力。第一,立足中国特色做好中国生态立法。生态文明法律体系的构建和运行应当在党的领导下,做到科学规划、精心组织、整体推进。完善我国生态文明法律体系,必须坚持从国情出发、从实际出发,既要把握长期形成的历史传承,又坚持我国在法律制度建设中走过的道路,而不能照抄照搬外国的法律制度模式。第二,在稳定性和适应性之间保持平衡。生态文明立法工作既要保持法律的稳定性和延续性,又要抓紧制定推进生态文明建设急需的法律,立法机关要善于在立法的稳定性和适应性之间找到一个科学的平衡点,从而满足人民对改善生态环境的新期待,推动生态文明法律制度不断完善和发展。第三,注重生态文明立法与执法的有机衔接。经过长期努力,我国生态文明法治建设有了今天的大好局面。在全党全国高度重视生态文明建设的形势下,既要注重提高生态文明立法质量,又要注重生态文明法律的执行力,切实增强将法律制度优势转化为国家治理效能的能力。要把法律制度的执行力和实施效果作为检验生态文明立法水平的根本标准,切实提高生态文明立法、执法和司法能力,确保能够如期实现建设美丽中国的宏伟目标。

第三节　坚持和完善生态治理的制度体系

建设生态文明,实现美丽中国梦,需要解决制度问题。制度是指政党、政府或者管理者按照一定的目的和程序有意识制定和完善的一系列的规则。应当说,制度是文明的一个极为重要的维度,它对人的行为具有强有力的约束和激励作用,建设生态文明必须依靠制度。制度建设是当前生态文明建设的重中之重。生态文明制度是中国特色社会主义制度的有机组成部分。党的十八大以来,以习近平同志为核心的党中央在不断推进的治国理政的实践中逐步形成了以理念、标准、途径、抓手为内在理路的习近平生态文明思想。认识、把握和贯彻、落实习近平生态文明思想,对于推进生态治理体系和治理能力现代化,进一步加强生态文明建设具有十分重要的指导意义。

一、新时代以来我国生态保护制度的改革

生态治理是国家治理体系和治理能力现代化的重要组成部分。区别于20世纪中后期政府主导的生态治理模式,目前我国在生态治理方面强调"多元共治"理念,即调动起社会、企业、个人多方参与的积极性,吸引多元主体共同参与治理。《生态文明体制改革总体方案》提出要建立健全生态治理体系,主要包括"完善污染物排放许可制""建立污染防治区域联动机制""建立农村生态治理体制机制""健全信息公开制度""严格实行生态环境损害赔偿制度""完善环境保护管理制度"。①

---

① 《中共中央国务院印发〈生态文明体制改革总体方案〉》,载《光明日报》2015 年 9 月22 日。

（一）坚持和完善生态治理体系

改革开放以来，我国已经先后建立了排污收费、环境影响评价、"排污申报与许可"等多项环境制度。从 20 世纪后期开始，还建立了包括《造纸工业水污染排放标准》《锅炉大气污染物排放标准》等多门类的污染物排放标准。2016 年，国务院办公厅发布的《控制污染物排放许可制实施方案》，将排污许可制度作为固定污染源环境管理的核心制度。实施排污许可证制度，要求企业必须在持证的情况下进行排污，并且必须按证排污，实际上，相当于给每个固定污染源做好了记录，将污染物的种类、浓度、数量等多项内容集中到许可证上，从而有利于生态治理的科学化和精细化发展。

在建立污染防治区域联动机制方面，党的十八届三中全会以来，党和国家就强调要逐步改革生态环境保护管理体制，建立污染防治区域联动机制，党的十八届四中全会指出，要重点推行在资源环境等领域内的综合执法。2015 年1 月 1 日实行的《环境保护法》第二十条对此做出了明确规定："国家建立跨行政区域的重点区域、流域环境污染和生态破坏联合防治协调机制，实行统一规划、统一标准、统一监测、统一的防治措施。"党的十八大以来，环境部加强了与司法机关的配合，2013 年出台了《关于办理环境污染刑事案件适用法律若干问题的解释》，配合人民检察院开展专项立案督察等活动。环境部和公安部则出台了《关于加强环保与公安部门执法衔接配合意见》，建立完善包括联动执法联席会议等制度在内的三个制度、包括案件信息、共享机制在内的四个机制。近几年来，环境部也与多部门联动，解决了多个与环境有关的重大案件。

随着我国城镇化和农村现代化不断发展，乡村的生态环境治理也逐渐成为环保整治工作的重中之重，之前在综合管理中，乡村环境整治还主要是依靠行政推动，农民群体环保意识不强，随着对农村问题关注程度的不断加强，农村环保体制也逐步建立，并且出台了一系列农村环保政策文件。2014 年，国务院办公厅出台了《关于改善农村人居住环境的指导意见》，以村庄整治为重点，以建设宜居村庄为导向，着重改善农村生产生活条件。之后，环境保护部、财政部等相关部门颁发实施了《全国农村环境综合整治"十二五"规划》《关于加强"以奖促治"农村环境基础设施运行管理的意见》《中央农村节能减排资金使用管理办法》《培育发展农业面源污染治理、农村污水垃圾处理市场主体方案》等文件,全国 60%以上的省份建立了农村环保工作推进机制,与此同时,还成立了领导小组。中央也加强了对农村建设的财政支持。为了进一步加强对农村生态治理的监管,环境保护部出台了《关于加强农村环境监测工作的指导意见》,对原有以及新增的环保机构进行了更为严格的监管,整体能力得到了显著提升。2017 年,又出台了《全国农村环境综合整治"十三五"规划》,对重点整治区域进行了总体布局。《规划》中指出,农村环境整治任务包括农村饮用水水源地、农村生活垃圾、畜牧养殖废弃等领域。总体来看,农村环境建设整体上有了很大提升,村民环保意识逐步增强。

在完善生态环境损害赔偿方面,2015 年中共中央办公厅、国务院办公厅下发了《生态环境损害赔偿制度改革试点方案》,在吉林、山东、江苏、重庆、贵州等地开展了生态环境损害赔偿制度改革试点。经过 3 年试点工作经验累积,2017 年 12 月,我国正式印发了《生态环境损害赔偿制度改革方案》,提出从 2018 年 1 月 1 日起,在全国实行生态环境损害赔偿制度,这标志着生态环境损害赔偿制度已经从先行试点正式进入了全国试行的阶段,从而破解了以往"企业污染、群众受害、政府买单"的困局,进一步圈定了赔偿范围、责任主体、索赔主体以及赔偿解决途径,有力地保护了生态环境,保护了人民群众的环境权益,巩固了国家对国有财产的所有权,多方面调动了社会力量,促进了环境保护和治理工作向常规化方向发展。

此外,在信息公开与环境保护管理方面,国家在不同领域也建立了相应规章制度安排。2007 年《中华人民共和国政府信息公开条例》正式颁布,之后出台了包括《环境信息公开办法(试行)》《环境保护部信息公开目录(第一批)》《环境保护公共事业单位信息公开实施办法(试行)》等各类相关政策。2017 年,国务院办公厅印发《〈关于全面推进政务公开工作的意见〉实施细则》。2018 年,印发了《生态环境部落实 2018 年政务公开工作要点实施方案》,坚持推进"五公开"(全面推进决策、执行、管理、服务、结果公开),强化"放管服"改革信息公开,同时加强对政策的解读以及积极回应社会关切,加强舆论引导。在生态环境部门官方网站上,则设立"信息公开""中央国家机关举报网站""环境污染网上举报""廉政举报"等单元,从而有力地促进了信息公开、落实、反馈、监督。

经过多年的努力,我国的环境管理已经逐渐形成相应体系,具体包括三大政策和八项制度,即"预防为主,防治结合""谁污染,谁治理""强化环境管理"这三大政策和"环境影响评价""三同时""排污收费""环境保护目标责任""城市环境综合整治定量考核""排污申请登记与许可证""限期治理""集中控制"等八项制度。目前,随着各项法律、规章制度的建立和完善,我国的环境保护管理体系逐步形成,"多元共治"理念也日趋凸显。

(二)生态治理和生态保护市场体系

生态治理和生态保护,在我国是以政府经费为主要来源。然而环境问题还需要靠社会成员的广泛支持,促进生态治理和生态保护市场体系的形成则显得尤为重要。在《生态文明体制改革总体方案》中,对这一部分的总体规划为"培育生态治理和生态保护市场主体、推行用能权和碳排放权交易制度、推行排污权交易制度、推行水权交易制度、建立绿色金融体系、建立统一的绿色产品体系"①。简单来说,就是发展绿色经济,促进绿色经济的有序平衡发展。

2016 年,国家发展和改革委员会、环境保护部共同印发了《关于培育生态治理和生态保护市场主体的意见》。《意见》提出,随着生态治理领域市场进程的不断加快,市场主体虽然不断壮大,但综合服务能力仍旧偏弱,执法监督不到位。由此,应加快培育生态治理和生态保护市场主体。自中共中央国务院颁布《生态文明体制改革总体方案》以及《关于培育生态治理和生态保护市场主体的意见》以来,在用能权和碳排放权的交易制度方面,国家发展改革委办公厅又下发了《关于切实做好全国碳排放权交易市场启动重点工作的通

---

① 《中共中央国务院印发〈生态文明体制改革总体方案〉》,载《光明日报》2015 年 9 月 22 日。

知》;在推行排污权交易方面,国务院办公厅则下发了《关于进一步推进排污权有偿使用和交易试点工作的指导意见》以及《排污权出让收入管理暂行办法》,并召开了相关会议对这方面的政策进行了深入解读;2016年水权交易所在北京正式开业,近两年来,我国制定了包括执行、管理、监督等近10项交易办法(试行),各地区也根据实际情况下发了水权市场建设的指导意见。有关绿色金融,在我国起步较晚。绿色金融包括绿色信贷、绿色证券、绿色价格、环境贸易、绿色采购、绿色保险等。从近年开始相关法律政策出台不断,对绿色金融层面的管理也逐步进行了完善,例如,建立健全财政激励机制、监管和执法体系、市场秩序规范等,建立实施了包括《企业环境信用评价办法(试行)》在内的制度规范,引入第三方的治理模式,另外还进行了改革资源产权和环境管理体制等,从多方面去促进绿色金融体系的发展与完善。2016年8月31日,中国人民银行、财政部、国家发展和改革委员会、环境保护部、中国银行业监督管理委员会、中国证券监督管理委员会、中国保险监督管理委员会等部门联合发布了《关于构建绿色金融体系的指导意见》,这份《指导意见》也使得中国成为全球首个建立由政府推动并发布政策明确支持"绿色金融体系"建设的国家。

在绿色产品体系建立方面,2016年,国务院办公厅下发了《关于建立统一的绿色产品标准、认证、标识体系的意见》,明确提出"到2020年初步建立系统科学、开放融合、指标先进、权威统一的绿色产品标准、认证与标识体系,实现一类产品、一个标准、一个清单、一次认证、一个标识的体系整合目标"。为响应该《意见》的出台,国家认政认可监督委员会于2017年5月就《绿色产品标识认证管理办法》公开征求意见,并且公布了中国绿色产品标识,这些举措体现了"三生共赢"原则①,加强了测试单元之间的相关性与联系性。"将目前分头设立的环保、节能、节水、循环、低碳、再生、有机等产品统一整合为绿色

---

① "三生共赢"即生态、生活和生产在时间和空间上共赢。叶文虎:《坚持"三生"共赢建设健康社会是生态文明建设的关键》,载《武汉科技大学学报》(社会科学版)2010年第2期。

产品,建立统一的绿色产品标准、认证、标识等体系。"①统一绿色产品标识,从某种意义上来说,是有利于优化绿色市场规划,便于统一监管,促进绿色产品创新发展。2021 年 4 月 23 日中共中央办公厅、国务院办公厅颁布《关于建立健全生态产品价值实现机制的意见》,进一步明确了"到 2025 年,生态产品价值实现的制度框架初步形成,比较科学的生态产品价值核算体系初步建立,生态保护补偿和生态环境损害赔偿政策制度逐步完善,生态产品价值实现的政府考核评估机制初步形成,生态产品'难度量、难抵押、难交易、难变现'等问题得到有效解决,保护生态环境的利益导向机制基本形成,生态优势转化为经济优势的能力明显增强。到 2035 年,完善的生态产品价值实现机制全面建立,具有中国特色的生态文明建设新模式全面形成,广泛形成绿色生产生活方式,为基本实现美丽中国建设目标提供有力支撑。"②

（三）生态文明绩效评价考核和责任追究制度

《生态文明体制改革总体方案》提出完善生态文明绩效评价考核和责任追究制度,需要进行以下各项的改革:"建立生态文明目标体系、建立资源环境承载能力监测预警机制、探索编制自然资源资产负债表、对领导干部实行自然资源资产离任审计、建立生态环境损害责任终身追究制。"③自《总体方案》下发以来,我国在要求的几个方面均有所成效。

建立生态文明目标体系,2016 年,中共中央办公厅、国务院办公厅下发《生态文明建设目标评价考核办法》,同年,国家发展和改革委员会、国家统计局、环保部、中组部等部门制定了《绿色发展指标体系》和《生态文明建设考核目标体系》,并且将这些文件下发地方,要求各省、市、自治区贯彻执行。《绿色发展指标体系》参考《国民经济和社会发展第十三个五年规划纲要》《中共

---

①　《中共中央国务院印发〈生态文明体制改革总体方案〉》,载《光明日报》2015 年 9 月22 日。

②　《中共中央办公厅　国务院办公厅印发〈关于建立健全生态产品价值实现机制的意见〉》,载《光明日报》2021 年 4 月 27 日。

③　《中共中央国务院印发〈生态文明体制改革总体方案〉》,载《光明日报》2015 年 9 月22 日。

中央国务院关于加快推进生态文明建设的意见》等主要指标,涉及了 7 个大类 56 个小类。《生态文明建设考核目标体系》涉及 5 个大类、23 个小类。通过建设绿色发展指标体系,对各地区进行指标性约束,将建设情况量化衡量,从而有利于更好监管各地生态文明建设实效。

建立资源环境承载能力监测预警机制,2017 年,中共中央办公厅、国务院办公厅印发《关于建立资源环境承载能力监测预警长效机制的若干意见》,紧紧围绕主体功能区战略,坚持评估与检测相结合、设施与制度建设相结合、管制与激励相结合、监管与监督相结合的办法,建立监测长效机制,促进环境承载能力监管的可控化。

探索编制自然资源资产负债表,自《生态文明体制改革总体方案》下发以来,国家统计局就开始组织召开编制自然资源资产负债表试点工作培训会,2015 年 11 月,国务院办公厅发布了《编制自然资源资产负债表试点方案的通知》;同年 12 月,国家统计局等 8 个部门联合发布了《自然资源资产负债表试编制度(编制指南)》,这也标志着自然资源资产负债表编制的试点工作正式启动,试点地区包括内蒙古自治区呼伦贝尔市、浙江省湖州市、湖南省娄底市、贵州省赤水市、陕西省延安市。

探索对领导干部实行自然资源资产离任审计,2015 年以来,按照党中央、国务院对领导干部自然资源资产离任审计的决策部署及相关文件规定①,审计以试点模式展开,相继在湖南、河北等省、直辖市、自治区的 40 个地区开展试点。"截至 2017 年 10 月,全国审计机关共实施审计试点项目 827 个,涉及被审计领导干部 1210 人。"根据广泛的试点经验和理论探索,2017 年,中共中央办公厅、国务院办公室印发《领导干部自然资源资产离任审计规定(试行)》,明确了该项工作的总体要求、主要任务和保障措施,并作为一种全新的审计制度于 2018 年全面推开。

探索建立生态环境损害责任终身追究制,2015 年,中共中央办公厅、国务

---

① 例如,《中共中央办公厅、国务院办公厅关于印发〈开展领导干部自然资源资产离任审计试点方案〉的通知》。

院办公厅印发《党政领导干部生态环境损害责任追究办法(试行)》,对县级以上地方各级党委和政府及其有关部门的负责人员乃至中央和国家机关有关部门领导成员都进行了约束。建立党政领导干部生态环境保护问责制度,生态环境损害责任将实行终身追究制。针对新疆生产建设兵团各级党政领导,兵团党委办公室、兵团办公厅印发了《兵团实施〈党政领导干部生态环境损害责任追究办法(试行)〉细则》,这也是新疆生产建设兵团首次对追究党政领导干部生态环境损害责任做出的制度性安排。此外,2016 年 12 月,中共中央办公厅、国务院办公厅印发了《关于全面推行河长制的意见》,针对江河湖泊等重要资源,提出在省、市、县、乡四级全面建立河长体系,由此,河长制在多个省市地区逐步推广,该制度比较注重体系内部自查和互查。例如,2018 年度浙江省出台"五水共治"(河长制)工作考核评价,就从业务能力、公众评价、督察建设等多个方面对负责河长进行监督考察,对部分严重情况,一票否决。

二、党的十八大以来我国生态文明制度体系逐渐完善

生态文明制度与经济、政治、文化、社会等其他领域的制度共同构成了中国特色社会主义制度的有机整体。全面建成小康社会的伟大实践,要求更加注重发展的整体性。"小康全面不全面,生态环境质量很关键"。而现实是"生态环境特别是大气、水、土壤污染严重,已成为全面建成小康社会的突出短板"[①]。我国已经到了必须加快推进生态文明建设的阶段。习近平生态文明思想正是基于对国情的基本判断,坚持问题导向,总揽全局,统筹兼顾,在推进国家治理体系和治理能力现代化进程中逐步形成起来的,这充分体现了以习近平同志为核心的党中央对生态文明制度建设做出的顶层设计,其建设思想的内在理路可以概括为理念、标准、途径、抓手四个方面,呈现出时间上循序渐进、逻辑上不断深入的发展脉络。

在理念上"依靠制度",创造性地解决了以何种方式有效推进生态文明建

---

① 《十八大以来重要文献选编》中,中央文献出版社 2016 年版,第 783 页。

设的问题。党的十八大报告明确提出了"生态文明制度"的概念,强调"保护生态环境必须依靠制度"①。2015 年 3 月中央政治局会议在审议《关于加快推进生态文明建设的意见》时进一步强调:"必须把制度建设作为推进生态文明建设的重中之重"。《关于加快推进生态文明建设的意见》将"以健全生态文明制度体系为重点"②纳入加快推进生态文明建设的指导思想,主要基于以下几个方面的认识:第一,这是科学理念、理论走向实践的自身需要。理念、理论是制度的核心和灵魂,制度是理念、理论的制度化表达,生态文明理念、理论与生态文明制度相辅相成,是内容与形式的辩证统一;制度是精神向物质转化的媒介,美好理论和宏伟蓝图最终也要落到生产生活的实际行动上,制度则是其中必不可少的环节,成熟而持久的生态文明制度是高水平生态文明建设的突出标志;过去生态文明建设之所以推进缓慢,一个重要原因就在于生态文明制度供给长期处于不足状态;此外,生态文明制度本身也是对过去生态文明建设成功经验的总结、规范和提升。第二,这是基于现阶段国情的客观需要。我国地大物博但人口众多,没有足够的环境容量,生态环境形势十分严峻,已经成为制约经济社会进一步发展的重大瓶颈。为了更好地满足人民群众日益增长的生态环境需要,生态文明建设必须攻坚克难、真抓实干。相比制度,理念、理论不具有外在强制力,无法对社会成员的生产方式、生活方式形成有效约束,因此,必须把制度建设作为推进生态文明建设的突破口、强力支撑和根本保障,使生态文明建设的各项工作有章可循,有法可依。总的来说,人与自然之间的关系实质上是人与人之间的关系,而协调人与人之间的关系则离不开制度。依靠制度推进生态文明建设正是在生态文明领域中以国家治理体系现代化推进国家治理能力现代化的集中体现。

在标准上"最严格",创造性地解决了建设什么标准的生态文明制度的问题。党的十八大报告从缓解资源环境约束的角度提出"完善最严格的耕地保

---

① 《十八大以来重要文献选编》上,中央文献出版社 2014 年版,第 32 页。
② 《十八大以来重要文献选编》中,中央文献出版社 2016 年版,第 486 页。

护制度、水资源管理制度、环境保护制度"①。坚持用最严格制度最严密法治保护生态环境,既是实现国家治理现代化的重要课题,也是加强生态环境保护的重要任务。十八届三中全会从生态保护全过程角度提出:"建设生态文明,必须建立系统完整的生态文明制度体系,实行最严格的源头保护制度、损害赔偿制度、责任追究制度,完善环境治理和生态修复制度。"②十八届五中全会从坚持绿色发展角度再次重申"实行最严格的水资源管理制度""坚持最严格的节约用地制度""实行最严格的环境保护制度"③。此外,2015 年 4 月,党中央、国务院出台了《关于加快推进生态文明建设的意见》强调,"在环境保护和发展中,把保护放在优先位置"④列为生态文明建设的基本原则之一。2016年 8 月,习近平在全国卫生与健康大会上进一步强调,"要按照绿色发展理念,实行最严格的生态环境保护制度"⑤。可以看出,"最严格"标准始终贯穿于十八大以来习近平生态文明思想。这不仅是缓解生态问题的自身需要,也是解决发展问题、民生问题的迫切要求。"最严格"的标准旨在突出制度的刚性和前瞻性,严守生态环境底线不可逾越。"最严格"的内涵主要体现为两方面:第一,古今中外对比中的最严格。我们致力于构建比我国历史上任何阶段都更加严格、比西方国家在工业化进程中的同等阶段更加严格、甚至比一些西方发达国家更加严格的生态环境制度,充分发挥"最严格"标准的倒逼作用,注重长远,从根本上扭转我国生态环境恶化的趋势。第二,制度设计、制度规定、制度执行的全面严格化。针对我国生态文明建设中存在制度不健全、约束力偏弱、执行不严等"宽松"问题,必须构建系统完备又兼具可操作性的生态文明制度体系,加强生态环境领域立法、执法,建立体现生态文明建设状况的经济社会发展考核评价体系和责任追究制度,大幅度提高制度的威慑力和约

---

① 《十八大以来重要文献选编》上,中央文献出版社 2014 年版,第 32 页。
② 《十八大以来重要文献选编》上,中央文献出版社 2014 年版,第 541 页。
③ 《十八大以来重要文献选编》上,中央文献出版社 2014 年版,第 806—807 页。
④ 《十八大以来重要文献选编》中,中央文献出版社 2016 年版,第 486 页。
⑤ 《习近平谈治国理政》第 2 卷,外文出版社 2017 年版,第 372 页。

束力,以制度体系之"严密"、法律法规之"严厉"、考核评估之"严肃",贯彻落实"最严格"标准。我国是议行合一的社会主义国家,在生态文明制度建设上坚持底线思维,发挥决策效率高、执行能力强的独特制度优势,必将加快形成人与自然和谐发展的现代化建设新格局。

在途径上"深化体制改革",创造性地解决了以什么途径推进生态文明制度建设的问题。十八届三中全会提出,"紧紧围绕建设美丽中国深化生态文明体制改革,加快建立生态文明制度"[①]。生态文明体制改革是通过系统而深入的改革,破除制约生态文明建设的体制机制障碍,形成和确立具有引导、规制、激励、约束等功能的生态文明制度,解决生态环境突出问题,最大限度注入和激发全社会推进生态文明建设的生机活力,促使生态文明制度与生态文明建设相适应的一项系统工程。新中国成立以来,党和政府高度重视生态环境保护,提出了一系列重要理论和战略思想,并采取了若干重大举措,初步建立了能源资源节约、生态环境保护的制度框架和政策体系,取得了明显的成效。同时也要清醒地认识到,生态文明体制中尚存在许多亟待改进和完善的问题,例如,生态文明建设相关法律法规不完善、发展成果考核评价体系不能反映生态文明建设状况、生态环境产权制度不明晰、生态环境管理体制权责不一、令出多门等。习近平明确指出,"我国生态环境保护中存在的一些突出问题,一定程度上与体制不健全有关"[②]。体制是体系化的制度,关系到制度的贯彻落实,也是制度的一部分。因此,必须深化生态文明体制改革。可以说,生态文明领域改革,十八届三中全会明确了改革目标和方向,但基础性制度建设比较薄弱,形成总体方案还需要做些功课,要研究提出如何创造条件加以推进的思路。为了确保生态文明体制改革的系统性、整体性、协同性,2015 年 7 月 1 日,中央全面深化改革领导小组第十四次会议审议通过生态文明体制改革"1+6"方案,中共中央、国务院相继印发了《关于加快推进生态文明建设的意见》《生态文明体制改革总体方案》等文件。至此,生态文明体制改革的指导

---

① 《十八大以来重要文献选编》上,中央文献出版社 2014 年版,第 513 页。
② 《十八大以来重要文献选编》上,中央文献出版社 2014 年版,第 507 页。

思想、基本理念、重要原则、总体目标以及改革任务和举措得以明确。此外,深化生态文明体制改革不仅是推进生态文明制度建设的途径,同时也是全面深化改革的一个重要组成部分,其最终目标在于"各领域改革和改进的联动和集成,在国家治理体系和治理能力现代化上形成总体效应、取得总体效果"①。

在抓手上"尽快建立'四梁八柱'",创造性地提出了全面建成小康社会决胜阶段,推进生态文明制度建设的时间表和路线图。习近平指出,"要深化生态文明体制改革,尽快把生态文明制度的'四梁八柱'建立起来,把生态文明建设纳入制度化、法治化轨道"②。其中,"尽快"是对《关于加快推进生态文明建设的意见》《生态文明体制改革总体方案》等文件中以 2020 年为时间节点的生态文明制度建设的目标——基本确立生态文明重大制度和构建起产权清晰、多元参与、激励约束并重、系统完整的生态文明制度体系的强调和阐述,而生态文明制度的"四梁八柱"则是指《生态文明体制改革总体方案》中的自然资源资产产权制度、国土空间开发保护制度、空间规划体系、资源总量管理和全面节约制度、资源有偿使用和生态补偿制度、环境治理和生态保护市场体系、生态文明绩效评价考核和责任追究制度等八项制度。以"四梁八柱"称之,意在凸显这八项制度之"重大"。其意义主要体现在以下几个方面:第一,"四梁八柱"是进一步推进生态文明制度建设的前提和基础。一方面,如前所述,我国生态文明基础性制度建设是比较薄弱甚至是缺失的,例如,自然资源资产产权制度、空间规划体系等。然而,由于生态文明建设的系统性,基础性制度的不健全往往成为生态环境恶化"破窗效应"的第一扇破窗。另一方面,我国生态文明制度存在分散化、碎片化问题以及一些体制机制上的"九龙治水"问题,制度成本高而效率低,导致了"制度赤字"产生,亟须加强顶层设计整合统一,而建立"四梁八柱"可以有效解决上述问题。第二,"四梁八柱"勾勒出生态文明制度体系的清晰轮廓,为生态文明制度建设指明了方向。生态文明制度建设是一个中央和地方相结合、顶层设计和"摸着石头过河"相结合

---

① 《习近平谈治国理政》,外文出版社 2014 年版,第 105 页。
② 《习近平谈治国理政》第 2 卷,外文出版社 2017 年版,第 393 页。

的稳中求进的过程。建立"四梁八柱"可以在宏观层面上为地方摸着石头过河的改革指明基本方向,起到纲举目张的作用。《中共中央关于全面深化改革若干重大问题的决定》明确指出:"到 2020 年,在重要领域和关键环节改革上取得决定性成果,完成本决定提出的改革任务,形成系统完备、科学规范、运行有效的制度体系,使各方面制度更加成熟更加定型。"①目前,以"尽快建立'四梁八柱'"为抓手加快生态文明制度建设,对于推进生态环境领域国家治理体系和治理能力现代化,补齐生态环境"突出短板"具有战略意义。

国家治理能力是运用国家制度管理社会各方面事物的能力。当前,以习近平同志为核心的党中央已经做出了顶层设计和总体部署,生态文明制度建设成果初步显现。进一步推进生态文明制度建设关键在于贯彻落实,将制度优势转化为治理效能,"让人民群众不断感受到生态环境的改善","以看得见的成效取信于民"②。全面贯彻落实习近平生态文明思想,确保顶层设计不变样、不打折扣地"精准落地",推动生态治理体系和治理能力现代化逐步成为现实,应主要从以下五个方面加以推进。

立法执法并重,依法推进生态治理体系和治理能力现代化。"法律是治国之重器,法治是国家治理体系和治理能力的重要依托"③。近年来,我国生态文明法律制度建设取得了阶段性成果,例如,环境保护法、大气污染防治法的修订实施等。但从总体上看,我国生态文明法律制度建设仍然滞后于发展需要。长期形成的重立法轻执法的倾向,导致不敢执法、不善执法、不严执法现象比较严重,生态问题难以得到有效解决。贯彻习近平生态文明思想,必须坚持科学立法,严格执法,坚持立法和执法齐头并进。良法是善治之前提。(1)立法方面,要从中国国情出发,注重解决现实的生态问题,全面反映客观

---

① 《十八大以来重要文献选编》上,中央文献出版社 2014 年版,第 514 页。

② 习近平:《树立"绿水青山就是金山银山"的强烈意识 努力走向社会主义生态文明新时代》,载《人民日报》2016 年 12 月 3 日。

③ 《十八大以来重要文献选编》中,中央文献出版社 2016 年版,第 141 页。

规律和人民群众意愿,提升立法针对性、可操作性,加快"立改废"进程,通过立法尽快确立自然资源资产产权制度、资源有偿使用和生态补偿制度等八项重大制度。法律的生命力在于执行;(2)执法方面,务求严格高效,提升执法专业化程度,增强执法力度,完善执法程序,落实执法责任制,破除多头执法、选择性执法等体制弊端,推进生态环境、资源综合执法、统一执法,依法惩处生态环境违法犯罪行为,保持执法高压态势,坚决杜绝地方保护主义干扰。科学立法为执法提供法律依据,严格执法使立法成效最大化,必须将两者有机结合起来,不可偏废,真正"把生态文明建设纳入法治化、制度化轨道"。

党政同责共管,践行、引领、推动生态治理体系和治理能力现代化。我国的生态治理是在中国共产党领导下由政府主导、多方主体共同参与的治国理政方式,党的领导和政府治理是核心和关键。长期以来,在生态文明建设中,党委承担领导责任,政府承担监管责任,党委领导政府开展工作,这种体制看似健全,事实上,党委责任却往往被淡化和虚化,致使生态文明建设推进乏力。加快推进生态文明建设,必须革除这一体制弊端,使党委责任脱虚向实。2015年7月中央全面深化改革领导小组第十四次会议审议通过了《环境保护督查方案(试行)》《生态环境监测网络建设方案》《关于开展领导干部自然资源资产离任审计的试点方案》《党政领导干部生态环境损害责任追究办法(试行)》四个文件,围绕领导干部这个"关键少数"和"决定因素",有针对性地提出了党政同责、领导干部自然资源资产离任审计、破坏生态环境终身追责等,充分发挥问责"利器"作用,使地方政府更加认真、更加主动地推进生态治理体系和治理能力现代化。同时各级党政领导干部应牢固树立政治意识、大局意识、核心意识、看齐意识,发挥表率作用,践行绿色发展理念,发挥地方的积极性、主动性、创造性,"正确处理发展和生态环境保护的关系,在生态文明建设体制机制改革方面先行先试"①,自觉地把习近平生态文明思想和党中央关于生态文明制度的顶层设计贯彻落实到生态文明建设

① 《习近平关于社会主义生态文明建设论述摘编》,中央文献出版社2017年版,第27页。

中,形成顶层设计与地方实践的良性互动,共同建设国家治理体系和治理能力现代化的美丽中国。

当前要进一步健全现代环境治理体系。建立地上地下、陆海统筹的生态环境治理制度。全面实行排污许可制,实现所有固定污染源排污许可证核发,推动工业污染源限期达标排放,推进排污权、用能权、用水权、碳排放权市场化交易。完善环境保护、节能减排约束性指标管理。完善河湖管理保护机制,强化河长制、湖长制。加强领导干部自然资源资产离任审计。完善中央生态环境保护督察制度。完善省以下生态环境机构监测监察执法垂直管理制度,推进生态环境保护综合执法改革,完善生态环境公益诉讼制度。加大环保信息公开力度,加强企业环境治理责任制度建设,完善公众监督和举报反馈机制,引导社会组织和公众共同参与环境治理。

形成长效机制,保障生态治理体系和治理能力现代化落实落地。机制是制度的工作系统,是主体自动地趋向于一定目标的趋势和过程,目标、动力、路径是形成长效机制的三个基本要素。制度的功效需要通过机制发挥,长效机制的形成标志制度的真正确立。具体到生态文明制度建设,形成长效机制是生态治理体系和治理能力现代化的必要条件,必须格外注重建立健全符合生态环境治理规律的长效机制。机制是主体自动地趋向于一定目标的趋势和过程,目标、动力、路径是形成长效机制的三个基本要素。生态文明制度建设的目标已经明确,那么,形成保护生态环境的长效机制应主要从动力和路径两个方面着手:第一,激活主体内生动力。人是理性与非理性的统一体。观念、习惯、情感、欲望等都会对主体的动力产生影响,而利益和理性往往起主导作用。无论出于利益或者理性的考量,生态文明制度建设都符合最广大人民的根本利益和人类社会发展的进步趋势。然而,仅仅依靠主体自觉是不够的,还必须从外部发挥制度的引导、规制、激励、约束等功能,让保护者受益、让损害者受罚。第二,促成主体最终趋向。主体从理性层面到心理层面认同、适应生态文明制度需要一个过程。在这个过程中,应当综合利用内外部各种因素,解决好"最后一公里"问题,为主体趋向于生态文明制度的路径的最终形成创造有利条件。

厚植生态文化,为生态治理体系和治理能力现代化提供文化支撑。《关于加快推进生态文明建设的意见》将"坚持培育生态文化作为重要支撑"列为基本原则之一。这里的生态文化是以追求人与自然和谐发展的生态文明主流价值观为核心,反省人类中心主义,主张人与自然和谐相处的文化。厚植生态文化,涵养生态文明制度,需要重点把握好以下方面,努力形成"自上而下"和"自下而上"双向互动的有利局面:第一,继承发扬中华优秀传统文化中的生态智慧、马克思主义生态观以及我国社会主义建设过程中形成的生态文明理论,批判地吸收资本主义生态文化,培育中国特色社会主义生态文化,满足人民群众日益增长的生态文化需要;第二,培育生态伦理道德,使公众了解保护生态环境是基本的道德责任,将道德和法律相结合,共同规范人们的行为,调节人与自然之间的关系;第三,注重发挥生态文化宣传教育的作用,明确生态文明是社会主义核心价值观的重要内容,构建覆盖家庭、学校、政府、企业等社会生产生活方方面面的制度化、系统化、大众化的生态文化教育体系,充分发挥新闻媒体的传播力、引导力,以文化人,凝聚生态环境保护全社会共识;第四,激发公众的主体意识,形成绿色生活方式,在日常的衣、食、住、行中实践尊重自然、顺应自然、保护自然的生态文明理念和绿水青山就是金山银山的理念,比如自觉支持、参与垃圾分类制度等,形成生态文明建设的思想自觉和行动自觉。第五,为社会各界共同参与生态文明建设创造有利条件,保障公众的知情权、监督权,调动企业的积极性,增强企业责任感,引导相关非政府组织健康有序发展,形成生态文明建设的多元合力。

借鉴国外经验,拓展生态治理体系和治理能力现代化的全球视野。习近平指出,"我们推进国家治理体系和治理能力现代化,当然要学习和借鉴人类文明的一切优秀成果"[1],"我国国家治理体系需要改进和完善,但怎么改、怎

---

① 习近平:《牢记历史经验历史教训历史警示　为国家治理能力现代化提供有益借鉴》,载《人民日报》2014 年 10 月 14 日。

么完善,我们要有主张、有定力"①。推进生态文明制度建设,必须立足我国国情、发展阶段和现实条件,坚持"以我为主,为我所用"的原则,决不照搬照抄国外做法,打破唯西方经验是从的拿来主义教条。同时也须清醒地认识到,"生态问题无边界"②,保护生态环境是世界各国的共同责任,借鉴国外生态治理经验对于推进我国生态文明建设大有裨益。概言之:第一,要吸取发达国家所走过的"先污染后治理"道路的惨痛历史教训,走出一条生态良好、生产发展、生活富裕的生态文明新路;第二,学习、引进发达国家生态环境保护方面的先进管理经验和技术设备,取长补短,进一步在完善法律法规、发展环保产业、增强公众生态环保意识、形成生态环境治理市场机制等方面有所突破;第三,坚持共同但有区别的责任原则,承担应尽的国际义务,化压力为动力,主动作为,积极参与生态文明领域国际间合作,树立负责任的大国形象,推动世界可持续发展,促进全球生态安全,为人类更快步入生态文明新时代贡献中国智慧、中国方案、中国力量。

党的十九届四中全会从在国家战略高度对坚持和完善生态文明制度体系作了阐述,明确了坚持和完善生态文明制度体系的地位、理念、方针、目标和重点任务。坚持和完善生态文明制度体系是党中央在总结历史、立足现实和面向未来的基础上作出的重大战略部署。推进生态文明制度体系建设,应当以习近平生态文明思想为指导,坚持多阶段、多主体的实现路径,促进生态文明制度体系迈上新台阶并融入国家治理体系的各方面和全过程。

三、进一步完善我国生态文明制度体系的双重路径

党的十九届四中全会发布的《决定》归纳和总结了生态环境保护制度、资源高效利用制度、生态保护修复制度、生态环境保护责任制度四个领域的制度,并予以统筹考虑。这实际上形成了一个环环相扣的制度体系,其重点并非

---

① 习近平:《完善和发展中国特色社会主义制度 推进国家治理体系和治理能力现代化》,载《人民日报》2014 年 2 月 18 日。

② 习近平:《之江新语》,浙江人民出版社 2007 年版,第 13 页。

单项的制度突破,而是制度的体系化和制度的集成高效、协同增效。贯彻落实党的十八大以来生态文明建设的相关精神,就生态文明制度体系自身而言,一方面应当继续优化和严格执行既有生态文明单项制度,另一方面应当加快重点领域的制度建设,并处理好制度创新与制度衔接的关系。在更加宏观的层面上,生态文明制度体系还应当与经济、政治、文化、社会领域形成一个联动、互助关系。因此,在实际操作中,这些制度应当按照一定的逻辑进行整合与统筹。具体而言,一方面,应遵循生态环境治理的过程与规律,实现全面覆盖、环环相扣;另一方面,尊重各治理主体的职责与功能,实现相互协同、合力共治。生态文明制度体系建设应坚持双重路径,注重多阶段、多主体的制度建设,才能确保制度体系的系统性、整体性、协同性和操作性。

（一）基于治理过程的生态文明制度体系建设路径

党的十九届四中全会秉承"源头严防、过程严控、后果严惩"的思路,阐明了生态文明制度体系的基本构成与重点任务。依据生态环境治理的基本过程与阶段,坚持和完善生态文明制度体系涵盖源头治理的制度建设、过程管控的制度建设与追责惩处的制度建设,三个阶段的制度前后衔接、统筹结合。

1. 源头防治制度建设

生态文明制度体系建设首先应从源头防患于未然,不走"先污染后治理"的老路,通过健全生态保护红线制度、完善资源利用制度、优化国土空间规划制度,实现源头严防。第一,健全和落实生态保护红线制度。在生态保护红线框架下,遵循高标准、严要求的生态准入原则,加快构建生态功能保障基线、环境质量安全底线和自然资源利用上线三大体系,将环境污染控制、环境质量改善和环境风险防范有机衔接起来。第二,建立资源高效利用制度。以归属清晰、权责明确、监管有效的自然资源资产产权制度为基础,明确每一寸国土空间的自然资源产权,建立和健全资源有偿使用制度、全面节约制度与循环利用制度。第三,优化国土空间规划制度。严格按照主体功能区定位划定生产、生活、生态空间开发管制界限,建立国土空间开发保护制度和用途管控制度,建立国家公园体制,形成全国统一、定位清晰、功能互补、统一衔接的空间规划体系。

强化国土空间规划和用途管控,划定落实生态保护红线、永久基本农田、城镇开发边界以及各类海域保护线。以国家重点生态功能区、生态保护红线、国家级自然保护地等为重点,实施重要生态系统保护和修复重大工程,加快推进青藏高原生态屏障区、黄河重点生态区、长江重点生态区和东北森林带、北方防沙带、南方丘陵地带、海岸带等生态屏障建设。加强长江、黄河等大江大河和重要湖泊湿地生态保护治理,加强重要生态廊道建设和保护。全面加强天然林和湿地保护,湿地保护率提高到55%。科学推进水土流失和荒漠化、石漠化综合治理,开展大规模国土绿化行动,推行林长制。科学开展人工影响天气活动。推行草原森林河流湖泊休养生息,健全耕地休耕轮作制度,巩固退耕还林还草、退田还湖还湿、退围还滩还海成果。

2. 过程管控制度建设

过程管控涵盖生态环境保护与自然资源利用的监测和管理,通过完善污染物排放制度、健全资源环境承载能力预警监测机制、建立污染防治区域联动机制和陆海统筹的生态环境治理体系、健全生态环境修复制度,实现过程严控。第一,完善污染物排放制度。建立和完善严格监管所有污染物排放的环境保护管理制度,完善污染物排放许可制度、污染物排放总量监测制度和控制制度。第二,健全资源环境承载能力预警监测制度。在摸清地区资源禀赋与环境容量的基础上,完善资源总量管理制度、用量监测制度和用途管制制度,实现资源环境承载能力用量用途监测与实时预警。第三,建立污染防治区域联动机制与陆海统筹制度。对大气和水污染防治的重点区域陆续建立联防联控机制,形成陆海统筹的生态环境治理体系,促进沿海陆域和海洋生态保护良性互动、相互增益。第四,健全生态环境修复制度。加强森林、草原、河流、湖泊、湿地、海洋等自然生态保护,形成山水林田湖草一体化的保护和修复制度。

3. 追责惩处制度建设

追责惩处制度主要涉及生态环境治理的末端环节,包括生态环境破坏行为的评定、追责和惩处。通过建立科学严格的后果评价制度、完善生态损害追责制度、健全生态补偿和生态环境损害赔偿制度,实现后果严惩。第一,建立科学、严格的后果评价制度。健全生态文明制度体系建设目标评价考核制度,丰富考核内容,强化环境保护、自然资源管控、节能减排等重要的约束性指标的管理,同时针对不同主体和地区实行差别化的考核与评价制度。第二,完善生态损害追责制度。探索建立自然资源资产负债表制度、领导干部任期内自然资源资产损益审计制度和生态环境损害责任终身追究制度,为落实生态环境责任提供有力支撑。第三,健全生态补偿和生态环境损害赔偿制度。坚持谁受益、谁补偿原则,完善对重点生态功能区的生态补偿机制,推动地区间建立横向生态补偿制度;对造成生态环境损害的责任者严格实行赔偿制度,加快建立配套的生态环境损害调查制度与鉴定评估制度,将生态环境修复纳入生态环境损害赔偿责任方式中。加大重点生态功能区、重要水系源头地区、自然保护地转移支付力度,鼓励受益地区和保护地区、流域上下游通过资金补偿、产业扶持等多种形式开展横向生态补偿。完善市场化多元化生态补偿,鼓励各类社会资本参与生态保护修复。完善森林、草原和湿地生态补偿制度。推动长江、黄河等重要流域建立全流域生态补偿机制。建立生态产品价值实现机制,在长江流域和三江源国家公园等开展试点。制定实施生态保护补偿条例。

(二)基于治理主体的生态文明制度体系建设路径

生态文明建设是一项周期长、范围广、内容多、难度大的系统性工程,不可能仅依靠个别主体的单方面努力而完成。作为生态文明建设的根本保障与重要内容,生态文明制度体系建设只能是一个在党委领导下,以政府为主导、以市场为驱动、以法治为保障,全社会共同参与的多元主体协同推进的过程。依据生态文明治理的主体划分,生态文明制度体系是一个整合政府监管制度建设、生态环保市场体系建设、法律法规体系建设与公众参与制度建设的整体推进过程。

1. 政府监管制度建设

政府通过在宏观领域制定一系列生态环境保护制度,发挥其在环境问题上的监督、监察、管理的作用。具体而言,政府应通过健全决策程序与决策制度、强化环保督察制度与建立生态环境监管联动机制等,形成科学和严密的政府监管制度体系。实现这一目标要做到以下几个方面:第一,健全决策程序与决策制度。各级政府应致力于完善生态文明建设的协商合作机制,明确议事规则与议事程序,同时,建立第三方环境影响评价参与机制,让环境影响评价进入综合决策;第二,强化环保督察制度。进一步规范生态环境保护督察工作的督察程序、督察权限、督察纪律和督察责任,落实地方政府环境保护主体责任,构建督政问责监管体系;第三,建立生态环境监测管理联动机制。结合主体功能区管理体制,探索建立上下联动、区域统筹的生态环境监管机制。

2. 市场运行制度建设

生态环保市场体系建设要求在政府宏观调控下,培育、建立和规范生态环保产品、技术和服务的交易市场,依靠价格杠杆和竞争机制实现要素和资源的均衡、合理和高效分配。就制度建设而言,建设生态环保市场体系主要包括建立健全自然资源和环境使用权交易制度、建立健全绿色产业与绿色金融制度,以及推进自然资源与生态环保产品的标准化建设。第一,建立健全自然资源环境使用权交易制度。建立用能权、用水权、排污权、碳排放权交易平台,建立配套的测量与核准体系,明确交易价格机制与交易平台运作规则,充分发挥市场机制与企业的主体作用。第二,建立健全绿色产业与绿色金融制度。围绕绿色产业与循环经济发展,完善机构建设、税收制度与法律体系建设,积极推行绿色保险、绿色金融、绿色证券和绿色信贷,建立绿色投资者网络和环境信息披露机制。第三,推进自然资源与生态环保产品的标准化建设。在自然资源资产管理制度框架下,探索自然资源的标准化体系建设,同时建立统一的绿色产品标准、认证与标识体系,健全绿色产品认证有效性评估与监督机制,增加绿色产品的有效供给。

3. 公众参与制度建设

公众不仅是生态文明建设成果的享有者,也是生态文明制度体系的建设者与生态环境治理的参与者。生态文明制度体系建设应从拓宽参与渠道、建立信息交流共享制度、完善生态文明教育制度等方面着力。推进公众参与制度建设可以从以下几个方面展开:第一,健全公众参与激励机制。通过搭建交流对话平台、增加投诉举报渠道、完善监督举报制度等方式拓宽参与渠道,同时创新工作方式与激励机制,鼓励公众积极参与环保决策、主动参加环保活动、积极举报生态环境违法行为;第二,建立信息交流共享制度。政府应建立信息沟通机制,将生态文明建设领域的资料共享、经验交流和对话研讨予以制度化;第三,建立和完善生态文明宣传教育制度。在全社会广泛推行生态文明教育,倡导绿色人生规划与全民节约风尚,引导公民的生态文明价值取向,使全社会形成生态自觉的意识。

生态问题是关系党的使命宗旨的重大政治问题,也是关系民生的重大社会问题。要有效回应人民群众对优美生态环境的需要,确保我国经济社会可持续发展,就需要坚持新时代推进生态文明建设的基本原则,坚持全面系统、以人为本、中国特色和公平正义,不断坚持和完善生态文明制度体系,促进人与自然和谐共生。不断完善绿色发展政策体系,强化绿色发展的法律和政策保障。实施有利于节能环保和资源综合利用的税收政策。大力发展绿色金融。健全自然资源有偿使用制度,创新完善自然资源、污水垃圾处理、用水用能等领域价格形成机制。推进固定资产投资项目节能审查、节能监察、重点用能单位管理制度改革。完善能效、水效"领跑者"制度。强化高耗水行业用水定额管理。深化生态文明试验区建设。深入推进国家资源型经济转型综合配套改革试验区建设和能源革命综合改革试点。总之,生态文明制度体系建设应同时坚持基于治理过程和基于治理主体的双重路径,形成治理过程全覆盖和共建共治共享的新格局。坚持和完善生态文明制度体系,还必须不断提升顶层设计能力、增强生态文明理念引领力、升级生态环境治理技术,从而不断提升生态环境治理能力,持续发挥制度优势,为世界生态文明建设提供中国智慧与中国经验。

结　语

中国特色社会主义进入新时代,我国社会主要矛盾已经转化为人民日益增长的美好生活需要和不平衡不充分的发展之间的矛盾。人民群众对美好生活的向往包括了对美好生活环境的向往、对美好生活质量的向往。所以,在新时代背景下,加强中国特色社会主义生态文明建设,是解决我国社会的主要矛盾的重要途径,是实现人民群众对美好生活向往的重要保障。生态文明建设与社会主义具有内在统一性,是发展中国特色社会主义的必然要求,是我国应对全球生态问题的重大战略。在"五位一体"总体布局里,生态文明建设具有基础性的地位和作用。它推动了环境保护与经济发展的协调统一,对政治文明建设提出了更高的要求,丰富了社会主义文化新理念,有利于促使社会的和谐与人类自身的全面发展。生态文明建设是新时代中国特色社会主义道路的重大创新。在"五位一体"总体布局里发挥基础性作用,要求我们必须坚持走中国特色的生态文明建设道路。

一、生态文明建设在新时代中国特色社会主义道路中地位更加凸显

资本主义制度是与生态文明建设背道而驰的社会制度。从生态文明建设的角度看,资本主义制度是不合理的。资本的所有者——资本家为了致富而追求更多的剩余价值,即攫取更多,凭借发达的社会生产力无限度地挖掘自然资源,残酷地奴役和压迫广大人民群众。资本主义社会是构建于自然资源取之不尽、用之不竭的逻辑之上的,从开采其本国的资源到掠夺发展中国家的资源,把发展中国家当作资源的掠夺地和废料的倾倒地。但人类仅有一个共同

的地球家园,资本家的做法只能让全球环境变得越来越糟。所以,资本主义制度与生态文明建设在本质上是背道而驰的。与资本主义相较而言,社会主义制度与生态文明建设具有内在的统一性。社会主义完成了对资本主义私有财产与异化状态的积极扬弃,改造了传统的工业化发展模式,致力于实现以人的自由全面发展为目标的生态发展模式,以满足人民群众多样化需求为根本宗旨。

社会主义制度与生态文明建设具有内在的统一体,这主要表现于以下五个方面:第一,两者都把实现人类自由全面的发展视为自己的奋斗目标。马克思主义始终把实现人类自由全面发展,消除对"劳动者自由联合体"的剥削和压迫作为其基本使命。实现这一使命和目标的基础是构建人与自然和谐共存的生态文明社会。究其原因,唯有在人与自然和谐共存的生态环境里,人类自身才能得到自由全面的发展。在恶劣的生态环境里,人类是难以实现自身的自由全面的发展。因此,对于实现的使命和目标而言,社会主义制度与生态文明建设具有内在的统一性。

第二,两者都把和谐可持续发展作为处理关系的基本原则。生态文明建设不遵循利益至上的原则,坚持经济发展必须同时兼顾生态环境保护,以资源投入最少、环境污染最低的方式促进经济社会和生态环境的可持续发展。因此,生态文明建设不仅否定极端人类中心主义,而且否定极端生态中心主义。根据极端人类中心主义的观点,人类的所有需求都是合理的,人类能够以牺牲自然存在为代价来满足其自身的需要。这就是说,人类完全能够凭借自身的需要向自然界掠取物质资料,而不考虑自然界的固有规律,这就使得人类社会的发展面临崩溃。根据极端生态中心主义,全部物种都是平等的,人类应当以自然而不是以人为中心。如果人类不停止利用自然的行为,人类的生存危机将是无法避免的。这两种观点都有失偏颇。事实上,只有当人与自然和谐共存时,才能避免受到自然界的无情惩罚。社会主义制度正是以追求人与人、人与社会,还包括人与自然的和谐共生为其发展目标。因此,社会主义制度的发展理念正是生态文明建设的发展理念。可以说,生态文明建设与社会主义制度在发展目标上具有统一性。

第三,两者都把公平作为自己的价值追求。社会主义制度以资源公有制为前提,旨在实现公平正义、共同富裕,促进人的全面发展和社会和谐。生态文明建设倡导建立稳定的社会制度,不断促进人的自由发展、社会平等和公平正义的实现,体现了生态产品的公共性。在国际关系中,生态文明建设不仅反对生态殖民主义,而且反对霸权主义和强权政治,倡导世界和平。鉴于此,两者在价值追求上是统一的。

第四,生态文明建设坚持了中国特色社会主义的基本原则。中国特色社会主义不同于空想社会主义和苏联东欧社会主义。在对人的认识问题上,中国特色社会主义首先承认了人的价值,强调"以人为本"。这里的"人"指的是,我国共同致力于现代化建设的广大人民群众,这与农耕文明时代的"自然人"和资本主义工业文明时代的"少数人"有着本质的不同。这里的"本"不但是指生存需要的物质满足,而且是指作为社会能动性主体的人类的生存、发展和价值之本。生态文明建设不仅要为人民群众提供良好的生活环境,让人民群众喝上干净的水、呼吸上新鲜的空气,使人民群众的生产生活处于安全的生态环境之中,而且要求正确协调人与自然、人与人、人与社会的关系问题,促进人类自身的自由全面发展、社会的不断进步和生态环境的不断优化的有机统一。生态文明建设是中国特色社会主义建设的题中应有之义,也是更好地实现"以人为本",坚持以人民为中心的发展思想的重要体现。

第五,生态文明建设体现了中国特色社会主义的优越性。马克思、恩格斯等革命导师的使命是实现共产主义,实现人、自然、社会的和谐统一,而人与自然的和谐发展是社会主义制度与资本主义制度区别的重要特征。党的十八大报告将生态文明建设作为"五位一体"中国特色社会主义事业总体布局的重要组成部分,使生态文明建设成为社会主义本质的重要体现。社会主义的本质是解放和发展生产力,消灭剥削,消除两极分化,最终达到共同富裕。这一结论充分说明了社会主义生产力和生产关系的辩证本质。生产力是社会发展的基本动力,它包括劳动者、劳动资料和劳动对象三个基本要素。劳动对象涵盖自然资源,生产过程则是劳动者在自然环境中加工生产的过程。因此,自然资源是生产力发展过程里的不可或缺的要素,生态环境则是生产力发展过程里的必要的外部元素。生产关系是人们在生产过程中结成的人与人之间的社会关系。随着生态矛盾日益突出和激化,生产关系随之越来越受到生态环境的限制。我国生态文明建设的根本任务是为生产力的发展提供动力和活力,为我国的经济社会发展提供可持续的动力。当前,我国积极推进生态文明建设,营造良好的生产生活环境,对发展生产力和生产关系产生了重要的推动作用,促进了生产力的可持续发展,充分说明了中国特色社会主义制度的优越性。

二、生态文明建设在新时代"五位一体"总体布局中的地位作用

党的十八大以来,我们党关于生态文明建设的思想不断得到丰富和发展。"生态文明建设"是"五位一体"总体布局里的其中之一,新时代"坚持人与自然和谐共生"是坚持和发展中国特色社会主义的基本方略之一,"绿色"发展理念是新发展理念的其中之一,"污染防治"是三大攻坚战之一。这"四个一"充分说明了我们党对生态文明建设规律的深刻把握,充分说明了生态文明建设在新时代党和国家事业发展中的主要地位,充分说明了我们党对生态文明建设的重要部署和基本要求。

将社会视为一个有机整体进行研究,这是马克思分析社会现实的基本方法。列宁指出:马克思、恩格斯所说的辩证方法(它与形而上学方法相反),不是别的,正是社会学中的科学方法,这种方法把社会视为一个不断发展的有机的生命体。列宁在此处所言的社会有机体,实际上是人类社会的各部分的构成元素之间有着无法分割的内在的有机关联,使各个部分之间构成一个有机的整体。一个社会的发展是由经济、政治、文化、社会、生态等各个方面创造的物质文明、政治文明、精神文明、社会文明、生态文明组成的有机整体。全社会的进步和发展,需要采取多种措施,促进经济、政治、文化、社会、生态建设的协调发展和同步发展。在这里,经济是根本,政治是保障,文化是灵魂,社会是条

件,生态是基础。没有良好的生态环境,人类社会各领域的建设就会失去原初的意义。所以,生态文明建设在整个社会建设中的地位是极其重要的,对经济社会的发展有着深远的影响。在人类社会发展的早期阶段,由于物质资源与人口之间尚无紧张的关系,对生态环境的破坏还相对较小,人类便不需要考虑经济活动对生态环境的影响。而工业时代来临后,人类改造生态环境的能力逐渐增强,但粗放型经济发展方式却忽略了人与生态系统的协调。在经济快速增长的同时,生态环境受到了严重的破坏。在相当长的一段时间里,中国也存在经济发展与生态环境保护的矛盾。中国人口众多,过去没有最优化合理利用自然资源。我国的经济发展在一定程度上是以牺牲生态环境为代价的,但当今人们已经认识到生态文明建设的重要性,致力于追求经济社会和生态环境的协调发展。党的十九大强调人与自然是生命共同体。人类必须尊重自然、顺应自然、保护自然,努力形成节约资源和保护环境的空间格局、产业结构、生产方式、生活方式。保护生态环境并非是要制约经济社会发展,而是要形成绿色发展方式和绿色生活方式,实现经济社会的可持续发展。所以,我们要采用新的经济发展模式,既要实现经济社会的发展,又要实现生态环境的保护,满足生态文明建设对于生产力发展的新要求。同时,充分利用市场经济的运行规律,探索符合生态文明建设要求的新的发展模式,要求市场主体在获得合法经济效益的同时,应当节约资源和保护环境。我们要加快推动绿色发展,促进人与自然和谐共生。坚持绿水青山就是金山银山理念,加强山水林田湖草系统治理,加快推进重要生态屏障建设,构建以国家公园为主体的自然保护地体系,森林覆盖率达到 24.1%。持续改善环境质量,基本消除重污染天气和城市黑臭水体。落实 2030 年应对气候变化国家自主贡献目标。加快发展方式绿色转型,协同推进经济高质量发展和生态环境高水平保护,单位国内生产总值能耗和二氧化碳排放分别降低 13.5%、18%。[①] 生态文明建设既有利于经济社会的可持续发展,又有利于生态环境的良好发展。在协调生态保护

---

① 李克强:《政府工作报告——2021 年 3 月 5 日李克强总理代表国务院在十三届全国人大四次会议上作〈政府工作报告〉》,载《光明日报》2021 年 3 月 13 日。

和经济发展的道路上,我们不仅要积极探索新时代下经济发展方式的良性转变,还要为参与生态文明建设的市场参与者创造更多的利润空间,以此促进生态文明建设的有序发展,形成人与自然和谐共生的现代化新格局。

新时代,生态问题已成为重要的政治问题。因此,生态文明建设对政治文明建设提出了新的要求,坚持政治文明建设要落实到生态文明建设,这就为生态文明建设提供了政治保障和制度保障。首先,生态文明建设对政府职能的转变提出了新要求。生态环境指标已成为评价政府工作的主要指标,"生态文明"需要纳入各级政府的政治决策。在生态文明建设中,政府发挥了主导的作用。因为市场调节有其自身的缺陷和不足,因此,为了保证良好的生态环境,就不仅要依靠市场的作用,还要发挥政府的作用。在《反杜林论》里,恩格斯对资本主义环境危机进行强烈谴责时指出:"要消灭这种新的恶性循环……,只有按照一个统一的大的计划协调地配置自己的生产力的社会,才能使工业在全国分布得最适合于它自身的发展和其他生产要素的保持或发展。"①此处强调的"统一的大的计划"指政府政策指导和规划指导的作用。当今,一些发达国家可再生资源产业得以发展,主要是因为它们依赖于政府的政策支持。在我国,政府实行生态环境保护制度,执行促进人与自然协调发展的政策法规,把生态文明建设作为政府工作的重中之重。政府从整体利益和长远利益出发,加强区域协调、行业协调和利益协调,使资源占有和财富分配不公的现象逐渐减少。对违反生态环境保护要求的行为,严加处罚。在政府工作评价过程中,不仅要关注经济发展的结果,而且要更多地关注生态环境质量的改善,打破"唯 GDP"论。

其次,生态文明建设要求加强社会主义民主政治建设。在生态文明建设过程中,政府自上而下的执行必不可少,但人民自下而上的参与更加重要。公众通过参与生态文明建设,为生态文明建设献计献策,有利于推进社会主义民主政治建设。中国特色社会主义协商民主即是在坚持中国共产党领导的前提

---

① 《马克思恩格斯文集》第 9 卷,人民出版社 2009 年版,第 313 页。

下,社会各方讨论协商共同关心的议题,最终达成共识,促进全面发展。生态文明建设与每个公众的利益息息相关,通过协商民主的方式,才能更好地解决生态文明建设中产生的问题。因此,可探索推行以下措施,例如,确保公众参与环境、经济、社会问题的决策;确保公众获得有关生态环境质量的信息,公布有关重大环境事件的相关信息;确保公众参与和监督环境立法、环境管理和环境执法。总之,政府通过采取协商民主的形式,督促广大群众积极参与生态文明建设,促进生态文明建设有序推行,才能真正体现和实现"以人为本"的价值目标,才能深刻践行我们党始终坚持的"一切为了群众,一切依靠群众,从群众中来,到群众中去"的群众路线。

最后,生态文明建设需要加强社会主义法治建设。建设生态文明,需要统筹整合相关的法律法规,在此基础上制定和完善生态文明建设的法律法规,避免冲突和立法空白。从国家强制力层面为生态文明建设保驾护航。一是将生态文明建设写入《中华人民共和国宪法》,需要加强《中华人民共和国宪法》的贯彻执行,严格规范资源的合理利用,为其他法律确立基本原则和方向。二是调整完善相关的法律法规,明确损害生态环境的侵权责任人的具体经济责任,行政法应当对违反环境保护行政法规的人给予相应的行政处罚。三是加强生态文明建设本身的立法,尽快制定和完善生态文明建设的各种专项法律法规、方法和标准。只有在生态文明建设中建立系统的法律法规,才能实现生态文明建设的法治化。

建设美丽中国,需要生态文明建设。推进生态文明建设,要求社会每一个成员养成低碳生活、绿色生活的习惯,从自我做起,从现在做起,做一个低碳环保的现代人。从消费层面看,随着生态文明理念的深入人心,低碳消费、绿色消费越来越被广大民众所接受且践行。在生态文明建设的影响下,越来越多的人意识到节能环保对个人的心理健康的重要性。公众对生活的追求正从原来的"唯物质主义"向幸福指数的综合方向转变,其中健康安全、环保节能、精神满足正成为大众生活价值追求的主流。生态文明建设还可以增强人们的审美情趣和精神追求,保护环境、尊重自然可以使人们在与自然的密切接触中感受生态美、欣赏生态美。按照美的原则和规律塑造人,是人类自身得以全面发展的重要内容。马克思认为,"植物、动物、石头、空气、光等等,一方面作为自然科学的对象,一方面作为艺术的对象,都是人的意识的一部分,是人的精神的无机界,是人必须事先进行加工以便享用和消化的精神食粮"①。从这一点上,我们可以看出,资源和生态环境不但是人们生活中必不可少的物质条件,也是人类感受、欣赏和创造美的重要对象。生态文明建设倡导人们在节约资源和保护环境的过程中感受自然带来的审美感受,按照美的原则塑造生态环境,进而促进人与自然的和谐。

三、新时代不断完善生态文明建设的中国道路

生态文明建设不仅包括宏观指导思想,还包括具体实践。中国共产党人在深入理解马克思主义生态哲学思想的基础上,结合时代发展趋势和中国实践需要,形成了具有中国特色的生态文明建设思想,是对马克思、恩格斯生态哲学思想的丰富和发展。

新中国成立以来,党和政府高度重视农林改革。改革开放后,党把重点转向经济建设,同时兼顾环境和资源的保护。随着时代的发展,党逐步调整发展战略,实施可持续发展战略,进而倡导全面贯彻落实科学发展观。党的十八大将生态文明建设提升至"五位一体"战略布局的高度。随着全面深化改革的推进,习近平从不同方面强调了绿色发展理念的重要性。2018 年 5 月 18—19 日召开的全国生态环境保护大会,是党的十八大以来,我国召开的规格最高、规模最大、意义最深远的一次生态文明建设会议。会议的最大亮点和取得的最重要理论成果,是确立了"习近平生态文明思想"。习近平生态文明思想是习近平围绕生态文明建设提出的一系列新理念、新思想、新战略的高度概括和科学总结,也是马克思主义关于人与自然关系思想在我国实践中的最新成果,是马克思主义生态哲学思想中国化的重大理论创新,是新时代生态文明建设

---

① 《马克思恩格斯文集》第 1 卷,人民出版社 2009 年版,第 161 页。

的根本行动指南。新时代,党和政府要以习近平生态文明思想为指导,建立健全关于生态环境保护的法律法规,构建生态环境保护的体制机制,调动全体社会成员参与生态文明建设的积极性、主动性和创造性。营造保护生态环境的良好氛围,依靠科学技术的创新和进步,逐渐转变经济发展方式,有效应对生态危机的挑战。结合我国具体的国情,通过社会主义建设和改革,我国经济社会发展已经取得了显著的成就,积累了可观的财富和技术手段,在许多领域处于世界前列。无论是物力、财力、技术等方面都具有推动生态文明建设的能力。

党的十八大报告首次强调,要把生态文明建设纳入中国特色社会主义事业"五位一体"总体布局。党的十九大报告进一步强调,要围绕我国社会主要矛盾的变化,统筹推进经济建设、政治建设、文化建设、社会建设和生态文明建设。这一总体布局的形成是党和国家对社会主义现代化建设理论认识的不断深化,是党领导全国人民进行中国特色社会主义建设实践的经验总结,也是我国进入中华民族伟大复兴阶段的显著标志,体现了党和国家治国理政的新高度。生态文明建设关系到中华民族的伟大复兴和永续发展,强调建设生态文明是中华民族永续发展的千年大计、根本大计,表明党和国家把生态文明建设置于前所未有的理论自觉和实践自觉的高度。因此,在生态文明建设过程中,我们必须坚定不移地走生态优先、绿色发展的道路,不断提升生态系统质量和稳定性。坚持山水林田湖草系统治理,着力提高生态系统自我修复能力和稳定性,守住自然生态安全边界,促进自然生态系统质量整体改善。正确协调好人与自然的关系,协调好生态与经济、政治、文化、社会等方面的关系,促进我国的全面繁荣和持久发展。

构建人与自然生命共同体是人类的共同梦想,加强地球保护行动、加快绿色发展刻不容缓。多边合作是守护地球家园的应有之义,今年一系列国际环境会议将凝聚各方共识,重塑人与自然的关系。全球最大的环境和自然保护会议——世界自然保护大会将在法国马赛举行,与会各方将明确大自然在实现《2030年可持续发展议程》目标中的作用。《生物多样性公约》第十五次缔约方大会将在中国昆明举办,国际社会期待大会通过兼具雄心、务实和平衡的"2020年后全球生物多样性框架"成果文件,有效遏制生物多样性丧失趋势。《联合国气候变化框架公约》第二十六次缔约方大会将在英国格拉斯哥举办,届时所有国家都要拿出更具雄心的国家自主贡献目标和碳中和愿景。此外,针对全球化学品和废物污染,如何对其进行无害化管理、制定强有力的"2020后框架"也是今年环境领域的重要议题。各尽所能是守护地球家园的内在要求,各国应承担与自身发展阶段相适应的国际责任,最大程度强化行动。中国高度重视生态文明建设,将良好生态环境作为最普惠的民生福祉,同时认真履行各项国际公约,作出郑重减排承诺,将用全球历史上最短的时间实现从碳达峰至碳中和,并倡议成立"一带一路"绿色发展国际联盟,为全球环境治理提供中国方案。

参 考 文 献

一、选集、全集、文集

[1]《马克思恩格斯选集》第1—4卷,人民出版社1995年版。

[2]《马克思恩格斯文集》第1—10卷,人民出版社2009年版。

[3]《马克思恩格斯全集》第30卷,人民出版社1995年版。

[4]《马克思恩格斯全集》第31,42卷,人民出版社1979年版。

[5]《资本论》第1—3卷,人民出版社2004年版。

[6]《1844年经济学哲学手稿》,人民出版社2000年版。

[7]《德意志意识形态》(节选本),人民出版社2003年版。

[8]《反杜林论》,人民出版社1974年版。

[9]《自然辩证法》,人民出版社1984年版。

[10]《列宁专题文集·论辩证唯物主义和历史唯物主义》,人民出版社2009年版。

[11]《列宁全集》第26卷,人民出版社1990年版。

[12]《毛泽东邓小平江泽民论科学发展》,中央文献出版社2009年版。

[13]《科学发展观重要论述摘编》,中央文献出版社2009年版。

[14]《习近平关于社会主义生态文明建设论述摘编》,中央文献出版社2017年版。

[15]《习近平谈治国理政》,外文出版社2014年版。

[16]《习近平谈治国理政》第2卷,外文出版社2017年版。

[17]《习近平谈治国理政》第3卷,外文出版社2020年版。

[18]《习近平关于科技创新论述摘编》,中央文献出版社2016年版。

[19]《习近平系列重要讲话读本》学习出版社、人民出版社2016年版。

[20]何毅亭主编:《以习近平同志为核心的党中央治国理政新理念新思想新战略》,人民出版社2017年版。

[21]《十八大以来重要文献选编》上,中央文献出版社2014年版

[22]《十八大以来重要文献选编》中,中央文献出版社2016年版

[23]《十八大以来重要文献选编》下,中央文献出版社2018年版

[24]习近平:《之江新语》,浙江人民出版社 2007 年版。

[25]习近平:《在哲学社会科学工作座谈会上的讲话》,人民出版社 2016 年版。

[26]《习近平总书记系列重要讲话读本》,人民出版社 2014 年版。

[27]《中国环境发展报告》(2013 版),社会科学文献出版社 2013 年版。

[28]《奋力谱写共筑中国梦的新篇章:学习习近平总书记一系列重要讲话文章选》,学习出版社 2013 年版。

[29]《新时期环境保护重要文献选编》,中国环境科学出版 2001 年版。

[30]《生态文明建设科学评价与政府考核体系研究》,中国发展出版社 2014 年版。

二、学术专著

[1]周林东:《人化自然辩证法—对马克思的自然观的解读》,人民出版社 2008 年版。

[2]陈晏清等:《马克思主义哲学高级教程》,南开大学出版社 2001 年版。

[3]阎孟伟:《社会有机体的性质、结构与动态》,天津人民出版社 1995 年版。

[4]王新生:《马克思政治哲学研究》,科学出版社 2018 年版。

[5]贺来:《辩证法的生存论基础》,中国人民大学出版社 2004 年版。

[6]吴晓明:《马克思早期思想的逻辑发展》,云南人民出版社 1993 年版。

[7]孙承叔、王东:《对(资本论)历史观的沉思》,学林出版社 1988 年版。

[8]张一兵:《回到马克思》,江苏人民出版社 1999 年版。

[9]王伟光:《马克思主义中国化的最新成果——习近平治国理政思想研究》,中国社会科学出版社 2016 年版。

[10]韩庆祥:《新一届中央领导集体治国理政治的基本思路》,中共中央党校出版社 2015 年版。

[11]黄承梁:《新时代生态文明建设思想概论》,人民出版社 2018 年版。

[12]李军:《走向生态文明新时代的科学指南:学习习近平同志生态文明建设重要论述》,中国人民大学出版社 2015 年版。

[13]何爱国:《当代中国生态文明之路》,科学出版社 2012 年版。

[14]许耀桐:《中国基本国情与发展战略》,人民出版社 2001 年版。

[15]廖福霖:《建设美丽中国理论与实践》,中国社会科学出版社 2014 年版。

[16]苗启明等:《马克思生态哲学思想与社会主义生态文明建设》,中国社会科学出版社 2016 年版。

[17]沈满洪:《生态文明建设:从概念到行动》,中国环境出版社 2014 年版。

[18]佘正荣:《生态智慧论》,人民出版社 2002 年版。

[19]刘思华:《生态马克思主义经济学原理》,人民出版社 2006 年版。

[20]周鑫:《西方生态现代化理论与当代中国生态文明建设》,光明日报出版社 2012 年版。

［21］秦书生：《生态文明论》，东北大学出版社 2013 年版。

［22］刘宗超：《生态文明观与全球资源共享》，经济科学出版社 2000 年版。

［23］肖显静：《生态政治——面对环境问题的国家抉择》，山西科学技术出版社 2003 年版。

［24］胡雪虎：《人类永恒的话题——生态平衡》，吉林出版集团 2012 年版。

［25］雷毅：《深层生态学：阐释与整合》，上海交通大学出版社 2012 年版。

［26］贾卫列等：《生态文明建设概论》，中央编译出版社 2013 年版。

［27］刘仁胜：《生态马克思主义概论》，中央编译出版社 2007 年版。

［28］胡鞍钢：《中国创新绿色发展》，中国人民大学出版社 2012 年版。

［29］薛建明、仇桂且：《生态文明与中国现代化转型研究》，光明日报出版社 2014 年版。

［30］李龙强：《生态文明建设的理论与实践创新研究》，中国社会科学出版社 2015 年版。

［31］赵建军：《如何实现美丽中国梦—生态文明开启新时代》，知识产权出版社 2014 年版。

［32］程恩富：《当代中国马克思主义的新发展》，言实出版社 2015 年版。

［33］余欣荣：《建设美丽中国》，人民出版社、党建读物出版社 2015 年版。

［34］陈炎等：《儒、释、道的生态智慧与艺术诉求》，人民文学出版社 2012 年版。

［35］国家林业局：《建设生态文明　建设美丽中国》，中国林业出版社 2014 年版。

［36］刘洪岩：《生态法治新时代：从环境法到生态法》，社会科学文献出版社 2019 年版。

［37］［德］黑格尔：《自然哲学》，梁志学译，商务印书馆 1980 年版。

［38］［德］黑格尔：《历史哲学》，王造时译，上海书店出版社 1999 年版。

［39］［德］黑格尔：《逻辑学》（下），杨一之译，商务印书馆 1976 年版。

［40］《费尔巴哈哲学著作选集》（下），三联书店 1962 年版。

［41］《费尔巴哈哲学著作选集》（上），三联书店 1959 年版。

［42］［俄］普列汉诺夫：《论艺术》，曹葆华译，三联书店 1973 年版。

［43］［英］柯林武德：《自然的观念》，吴国盛译，北京大学出版社 2006 年版。

［44］［英］安德森：《西方马克思主义探讨》，高铦等译，人民出版社 1981 年版。

［45］［美］蕾切尔·卡逊：《寂静的春天》，吕瑞兰、李长生译，吉林人民出版社 1997 年版。

［46］［美］梅多斯等：《增长的极限》，李涛、王智勇译，机械工业出版社 2006 年版。

［47］［美］沃德·杜博斯：《只有一个地球》，曲格平译，石油工业出版社 1976 年版。

［48］［美］纳什：《大自然的权利》，杨通进译，青岛出版社 1999 年版。

［49］［美］霍尔姆斯·罗尔斯顿：《哲学走向荒野》，刘耳译，吉林人民出版社，2000

年版。

[50][美]霍尔姆斯·罗尔斯顿:《环境伦理学》,杨通进译,中国社会科学出版社 2000 年版。

[51][英]伦纳德·霍布豪斯:《社会正义要素》,孔兆政译,吉林人民出版社 2006 年版。

[52][美]皮特·N.斯特恩斯:《全球文明史》,赵轶峰译,中华书局 2006 年版。

[53][美]托马斯·库恩:《科学革命的结构》,金吾伦、胡新和译,北京大学出版社 2003 年版。

[54][美]安德鲁·芬伯格:《可选择的现代性》,陆俊、严耕译,中国社会科学出版社 2003 年版。

[55][美]詹姆斯·奥康纳:《自然的理由——生态学马克思主义研究》,唐正东、臧佩洪译,南京大学出版社 2003 年版。

[56][美]科斯塔斯·杜兹纳:《人权的终结》,郭春发译,江苏人民出版社 2002 年版。

[57][美]丹尼尔·A.科尔曼:《生态政治》,梅俊杰译,上海译文出版社 2002 年版。

[58][英]安东尼·吉登斯:《现代性的后果》,田禾译,译林出版社 2000 年版。

[59][法]亚历山大·基斯:《国际环境法》,张若思译,法律出版社 2000 年版。

[60][加]威廉·莱斯:《自然的控制》,岳长龄、李建华译,重庆出版社 1993 年版。

[61][匈]卢卡奇:《历史与阶级意识》,杜智章等译,商务印书馆 1992 年版。

[62] HenriLefbvre: *Dialectical Materialism*, Minneapolis: University of Minnesota Press,2009.

[63] Derek Wall: *The Rise of the Green Left*: *Inside the Worldwide Ecosocialist Movement*, Pluto: Pluto Press,2010.

[64] Joel Kovel, The Enemy of Nature[M].Zed Books Ltd.Press,2002.

[65] Paul Burkett: *Marxism and Ecological Economics*: *Toward a Red and Green Political Economy*, Leiden·Boston: Brill,2006.

[66] Margaret M: *Cultural Patterns and Technical Change*, New York: Mentor Books,1953.

[67] Karl Marx: *Catechism of Karl Marx's Capital*: *A Critical Analysis of Capitalist Production*, Moscow: Foreign Languages Publishing House,2009.

三、期刊论文

[1]余谋昌:《从生态伦理到生态文明》,载《马克思主义与现实》2009 年第 2 期。

[2]张斌:《环境正义德性论》,载《伦理学研究》2010 年第 2 期。

[3]梁红军:《坚持以人为本 建设生态文明》,载《黄河科技大学学报》2016 年第 5 期。

[4]傅华:《建构"以人为本"的生态伦理学》,载《北京行政学院学报》2006 年第 5 期。

[5]张有奎:《克服"以人为本"的五个误区》,载《求实》2007 年第 12 期。

[6]王连芳:《绿色发展理念中的以人为本思想探析》,载《太原理工大学学报》(社会科学版)2014年第3期。

[7]李大兴:《论"以人为本"发展观的价值意义》,载《浙江社会科学》2006年第3期。

[8]阙昌苓:《论"以人为本"思想下的生态文明建设》,载《学理论》2018年第1期。

[9]田心铭:《论"以人为本"》,载《马克思主义研究》2008年第8期。

[10]刘福森:《论发展伦理学的基本原理》,载《内蒙古民族大学学报》(社会科学版)2007年第5期。

[11]秦廷国:《论以人为本和人类中心主义问题》,载《学习论坛》2007年第12期。

[12]董玲:《马克思环境伦理思想探析——基于美丽中国视角》,载《社会主义核心价值观研究》2018年第6期。

[13]李承宗:《马克思生态伦理思想的当代价值》,载《郑州大学学报》(哲学社会科学版)2007年第1期。

[14]周志山:《马克思生态哲学的社会视阈与科学发展观》,载《马克思主义研究》2011年第5期。

[15]刘建立:《马克思实践哲学视阈下的可持续发展》,载《学习与探索》2009年第6期。

[16]初秀英:《马克思自然观的以人为本与生态取向》,载《理论学刊》2007年第4期。

[17]何丽艳,王常柱:《人与自然关系的价值论追问——兼论自然的价值与人性》,载《新疆社科论坛》2010年第2期。

[18]张三元、李钟:《生态文明建设的根本价值取向》,载《武汉工程大学学报》2009年第10期。

[19]李培超:《生态文明建设的中国方案与环境伦理学本土化建构的目标指向》,载《伦理学研究》2018年第1期。

[20]李旭华:《实践视域下的马克思生态责任伦理探析》,载《山西师大学报》(社会科学版)2015年第5期。

[21]彭本奇等:《我国生态文明建设的道德伦理考量》,载《哈尔滨师范大学社会科学学报》2016年第3期。

[22]卢俞成:《习近平生态文明思想的四大伦理意蕴》,载《太原理工大学学报》(社会科学版)2019年第5期。

[23]张三元、李钟:《生态文明建设的根本价值取向》,载《武汉工程大学学报》2009年第10期。

[24]王常柱、武杰:《以人为本:科学的人类中心主义》,载《武汉工程大学学报》2010年第5期。

[25]孙健:《以人为本发展思想的生态伦理向度——现代人类中心主义的扬弃与超越》,载《山西高等学校社会科学学报》2011年第12期。

［26］徐岩:《以人为本话语下国家生态安全的哲学思考》,载《青岛农业大学学报》社会科学版 2010 年第 1 期。

［27］蔡永海:《以人为本与保持生命多样化的精髓》,载《自然辩证法研究》2005 年第 2 期。

［28］王书道:《哲学价值与以人为本》,载《理论与现代化》2009 年第 1 期。

［29］陈俊:《中国共产党环境伦理思想的逻辑发展》,载《前沿》2015 年第 6 期。

［30］董前程:《中国特色社会主义生态文明理论的伦理意蕴》,载《南京师大学报》(社会科学版)2019 年第 6 期。

［31］万长松:《走出人类中心与非中心主义之争的困境》,载《科学技术与辩证法》2008 年第 2 期。

［32］刘海霞、胡晓燕:《"两山论"的理论内涵及当代价值》,载《中南林业科技大学学报》(社会科学版)2019 年第 3 期。

［33］赵红艳:《"两山论"对马克思主义自然观的理论创新及实践意义》,载《黑龙江社会科学》2018 年第 6 期。

［34］汪浩:《"两山论"嵌入"两课"教学的理论架构与现实路径探析》,载《湖州师范学院学报》2016 年第 11 期。

［35］李景平:《"两座山理论"寻源——读习近平〈之江新语〉记》,载《前进》2015 年第 4 期。

［36］王会等:《"绿水青山"与"金山银山"关系的经济理论解析》,载《中国农村经济》2017 年第 4 期。

［37］卢宁:《从"两山理论"到绿色发展:马克思主义生产力理论的创新成果》,载《浙江社会科学》2016 年第 1 期。

［38］李红松:《推进"两山"转化的一般路径研究》,载《大连海事大学学报》(社会科学版)2021 年第 3 期。

［39］章晖丽:《论"两山"理论中的辩证法思想》,《学理论》2019 年第 7 期。

［40］姜韦、杨宪荃:《浅析习近平"两山论"的理论内涵和实践意义——以江西省为例》,载《东华理工大学学报》(社会科学版)2018 年第 3 期。

［41］陈宗兴:《深入贯彻落实十九大精神——推进"两山"理念研究与实践创新》,载《中国生态文明》2018 年第 1 期。

［42］石春娜、姚顺波:《生态马克思主义视角下的"绿水青山就是金山银山"理论内涵浅析》,载《林业经济》2018 年第 3 期。

［43］杨琼:《生态哲学视阈下的"两山"理论及其实践内涵》,载《内蒙古大学学报》(哲学社会科学版)2018 年第 5 期。

［44］郭静文、胡明辉:《习近平"两山"理论:新时代马克思主义生态文明思想》,载《北方经济》2019 年第 5 期。

［45］李炯：《习近平"两山"论创新性及其现代化价值》，载《中共宁波市委党校学报》2016 年第 3 期。

［46］刘晓勇、魏靖宇：《习近平"两山"重要思想的哲学基础》，载《学术前沿》2018 年第 6 期。

［47］裴士军、徐朝旭：《"人类命运共同体"理念的生态之维—基于罗马俱乐部研究报告的反思与展望》，载《云南社会科学》2018 年第 1 期。

［48］李达净等：《"山水林田湖草—人"生命共同体的内涵、问题与创新》，载《中国农业资源与区划》2018 年第 11 期。

［49］张云飞：《"生命共同体"：社会主义生态文明的本体论奠基》，载《马克思主义与现实》2019 年第 2 期。

［50］王清涛：《从"天人合一"到人类命运共同体——中国传统哲学的基本精神在当代哲学的再出场》，载《湖南社会科学》2018 年第 2 期。

［51］周杨：《党的十八大以来习近平生态文明思想研究述评》，载《毛泽东邓小平理论研究》2018 年第 12 期。

［52］张三元：《论习近平人与自然生命共同体思想》，载《观察与思考》2018 年第 7 期。

［53］贺来：《马克思哲学的"类"概念与"人类命运共同体"》，载《哲学研究》2016 年第 8 期。

［54］王泽应：《命运共同体的伦理精义和价值特质论》，载《北京大学学报》（哲学社会科学版）2016 年第 5 期。

［55］王少光、张永红：《人类命运共同体："五位一体"全球治理的中国方案》，载《理论界》2019 年第 11 期。

［56］田鹏颖、张晋铭：《人类命运共同体思想对马克思世界历史理论的继承与发展》，载《理论与改革》2017 年第 4 期。

［57］陆雪飞、吴岩：《人与自然生命共同体理念的理论基础及实践路径》，载《广西社会科学学报》2019 年第 11 期。

［58］阳志标：《生命共同体：习近平生态文明思想的时代高点》，载《北方民族大学学报》（哲学社会科学版）2019 年第 4 期。

［59］付清松、李丽：《生态文明和人类命运共同体的时代相遇与交互式建构》，载《探索》2019 年第 4 期。

［60］李炯：《习近平"两山"论创新性及其现代化价值》，载《中共宁波市委党校学报》2016 年第 3 期。

［61］吴宁、章书俊：《生态文明与"生命共同体"人类命运共同体》，载《理论与评论》2018 年第 3 期。

［62］孙要良：《唯物史观视野下习近平人与自然生命共同体理念解读》，载《当代世界与社会主义》2019 年第 4 期。

［63］王雨辰：《习近平"生命共同体"概念的生态哲学阐释》，载《社会科学战线》2018年第2期。

［64］赵光辉：《习近平"生命共同体"思想的哲学解读——基于〈1844年经济学哲学手稿〉的理论域》，载《齐鲁学刊》2018年第5期。

［65］邓玲、王芳：《习近平"生命共同体"重要论述的理论内蕴与时代意义》，载《治理研究》2019年第2期。

［66］陈娜、陈明富：《习近平构建"海洋生命共同体"的重大意义与实现路径》，载《西南民族大学学报》(人文社会科学版)2020年第1期。

［67］于天宇、李桂花：《习近平关于"人与自然是生命共同体"的重要论述研究：渊源、内涵及实践价值》，载《南京社会科学》2019年第5期。

［68］耿步健、仇竹妮：《习近平生命共同体思想的科学内涵及现实意义》，载《财经问题研究》2018年第7期。

［69］刘利利：《习近平生命共同体思想探源》，载《海南师范大学学报》(社会科学版)2018年第8期。

［70］张森年：《习近平生态文明思想的哲学基础与逻辑体系》，载《南京大学学报哲学》(人文科学社会科学)2018年第6期。

［71］彭曼丽：《习近平生态文明思想对马克思主义生态哲学思想的继承和创新》，载《思想理论教育导刊》2019年第9期。

［72］郇庆治：《生态文明及其建设理论的十大基础范畴》，载《中国特色社会主义研究》2018年第4期。

［73］黎明辉、周茂丽：《习近平生态文明思想的历史视野、哲学视野与国际视野》，载《大连干部学刊》2021年第6期。

［74］方世南：《习近平生态文明思想的生态政治智慧》，载《北华大学学报》(社会科学版)2019年第1期。

［75］郇庆治：《习近平生态文明思想的政治哲学意蕴》，载《人民论坛》2017年第11期（上）。

［76］罗贤宇：《习近平生态文明思想及其政治转换》，载《党史研究与教学》2017年第5期。

［77］郇庆治：《习近平生态文明思想研究(2012—2018年)述评》，载《宁夏党校学报》2019年第2期。

［78］唐鸣、杨美勤：《习近平生态文明制度建设思想：逻辑蕴含、内在特质与实践向度》，载《当代世界与社会主义》(双月刊)2017年第4期。

［79］顾钰民：《发展理念引领下的制度建设》，载《中国特色社会主义研究》2016年第4期。

［80］方世南：《改革开放40年中国生态文明建设的综合创新》，载《理论与评论》2018

年第6期。

[81]卢维良、杨霞霞:《改革开放以来中国共产党人生态文明制度建设思想及当代价值探析》,载《毛泽东思想研究》2015年第3期。

[82]康晴晴、谭文华:《改革开放以来中国共产党生态文明建设制度化历程与经验》,载《新乡学院学报》2019年第5期。

[83]李炯:《习近平"两山"论创新性及其现代化价值》,载《中共宁波市委党校学报》2016年第3期。

[84]鲁明川:《国家治理视域下的生态文明建设思考》,载《天津行政学院学报》2015年第6期。

[85]肖贵清、武传鹏:《国家治理视域中的生态文明制度建设——论十八大以来习近平生态文明制度建设思想》,载《东岳论丛》2017年第7期。

[86]黄玉容、李东松:《基于马克思生态观的生态文明制度建设的基本原则探析》,载《法制与社会》2018年第11期(下)。

[87]郇庆治:《论我国生态文明建设中的制度创新》,载《学习论坛》2013年第8期。

[88]梁兴印、陈正良:《论我国生态文明制度建设的历史演进》,载《中共宁波市委党校学报》2016年第3期。

[89]杨勇、阮晓莺:《论习近平生态文明制度体系的逻辑演绎和实践向度》,载《思想理论教育导刊》2018年第2期。

[90]张宏程:《论中国特色社会主义生态文明的制度建设》,载《山西高等学校社会科学学报》2016年第9期。

[91]潘方方:《生态文明建设的制度体系研究》,载《黄河科技大学学报》2016年第2期。

[92]陶火生:《生态文明建设制度规范与改革应对》,载《人民论坛》2015年第3期(中)。

[93]齐振宏、邹兰娅:《习近平生态文明思想与中国生态文明建设的制度创新》,载《社科纵横》2017年第3期。

[94]方世南:《习近平生态文明制度建设观研究》,载《维实》2019年第3期。

[95]唐鸣、杨美勤:《习近平生态文明制度建设思想:逻辑蕴含、内在特质与实践向度》,载《当代世界与社会主义》2017年第4期。

[96]孙凌宇:《习近平生态文明制度思想的包容性探析》,载《青海社会科学》2018年第3期。

[97]刘磊:《习近平新时代生态文明建设思想研究》,载《上海经济研究》2018年第3期。

[98]孙忠英:《以制度创新推动生态文明建设》,载《中国环境管理干部学院学报》2016年第1期。

[99]刘登娟等:《中国生态文明制度体系的构建与创新——从"制度陷阱"到"制度红利"》,载《贵州社会科学》2014年第2期。

[100]于晓雷:《中国特色社会主义生态文明的社会主义性质探析》,载《经济研究参考》2016年第43期。

[101]江国华、肖妮娜:《"生态文明"入宪与环境法治新发展》,载《南京工业大学学报》(社会科学版)2019年第2期。

[102]孙佑海:《从反思到重塑:国家治理现代化视域下的生态文明法律体系》,载《中州学刊》2019年第12期。

[103]任建兰等:《从生态环境保护到生态文明建设:四十年的回顾与展望》,载《山东大学学报》(哲学社会科学版)2018年第6期。

[104]高世楫等:《改革开放40年生态文明体制改革历程与取向观察》,载《改革》2018年第2期。

[105]杨建军:《国家治理、生存权发展权改进与人类命运共同体的构建》,载《法学论坛》2018年第1期。

[106]肖贵清、武传鹏:《国家治理视域中的生态文明制度建设——论十八大以来习近平生态文明制度建设思想》,载《东岳论丛》2017年第7期。

[107]秦书生、王艳燕:《建立和完善中国特色的环境治理体系体制机制》,载《西南大学学报》(社会科学版)2019年第2期。

[108]郭永园:《理论创新与制度践行:习近平生态法治观论纲》,载《探索》2019年第4期。

[109]杜飞进:《论国家生态治理现代化》,载《哈尔滨工业大学学报》(社会科学版)2016年第3期。

[110]李艳芳:《论环境权及其与生存权和发展权的关系》,载《中国人民大学学报》2000年第5期。

[111]李乾坤:《历史唯物主义形成史中一个被忽略的对象:舒尔茨和他的〈生产运动〉》,载《教学与研究》2019年第9期。

[112]徐水华、陈磊:《论习近平对马克思主义生态文明思想中国化的理论贡献》,载《黑龙江社会科学》2019年第2期。

[113]刘锦坤:《论习近平生态文明思想对马克思生态观的传承与发展——基于习近平系列重要讲话的生态视角》,载《南方论刊》2019年第4期。

[114]廖小平、孙欢:《论新时代国家治理现代化的生态哲学范式》,载《天津社会科学》2018年第6期。

[115]孙道进:《马克思主义环境哲学的研究现状及其理论特质》,载《南京林业大学学报》(人文社会科学版)2008年第3期。

[116]王伟光:《马克思主义中国化的当代理论成果:学习习近平总书记系列重要讲话

精神》，载《中国社会科学》2015 年第 10 期。

［117］阎孟伟：《生态问题的政治哲学探究》，载《南开学报》（哲学社会科学版）2010 年第 6 期。

［118］阎孟伟：《环境危机及其根源》，载《天津社会科学》2000 年第 6 期。

［119］陈晏清：《以中国问题为中心　研究社会政治哲学》，载《中国社会科学报》2017 年第 1 期。

［120］陈晏清、王新生：《政治哲学的当代复兴及其意义》，载《哲学研究》2005 年第 6 期。

［121］陈晏清：《推进哲学研究的实践转向》，载《理论与现代化》2016 年第 6 期。

［122］余谋昌：《生态文明：建设中国特色社会主义的道路——对十八大大力推进生态文明建设的战略思考》，载《桂海论丛》2013 年第 1 期。

［123］陈晏清、杨谦：《马克思主义哲学中国化的实践版本和理论版本》，载《哲学研究》2006 年第 2 期。

［124］叶冬娜：《怀特海自然观的价值论审视——基于马克思主义实践哲学的进路》，载《自然辩证法研究》2019 年第 3 期。

［125］叶冬娜：《机体与实践：马克思与怀特海哲学视域中的有机自然观》，载《自然辩证法通讯》2018 年第 3 期。

［126］叶冬娜：《形而上学自然观的批判与超越——马克思与怀特海有机自然观的聚合》，载《自然辩证法研究》2017 年第 5 期。

［127］叶冬娜：《环境伦理学本体论基础的批判与反思》，载《东南学术》2017 年第 1 期。

［128］叶冬娜：《马克思恩格斯论人与自然的关系及其当代意蕴》，载《北京林业大学学报》2017 年第 2 期。

［129］叶冬娜：《环境伦理学理论前提的批判》，载《大连理工大学学报》2016 年第 2 期。

［130］叶冬娜：《人与自然的和谐何以可能——比较视野下的马克思和怀特海》，载《北京林业大学学报》2016 年第 6 期。

［131］叶冬娜：《在实践中推进海洋生态文化的建设》，载《中北大学学报》2016 年第 4 期。

［132］叶冬娜：《马克思恩格斯论人与自然矛盾的根源》，载《中南林业科技大学学报》2016 年第 2 期。

［133］叶冬娜：《马克思恩格斯生态思想的理论基础研究》，载《中北大学学报》2015 年第 6 期。

［134］叶冬娜：《海洋生态文化研究探析》，载《辽宁工业大学学报》2015 年第 5 期。

［135］叶冬娜：《马克思恩格斯生态思想研究新解》，载《内蒙古民族大学学报》2014 年第 6 期。

［136］叶冬娜：《生态问题的政治哲学分析理路》，载《天津社会科学》2019 年第 6 期。

［137］叶冬娜：《错置具体性：马克思政治经济学批判与怀特海科学批判的相似性》，载《江西社会科学》2019 年第 6 期。

［138］叶冬娜：《国家治理体系视域下生态文明制度创新探析》，载《思想理论教育导刊》2020 年第 6 期。

［139］叶冬娜：《马克思自然观的生态正义意蕴及其当代启示》，载《教学与研究》2020 年第 6 期。

［140］叶冬娜：《人与自然、科学与人文的新对话》，载《自然辩证法通讯》2020 年第 10 期。

［141］叶冬娜：《习近平"两山理论"对马克思主义生产力理论的丰富和发展》，载《广西社会科学》2020 年第 10 期。

［142］叶冬娜：《以人为本的生态伦理自觉》，载《道德与文明》2020 年第 6 期。

［143］叶冬娜：《中国传统有机论自然观及其现代意义》，载《系统科学学报》2021 年第 1 期。

［144］叶冬娜：《中西自然概念的历史嬗变与自然观变革的实质》，载《自然辩证法研究》2021 年第 2 期。

四、学位论文

［1］郑玥：《"两山理论"与建设生态浙江研究》，浙江理工大学，2018 年。

［2］林蔚：《论环境权保障的政府责任》，华南理工大学，2015 年。

［3］于天宇：《历史唯物主义的生态性维护与生产力的生态化发展——乔纳森·休斯生态历史唯物主义思想研究》，吉林大学，2018 年。

［4］董杰：《改革开放以来中国社会主义生态文明建设研究》，中共中央党校，2018 年。

［5］宁悦：《共生理论视角下生态文明建设研究》，中共中央党校，2016 年。

［6］李键：《基于系列讲话的习近平生态现代化思想研究》，哈尔滨工业大学，2015 年。

［7］顾姝斌：《利用"两山"理念指导湖州市生态文明建设的实践与思考》，浙江大学，2018 年。

［8］孙乐艳：《马克思恩格斯生态权益思想研究》，兰州大学，2014 年。

［9］赖斐：《生态环境损害赔偿法律制度完善研究——以习近平"两山理论"为指导》，浙江理工大学，2017 年。

［10］王文婷：《十八大以来党的生态文明建设思想研究》，安徽工程大学，2019 年。

［11］尚宝朋：《习近平生态伦理思想研究》，河北大学，2017 年。

［12］闫超：《习近平绿色财富观的内涵及其当代价值研究》，西安建筑科技大学，2018 年。

［13］尚春旭：《习近平绿色发展观及其哲学基础》，河南工业大学，2018 年。

［14］王永芹：《当代中国绿色发展观研究》，武汉大学，2014 年。

［15］董杰：《改革开放以来中国社会主义生态文明建设研究》，中共中央党校，2018 年。

［16］张成利：《中国特色社会主义生态文明观研究》，中共中央党校，2019 年。

［17］吴慧玲：《中国生态文明制度创新研究》，东北师范大学，2016 年。

［18］李留义：《现代性境域中的生态危机研究》，上海师范大学，2016 年。

［19］王帆宇：《新时期中国社会转型进程中的生态文明建设研究》，苏州大学，2016 年。

［20］熊韵波：《生态文明建设与社会主义理想信念研究》，南京师范大学，2014 年。

［21］范星宏：《马克思恩格斯生态思想在当代中国的运用和发展》，安徽大学，2013 年。

［22］杨启乐：《当代中国生态文明建设中政府生态环境治理研究》，华东师范大学，2014 年。

［23］李艳芳：《习近平生态文明建设思想研究》，大连海事大学，2018 年。

［24］李想：《人与自然和谐共生研究》，中共中央党校，2010 年。

［25］张钰：《生态共同体视域下河西走廊生态治理研究》，陕西师范大学，2018 年。

［26］高炜：《生态文明时代的伦理精神研究》，东北林业大学，2012 年。

五、报纸文章

［1］中共中央、国务院：《生态文明体制改革总体方案》，载《人民日报》2015 年 9 月 22 日。

［2］习近平：《在省部级主要领导干部学习贯彻党的十八届五中全会精神专题研讨班上的讲话》，载《人民日报》2016 年 5 月 10 日。

［3］习近平：《在省部级主要领导干部学习贯彻党的十八届五中全会精神专题研讨班上的讲话》，载《人民日报》2016 年 5 月 10 日。

［4］习近平：《全面贯彻党的十八届六中全会精神，抓好改革重点落实改革任务》，载《人民日报》2016 年 11 月 2 日。

［5］顾昭明：《答好新时代生态文明建设的历史性考卷》，载《光明日报》2019 年 3 月 8 日。

［6］孙美娟：《深入研究习近平生态文明思想》，载《中国社会科学报》2019 年 3 月 1 日。

［7］杨舒：《守住绿水青山　守住美丽幸福》，载《光明日报》2018 年 10 月 8 日。

［8］杨忠武：《以新理念引领生态文明建设》，载《人民日报》2018 年 7 月 10 日。

［9］本报评论员：《加快构建生态文明体系》，载《光明日报》2018 年 5 月 22 日。

［10］本报评论员：《新时代推进生态文明建设的重要遵循》，载《人民日报》2018 年 5 月 21 日。

［11］田学斌：《引领美丽中国建设的行动指南》，载《学习时报》2017 年 12 月 13 日。

［12］郑苗壮：《深刻领会习近平海洋生态文明战略思想》，载《中国海洋报》2017 年 10 月 26 日。

［13］闻言：《建设美丽中国，努力走向生态文明新时代》，载《人民日报》2017 年 9 月

30 日。

[14]潘旭涛:《生态文明建设的中国理念》,载《人民日报》海外版 2017 年 8 月 21 日。

[15]董峻:《开创生态文明新局面》,载《人民日报》2017 年 8 月 3 日。

[16]邢宇皓:《生态兴则文明兴》,载《光明日报》2017 年 6 月 16 日。

[17]王南湜:《马克思主义人化自然观视野中的生态危机问题》,载《光明日报》2015 年 10 月 28 日。

[18]刘坤:《美丽中国新图景　生态文明新典范》,载《光明日报》2019 年 1 月 20 日。

[19]本报评论员:《推动我国生态文明建设迈上新台阶》,载《光明日报》2019 年 1 月 7 日。

[20]郇庆治:《理解、推进当代中国的生态文明及其建设,必须将其置于新时代中国特色社会主义的宏观背景与整体进程中——生态文明建设是新时代的"大政治"》,载《北京日报》2018 年 7 月 16 日。

[21]沈满洪:《"美丽中国"建设的源泉》,载《浙江日报》2017 年 5 月 4 日。

[22]刘少华:《绿水青山　生态文明建设的中国方案》,载《人民日报》海外版 2017 年 3 月 31 日。

[23]国务院:《中华人民共和国国民经济和社会发展第十四个五年规划和 2035 年远景目标纲要》,载《光明日报》2021 年 3 月 13 日。

[24]杨伟民:《建设生态文明　打造美丽中国》,载《人民日报》2016 年 10 月 14 日。

[25]孙春兰:《加快生态文明建设　着力打造美丽家园》,载《人民日报》2013 年 9 月 11 日。

[26]任理轩:《坚持绿色发展》,载《人民日报》2015 年 12 月 22 日。

[27]徐剑梅:《为了守护地球家园的共同事业》,载《人民日报》2015 年 12 月 2 日。

[28]黄浩涛:《生态兴则文明兴　生态衰则文明衰》,载《学习时报》2015 年 3 月 30 日。

[29]陈雪峰:《习近平生态文明战略思想研究》,载《中国社会科学报》2014 年 12 月 8 日。

[30]丁金光:《进一步加强生态文明宣传教育》,载《人民日报》2014 年 11 月 24 日。

[31]曹华飞:《走向生态文明新时代》,载《光明日报》2014 年 11 月 17 日。

[32]鹿心社:《建设生态文明　增进民生福祉》,载《人民日报》2014 年 10 月 28 日。

[33]中国林业科学研究院:《良好生态环境是最公平的公共产品和最普惠的民生福祉》,载《中国绿色时报》2014 年 10 月 9 日。

[34]刘松涛:《生态文明理论对三大规律认识的深化》,载《中国民族报》2014 年 8 月 15 日。

[35]周生贤:《开辟人与自然和谐发展新境界的重大方略》,载《人民日报》2014 年 5 月 14 日。

[36]李军:《走向生态文明新时代的科学指南》,载《人民日报》2014 年 4 月 23 日。

［37］叶冬娜:《促进经济社会发展全面绿色转型》,载《经济日报》(理论版)2020 年 12 月 1 日。

［38］叶冬娜:《着力推动经济发展绿色转型》,载《天津日报》2021 年 2 月 8 日。

［39］叶冬娜:《促进绿色生活方式有效转型》,载《天津日报》2021 年 3 月 19 日。

［40］秦光荣:《改善生态环境就是发展生产力》,载《人民日报》2014 年 1 月 16 日。

［41］赵树丛:《为实现中国梦创造更好生态条件》,载《人民日报》2013 年 9 月 12 日。

后　记

人类进入 21 世纪,21 世纪的人类更加关注地球的命运。地球是人类的共同家园,人类只有一个地球。为了当代人和世世代代的人拥有一个美丽的家园,为了中国的天常蓝、山常绿、水常清,我们需要共同努力。

生态文明关乎人类的未来,2020 年全球生态灾难频发、新冠疫情肆虐,人类作为命运共同体,无人能置身事外。中国的生态文明建设理念和实践是马克思人与自然关系思想的继承和创新发展,为践行人类命运共同体理念、构建绿色和谐的全球生态共同体、增进人类共享美丽地球的生态福祉贡献了中国智慧和中国方案。经过多年的摸索,我国新时代的生态文明建设已经具备了生态文明建设的物质保障,孕育了人民群众最基本的生态素养,凝练了一定的科学理论。中国特色社会主义生态文明建设在充分的理论储备和坚实的发展积淀的基础上,从整体上规划了新时代生态文明建设的战略定位、发展方式、价值取向和经济建构,谋划了切实有效且契合时代的崭新战略布局。并以最坚定的决心、最严格的制度、最有力的举措,推动着我国生态文明建设不断迈向新台阶。

2021 年 4 月 30 日,中共中央政治局就新形势下加强我国生态文明建设进行第二十九次集体学习。中共中央总书记习近平在主持学习时强调,生态环境保护和经济发展是辩证统一、相辅相成的,建设生态文明、推动绿色低碳循环发展,不仅可以满足人民日益增长的优美生态环境需要,而且可以推动实现更高质量、更有效率、更加公平、更可持续、更为安全的发展,走出一条生产发展、生活富裕、生态良好的文明发展道路。"十四五"时期,我国生态文明建设进入了以降碳为重点战略方向、推动减污降碳协同增效、促进经济社会发展全面绿色转型、实现生态环境质量改善由量变到质变的关键时期。要完整、准确、全面贯彻新发展理念,保持战略定力,站在人与自然和谐共生的高度来谋划经济社会发展,坚持节约资源和保护环境的基本国策,坚持节约优先、保护优先、自然恢复为主的方针,形成节约资源和保护环境的空间格局、产业结构、生产方式、生活方式,统筹污染治理、生态保护、应对气候变化,促进生态环境持续改善,努力建设人与自然和谐共生的现代化。党的十八大前后笔者对生态文明给予较多的关注,并开始收集和整理各类相关的资料文献,对相关资料文献进行了系统的梳理和总结。经过几年的努力,《中国特色社会主义生态文明建设研究》一书终于如期付梓。

本书是南开大学陈晏清教授主持编写的"新时代政治思维方式研究"系列丛书之一,由南开大学马克思主义学院叶冬娜承担本书的编写工作。本书基于政治思维方式对十八大以来我国建设具有中国特色社会主义生态文明建设进行系统研究,对新时代中国生态文明建设中的理论和现实问题进行详细剖析,为解决日益严重的生态问题提供理念和策略研究,从而为丰富和发展新时代中国社会主义建设理论贡献自己的一点绵薄之力。掩卷而思,心里不禁惴惴不安,写作的过程伴随着焦虑,茫然与困惑,理想与现实的落差,初衷与结论的距离都让笔者百感交集,路漫漫其修远兮,吾将上下而求索。弹指一挥之间,几年的写作历程即将结束,新的研究也即将开始。千言万语,印在心头。寥寥数语,难表满腔的激动和感激。

感谢南开大学陈晏清教授。陈老师极具前瞻性、穿透性的悉心指点、言传身教,不仅使笔者对本书写作研究产生了兴趣和向往,而且他严谨的治学作风、高尚的学术品格、通达的人生态度、率真的文人情怀、脱俗的为人处事,给予了笔者极大的鼓励和鞭策,令笔者受益匪浅、感动至深。尤其是在本书写作期间,陈老师从选题、构思、框架结构调整以致最终完稿,都倾注了大量的心血。他给予笔者的教育和启迪远远超过了书稿本身。陈老师所独具的大智慧以及淡泊名利、荣辱不惊、豁达乐观的心态,更成为笔者现在和将来学习和生活的楷模。在此谨向陈老师表示衷心的感激!

感谢"新时代政治思维方式研究"课题组的所有老师们。感谢南开大学王新生教授、阎孟伟教授、杨谦教授、付洪教授、刘凤义教授、李淑梅教授、于涛副教授等诸位老师。他们为书稿的写作和出版提供了宝贵的意见、建议和帮助。王新生教授对学术的精益求精和孜孜不倦的学术品格值得钦佩,阎孟伟教授广博的思想和深刻的见解开阔了我的思路,启发了我的思维。在本书写作的酝酿、提纲设计以及写作过程中,诸位教授都提供了指导性意见和宝贵建议,使得本书得以顺利完成。在此谨向课题组的各位老师们表示诚挚的谢意!

感谢外审专家赵景来教授。赵景来教授对学术问题的求真意识,对学术成果的品质要求,令笔者钦佩不已。在此谨向百忙之中抽出宝贵时间审阅本书稿的外审专家赵景来教授致以崇高的敬意!

感谢人民出版社崔继新主任为本书的出版给予的大力支持和帮助,笔者在这里表示衷心的感谢!同时在本书的写作过程中,也广泛吸取了社会各界的研究成果,在此一并表示感谢!

而今书稿初就,虽还存在不少问题,难堪精品佳作,但也聊以敝帚自珍了。中国特色社会主义生态文明建设是我国当前面临的重大理论问题和现实问题,生态文明建设是一个全面而又复杂的系统工程,涉及内容远不止本书所论。由于本人水平有限,书中可能存在不足之处,恳请各位专家、教授批评指正,敬请各位前辈学者和学界同仁提出宝贵意见。

天空的诗篇,

——白云,太阳,星星和月亮;

大地的诗篇,

——森林,草原,山川和湖海;

人类的诗篇,

——与自然和谐共进,

实现可持续发展!

责任编辑:崔继新
封面设计:林芝玉
版式设计:东昌文化

图书在版编目(CIP)数据

中国特色社会主义生态文明建设研究/叶冬娜 著. —北京:人民出版社,
　2022.2
(新时代政治思维方式研究丛书/陈晏清主编)
ISBN 978－7－01－024295－8

Ⅰ.①中…　Ⅱ.①叶…　Ⅲ.①生态文明-建设-研究-中国　Ⅳ.①X321.2

中国版本图书馆 CIP 数据核字(2021)第 249147 号

中国特色社会主义生态文明建设研究

ZHONGGUO TESE SHEHUI ZHUYI SHENGTAI WENMING JIANSHE YANJIU

叶冬娜　著

人民出版社 出版发行
(100706　北京市东城区隆福寺街 99 号)

中煤(北京)印务有限公司印刷　新华书店经销

2022 年 2 月第 1 版　2022 年 2 月北京第 1 次印刷
开本:710 毫米×1000 毫米 1/16　印张:19
字数:270 千字

ISBN 978－7－01－024295－8　定价:78.00 元

邮购地址 100706　北京市东城区隆福寺街 99 号
人民东方图书销售中心　电话 (010)65250042　65289539